세상에서 가장 재미있는 기하학

THE CARTOON GUIDE TO GEOMETRY

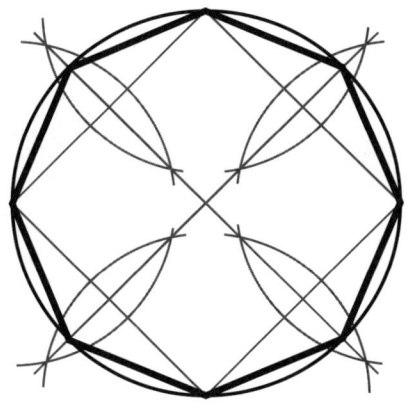

THE CARTOON GUIDE TO GEOMETRY
copyright © 2024 by Larry Gonick

Published by arrangement with William Morrow Paperbacks, an imprint of HarperCollins
Publishers. All rights reserved.
Korean translation copyright © 2024 by Kungree Press
Korean translation rights arranged with HarperCollins Publishers,
through EYA(Eric Yang Agency).

이 책의 한국어판 저작권은 EYA를 통하여
HarperCollins Publishers사와 독점 계약한 '궁리출판'에 있습니다.
저작권법에 의해 한국 내에서 보호를 받는 저작물이므로 무단 전재와 복제를 금합니다.

세상에서 가장 재미있는
기하학

THE CARTOON GUIDE TO GEOMETRY

래리 고닉 글·그림 | 조재호 옮김

궁리
KungRee

유클리드와 나의 모든 수학 선생님에게

CONTENTS

1 | 기하학과 자연　　　9
2 | 기본 요소들　　　21
3 | 수와 직선　　　37
4 | 컴퍼스와 원　　　45
5 | 각도　　　55
6 | 삼각형　　　67
7 | 삼각형과 부등식　　　83
8 | 작도　　　91
9 | 교차 문제　　　99
10 | 평행　　　107
11 | 평면상에서의 삼각형　　　117
12 | 변 하나 더!　　　125

13	넓이	**139**
14	피타고라스 정리	**155**
15	닮음	**165**
16	넓이의 확대	**183**
17	돌고 돌아 원으로	**191**
18	기하평균	**203**
19	황금 삼각형과 황금비	**213**
20	삼각비	**221**
21	다각형	**231**

연습문제 일부 답안	**251**
감사의 말	**260**
옮긴이의 말	**261**
찾아보기	**263**

Chapter 1
기하학과 자연

'기하학'은 원래
들판, 건물, 다리, 장식 그리고
그 외 지구상의 모든 것들의
형태, 크기, 디자인을 다루는
'지구 측정'을 의미했어.

그래, 알았어. 아마 다른 공간에서도 쓸 수 있을 거야.

기하학은 심지어 주방기구에서도 나타나지.
케이크 조리법에 **9**인치 정사각형 팬을 사용하라고 돼 있는데,
모모에게 둥근 팬밖에 없다면, 모모가 써야 하는 팬은 어느 정도 큰 원이어야 할까?

기하학은 언제나 건축의 일부이기도 했어. 예를 들어,
파라오의 건축가들은 한 면이 **300**큐빗인 피라미드에 들어가는 총 돌의 개수를 어림해야 했거든.

한편, 파라오의 **측량사**들은 세금을 걷기 위해 주기적으로 왕국의 농토를 측정했어.
그들은 어떻게 네모난 들판의 넓이를 구했을까?

만약 네 변의 길이가 차례로 A, B, a, b라면, 고대 이집트 세무관들은 다음 공식을 사용했어.

$$넓이 = \frac{(A+a)}{2} \cdot \frac{(B+b)}{2}$$

그들은 먼저 마주보는 변들의 평균 길이를 구하고 나서, 그 두 평균을 곱했지.

이 공식은 직사각형에 대해서는 멋지게 들어맞았지만, 그 외 대부분의 경우엔 끔찍할 정도로 틀린 답을 내놓았지.

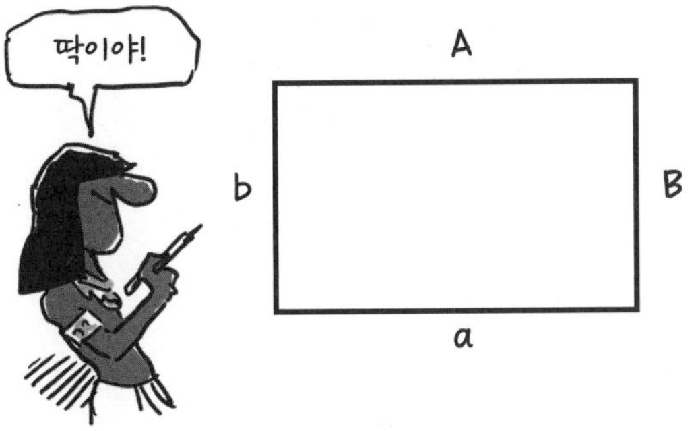

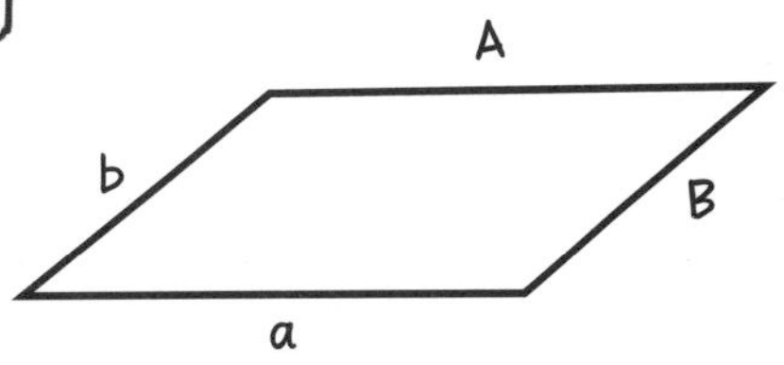

"딱이야!"

"허…"

(변들의 길이는 같지만, 넓이는 다름!)

누군가는 분명히 이 사실을 알았을 거야. 하지만 파라오에게 늘 이득이 되는 오차만을 내주었기 때문에 그들은 계속 이 공식을 사용했어.

"저희는, 음, 과학을 따라야 하지 않습니까, 전하?"

"파라오는 그 무엇도 따르지 않는다."

비슷한 시기, 오늘날의 이라크 지역인 바빌로니아에서는 기하학자들이 원을 **360**개로 똑같이 나누는 **각도**라는 아이디어를 발명했어.

이건 매우 현명한 선택이었는데, **360**이란 수가 다양한 방법으로 나누어떨어지기 때문이야.
몇 가지 중요한 '파이 조각'들은 정수를 사용해서 각도를 나타낼 수 있었어.

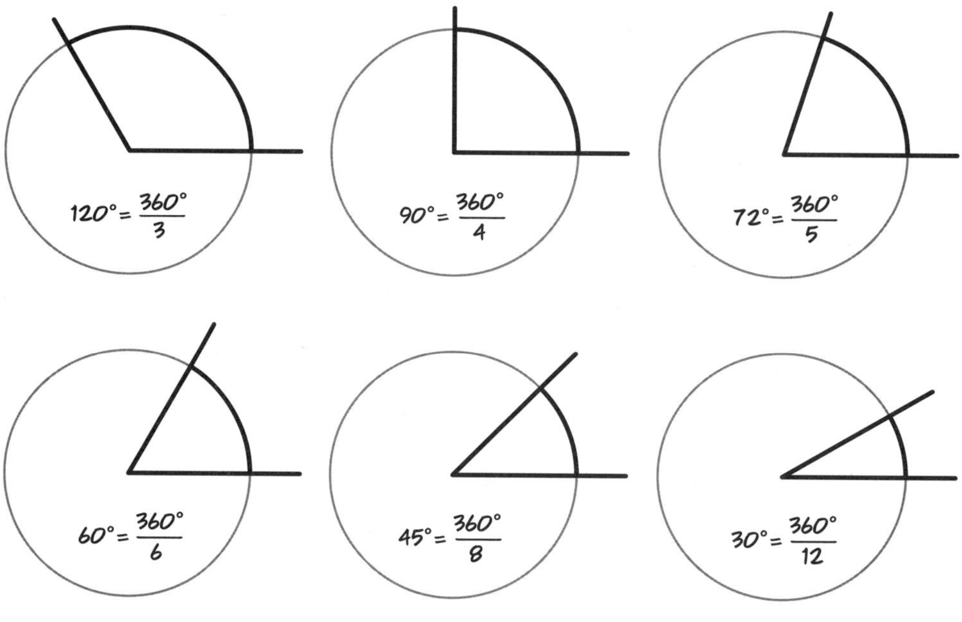

$$120° = \frac{360°}{3}$$

$$90° = \frac{360°}{4}$$

$$72° = \frac{360°}{5}$$

$$60° = \frac{360°}{6}$$

$$45° = \frac{360°}{8}$$

$$30° = \frac{360°}{12}$$

이 아이디어는 아마 1년이 대략 **360**일이라는 사실에서 왔을지 몰라.

바빌로니아 인들은 다음 문제도 근사적으로 풀어냈어. 한 변의 길이가 주어진 정사각형이 있을 때, 서로 마주보는 꼭짓점 사이의 거리인 **대각선**의 길이는 얼마일까?
(정사각형은 네 각이 모두 90도이고 모든 변의 길이가 같은 사각형을 말해.)

변의 길이에 **1.4142**를 곱해!

오! 신비롭구만!

전해지는 기록에 따르면 만약 s가 30인 경우, 그 대각선의 길이는 42.426(=30×1.4142)으로 얻어진다고 나와 있어.

이건 직접 확인해볼 수도 있어. 모눈종이에 큰 정사각형을 그리고 나서, 한 변의 길이와 대각선의 길이를 확인해보자. 대각선의 길이를 한 변의 길이로 나눠보면, 그 값은 대략 1.4142에 가까울 거야.

맞아, 정말이네! 충분히 가까워!

좋아! 좋다구! 훌륭해! 하지만 이 1.4142라는 수는 **어디에서 온 거야?**

여기서 비법은, 대각선의 길이 d를 한 변의 길이로 가지는 정사각형의 넓이는, 원래 정사각형의 **2배**라는 사실에 주목하는 거야.

대각선은 작은 정사각형을 두 개의 동일한 삼각형으로 이등분하지. 큰 정사각형은 이 삼각형 4개를 포함하고 있고, 따라서 큰 정사각형의 넓이는 작은 정사각형의 **2배**가 되지.

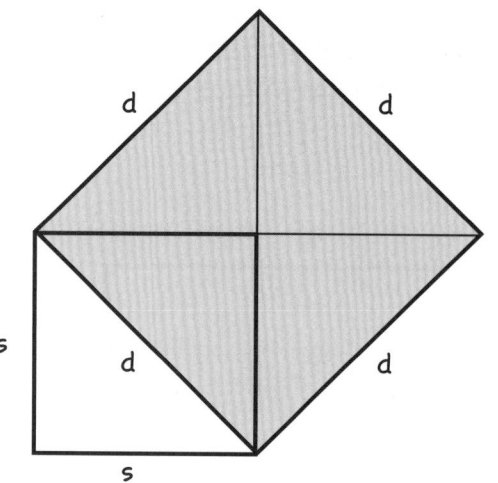

정사각형의 넓이는 한 변의 길이를 두 번 곱한 값이라는 사실을 기억해보면, 작은 정사각형의 넓이는 s^2, 큰 정사각형의 넓이는 d^2이야.

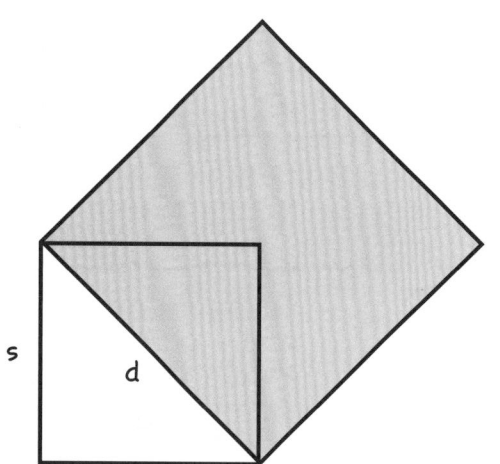

그리고 하나는 다른 하나의 **2배**지.

$$d^2 = 2s^2$$

양변에 제곱근을 취하면,

$$d = \sqrt{2s^2}$$
$$d = s\sqrt{2}$$

따라서 대각선의 길이는 한 변의 길이에 **2의 제곱근을 곱한 값**으로 주어져.

2의 제곱근은 바빌로니아 인들의 1.4142와 정확하게 같지는 않지만, 두 값은 엄청나게 가깝지.

1.4142 × 1.4142
=
1.99996164

이제 땅 측정에 관한 이 이야기는,
사모스의 피타고라스(기원전 570년~
기원전 490년)라는 수학 컬트 지도자가
등장하면서 이상한 방향으로 흘러가.
피타고라스는 쉽지 않은 사람이었어.
그는 오직 **정수**만을 믿었지.

* 피타고라스가 수학에서 유리수만을 수로 인정했고, 유리수가 영어로 'rational number'라는 점에서 온 언어유희. 이 영어 표현은 '비율이 있는 수', '이성적인 수'라는 의미다.—옮긴이

피타고라스는 이 세상 **모든 것**이 정수만으로 (정수들의 비율인 분수를 포함해서)
표현 가능하다는 신념을 가지고 있었어.

그렇기에 피타고라스 또는 그의 제자 중 한 명이 2의 제곱근이 무리수라는 것을 증명한 사건은 큰 충격으로
다가왔어. $\sqrt{2}$는 두 정수의 비율로 표현될 수 없었어.* 이 그리스 사람들의 관점에서 볼 때,
숫자가 아닌 길이가 있었던 거야.

* 증명은 인터넷에서 찾아볼 수 있어.

그리스 사람들은 정사각형의 한 변의 길이와 그 대각선의 길이를 '통약 불가능'하다고 표현했어. 이들이 보기에 두 길이는 '함께 측정'될 수 없었던 거야.

정수가 표시된 눈금자로는 정사각형의 한 변의 길이는 잴 수 있어도 그 대각선의 길이까지 측정할 수는 없었던 거야.

피타고라스가 관련되어 있는 동안에, 우리가 $\sqrt{2}$라고 부르는 이것은 **수가 아니었어**.
그럼에도 불구하고, 이건 누가 봐도 완벽한 선의 길이였지.
분명하게도, 수—정확히는 정수—는 자연을 온전히 표현할 수 **없었던 거야!**

기원전 **300**년경, 그리스의 **유클리드**는 **수가 없는** '순수한' 기하학을 체계적으로 발전시킨 책을 썼어.
점과 선에 관련된 몇 가지 기본적인 가정들을 시작으로, 유클리드는 놀랍도록
복잡한 사실들을 이끌어낼 수 있었지.

이 책에서 우리는
유클리드의 **형식**을 따르지는 않지만
그의 **방법**을 존중할 거야.
모든 과정에서 그가 사용한
논리적 논증들… 새로운 결과들이
오직 그 이전에 발견된 사실들로부터
이끌어져 나오도록 하는
고통스러운 작업들을 말이지…
그가 세운 튼튼한 기반 위에 세워진!…
그… 그…

그래서, 어쨌든 이 밑에는 뭐가 있는 거야?

연습문제

1. 정사각형 대신 **직사각형**에서 출발해서, 숨어 있는 기울어진 정사각형을 찾아 다음과 같은 질문에 접근해보자. 예를 들어, **2×5**인 직사각형의 대각선의 길이는 얼마일까?

이전과 동일하게, 우리는 이 대각선의 길이를 한 변으로 가지는 정사각형을 만들 거야. 그 넓이는 c^2이 되겠지.

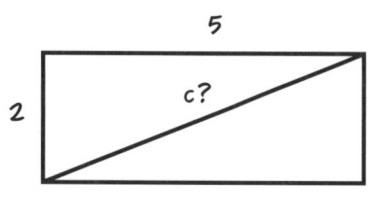

다시 한번, 우리는 이 정사각형에 원래 직사각형의 크기의 절반인 삼각형 4개를 채워볼 거야. 하지만 이번 경우에는 중앙에 정사각형 모양의 구멍이 남게 되지. 한 변의 길이가 **5−2 = 3**이기 때문에, 그 크기는 $3^2 = 9$가 될 거야.

결론: 기울어진 정사각형은 2개의 **2×5** 직사각형과 1개의 **3×3** 정사각형의 합이 되지. 이제 c는 얼마일까?

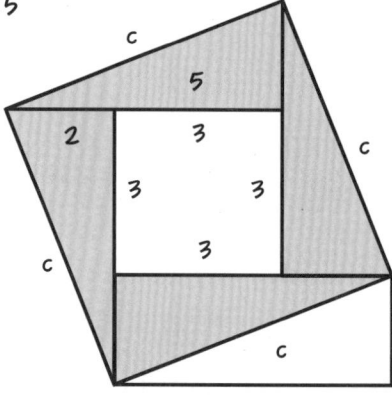

$$c^2 = 2(10) + 3^2 = 29$$
$$c = \sqrt{29}$$

2와 **5**를 각각 a와 b로 나타내고 약간의 계산을 해보자.

$$\begin{aligned} c^2 &= 2ab + (b-a)^2 \\ &= 2ab + a^2 + b^2 - 2ab \\ &= a^2 + b^2 \end{aligned}$$

자, **이게** 바로 사랑스러운 공식이야. 하지만 여기서 우리가 사용한 방식에는 약간 애매하게 넘어간 부분이 있어. 한 가지 예로, 우리는 한 번도 '직사각형'을 정의하거나, 그림에 있는 어두운 영역들이 빈틈없이 정확하게 맞아떨어진다는 사실을 증명하지 않았어. 뭐, 사실 정말 그렇긴 하지만 말이야… 앞으로 우리는 이 공식을 **네 가지** 다른 방식을 통해 증명할 거야. 그 정도로 중요한 공식이거든.

2. 이제 기하학을 만나볼 준비가 됐어?

Chapter 2
기본 요소들
용어를 정의하거나, 정의하지 말자

난 지금도 나의 중학교 3학년 영어 선생님이셨던, 키 크고, 예리한 눈에, 조기 탈모가 있었던 **제노 존슨** 선생님을 잊지 못해. 그리고 그분이 입에 달고 살았던 단골멘트도. **"용어를 정의하자!!"** 제노 선생님은 지금도 계속 울부짖으실 거야. **"용어를 정의하자!"**

그러지 않는 사람한테는 내가 분필을 던질 거야!

존경하는 마음으로, 제노 선생님.
지금 어디에 계시든 간에, 그건 기하학에서
항상 좋은 생각만은 아닌 것 같아요.

문제가 되는 점을 설명하기 위해서, '점'이라는 단어를 어떻게 정의해야 할지 생각해보자.

이 과정에서 되돌아갈 수 있는 방법은 없어. 우리가 어떤 용어를 정의하려면, 우리가 사용하는 다른 용어를 통해서 정의해야만 해. (느낌이 와?) 결국 우리 스스로가 빙빙 돌고 있는 걸 확인하게 될 거야.
언어에는 단어가 한정되어 있거든.

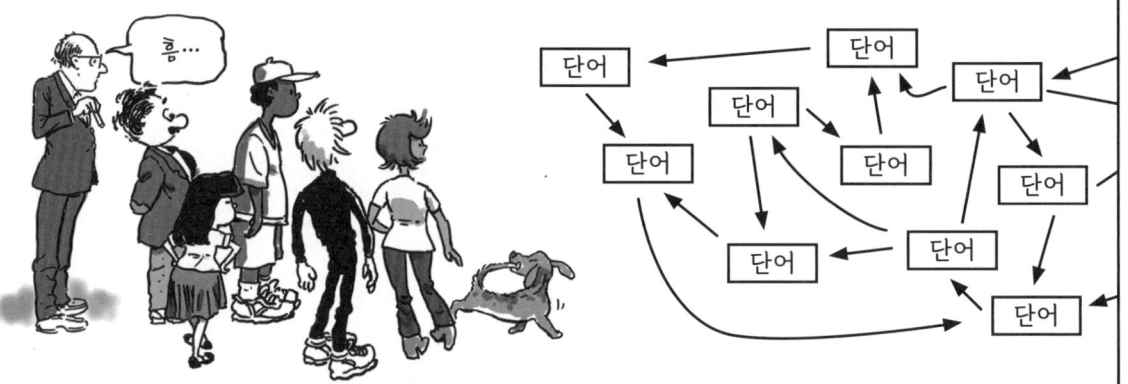

우리가 몇 가지 단어들을 영원히 **정의되지 않은** 채로 놔두고, 다른 모든 것들을 이를 통해 정의하는 것이 아니라면 말이지. 이렇게 하면, 순환정의들과는 작별할 수 있지!

이 책에서, 다른 모든 것들의 기반이 되는 '점', '직선', '평면', 그리고 '공간'이라는 말에는 **정의가 없어.**

그렇다면, 기하학은 얇은 대기에… 기반하고 있는 건가요?

적어도 기반은 있잖아.

이러한 방식이 이상하게 느껴질 수도 있어. 하지만 기하학 자체가 이상한 학문이야.
기하학은 저 아래의 진흙 속이 아닌, 오직 우리의 마음속에서만 진실되게 존재할 수 있거든.

네가 뭘 하든지 간에, 절대로 밑을 내려다보지 마!

어차피 이 모든 건 우리 마음속에 존재하기 때문에, 우리가 어떻게 점, 직선, 평면, 그리고 공간을 상상하는지 한번 생각해보자.

직선

직선은 1차원의, 완벽하게 곧게 뻗고, 너비와 두께가 없는 것을 말해. 직선의 길이는 끝이 없어. 직선은 마치 끝이 없고 상상할 수 없을 정도로 얇고 튼튼한 실과 같아.

점

점은 길이, 너비, 두께 그 어떤 것도 없어. 하지만 어째서인지, 점은 어디에나 있지! 점은 0차원이고, 어떤 것도 점보다는 작을 수 없어.

이건 마침표인가요, 아니면 뚱뚱한 점인가요?

와! 이제는 지구 측정에서 **지구**마저 떼어냈네!

직선은 점들로 이루어져 있어! 평면은 직선들로 이루어져 있어. 공간은 평면들로 이루어져 있지. 모든 것은 곧고, 평평하고, 부드럽고, 완전하지. 다시 말해서, 이건 울퉁불퉁한 실제 세계가 아니야.

공리

우리는 어떻게 이런 모호하고 불분명한 개념들을 정확하게 표현할 수 있을까? 유클리드는 현명하게도 이 문제를 **공리**라고 하는 몇 가지 굉장히 단순한 가정들을 도입하는 것으로 해결했어.

공리 1.
두 점이 주어져 있을 때, 둘을 동시에 포함하는 직선은 딱 하나만 존재한다. 우리는 이를 "두 점이 직선을 결정한다."라고 말해.

언제나 이렇게:

절대로 이러거나:

이러는 일 없이:

공리 2.
어떤 점 P가 주어져 있을 때, P가 지나지 않는 직선을 이루게 하는 (적어도) 서로 다른 두 개의 점이 있다.

이 공리 덕분에 단일 직선상에 갇혀 지루해질 일이 없지.

이제부터 **훨씬** 더 재미있어지겠네!

공리 3.
만약 평면이 두 점을 포함한다면, 그 평면은 두 점이 결정하는 직선 또한 포함한다.

언제나 이렇게:

절대로 이러거나:

이러는 일 없이:

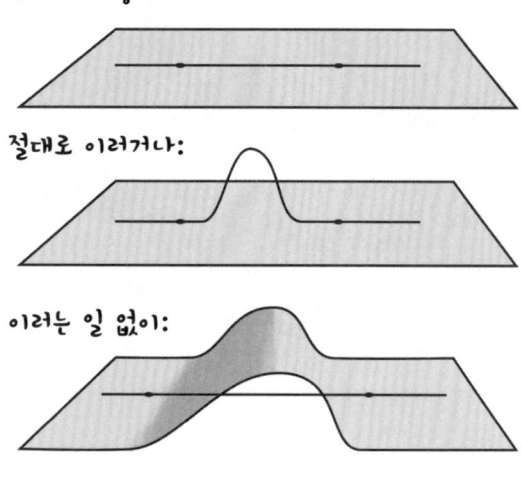

공리 4.
만약 세 점이 같은 직선상에 있지 않다면, 이들을 모두 포함하는 평면은 딱 하나만 존재한다.

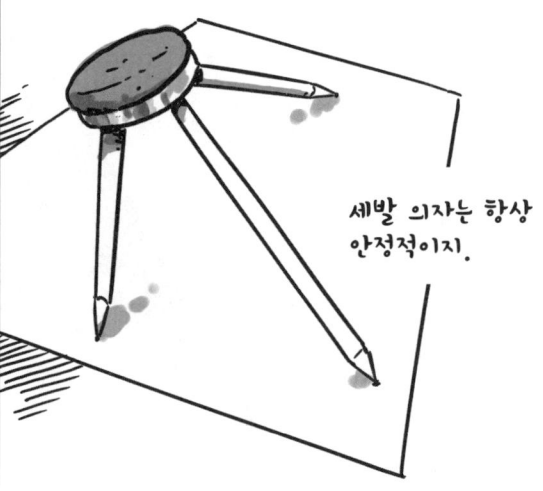

세발 의자는 항상 안정적이지.

'공리'를 뜻하는 영어 'postulate'는 명사이기도 하면서, **논의를 진행하기 위해서** 어떤 사실을 참이라고 가정한다는 뜻의 동사로 쓰이기도 해.

일반적으로, 기하학적 명제들은 현실 세계의 사실들과는 달라. 관측이나 측정을 통해 입증될 수 없지. 입증될 수 있는 명제의 예시로는, "지구의 둘레는 대략 25,000마일 정도이다."가 있어. 이건 측정해볼 수 있거든!

기하학적 명제들은 보통 다음과 같아. "만약 지구의 중심에서 지구 표면까지의 거리가 4,000마일이라고 하면, 지구의 둘레는 대략 25,000마일 정도이다." 이러한 명제는 기하학의 논리를 제외하고는 입증될 수 있는 사실이 없어. (공식은 궁극적으로 우리가 처음에 가정한 공리들에 의지해야 하거든.)

* 하지만 만약 기하학적인 무언가가 현실과 잘 들어맞지 않는다면, 우리는 우리의 공리나, 현실에 대한 우리의 사고방식, 또는 둘 다에 대해서 다시 생각해봐야 할 거야.

게임은 다음과 같이 진행될 거야. 우리는 단계별로 추론을 사용하여 정리들—점, 선, 면에 관한 명제들—을 증명하고, 각각의 단계는 적절한 공리들(이후에는, 이전에 증명된 정리들)에 의해서 입증될 거야.

우리의 첫 번째 정리를 증명하기 전에 알아두어야 할 용어가 몇 가지 있어. 만약 A와 B가 두 점이라면 우리는 그들이 공유하는 (하나뿐인 유일한) 직선을 이렇게 표기할 거야.

$$\overline{AB}$$

만약 C가 $\overline{AB}$ 위의 또 다른 점이라면, 우리는 A, B, C가 **일직선상에 있다**고 해. (세 점이 한 선을 공유.) 만약 C가 $\overline{AB}$ 위에 있지 않다면, A, B, C가 **일직선상에 있지 않다**고 말해.

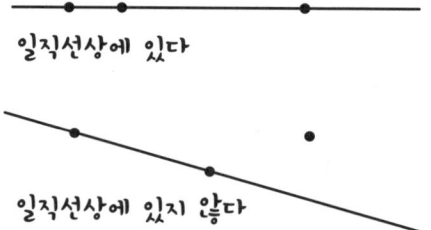

정리 2-1.
만약 A, B, C가 일직선상에 있지 않은 세 점이면, 이들이 결정하는 직선들($\overline{AB}, \overline{AC}, \overline{BC}$)은 같은 평면 위에 있다.

증명.
각 단계마다 번호를 적고, 두 번째 열에 그 타당성을 쓰면 돼.

1. A, B, C는 일직선상에 있지 않다. (가정)

2. A, B, C는 한 평면 P를 결정한다. (공리 4)

3. A와 B는 P 위에 있다. (단계 2)

4. $\overline{AB}$는 P 위에 있다. (공리 3)

5. 마찬가지로, $\overline{BC}$와 $\overline{AC}$ 또한 P 위에 있으며, 정리가 증명된다. ■

여기서 ■는 '증명 끝'을 뜻하는 기호야.

조건명제

정리 **2-1**는, 다른 모든 정리들과 마찬가지로, 이런 형식으로 이루어져 있어.

여기서 '만약'과 '이면' 사이에 있는 내용을 '**가정**'이라고 해. (예: "세 점은 일직선상에 있지 않다.")

'이면' 다음에 오는 내용을 정리의 '**결론**'이라고 하지. (예: "이들이 결정하는 직선들은 같은 평면 위에 있다.")

'만약 …이면, …이다' 명제에서, 우리는 가정이 결론을 함의한다고 하고, 이를 기호 ⇒으로 표기해.

가정 ⇒ 결론

이 명제는 **조건명제**라는 이름으로 널리 알려져 있어.

함의를 **영역**의 측면으로 생각하면 쉬울 거야. 예를 들어, 브루클린 지역구는 뉴욕시의 **일부**이고, 뉴욕시 **안**에 있어.

브루클린이 뉴욕시 안에 있으므로 "만약 개가 브루클린에 산다면, 그 개는 뉴욕시에 산다"라는 명제는 참이 되겠지.

P와 Q를 사용해서 전체 문장을 나타내보면,

　P = 개는 브루클린에 산다.
　Q = 개는 뉴욕시에 산다.

조건명제 P⇒Q는 P 영역이 Q 영역 **안**에 있는 것처럼 생각할 수 있겠지.

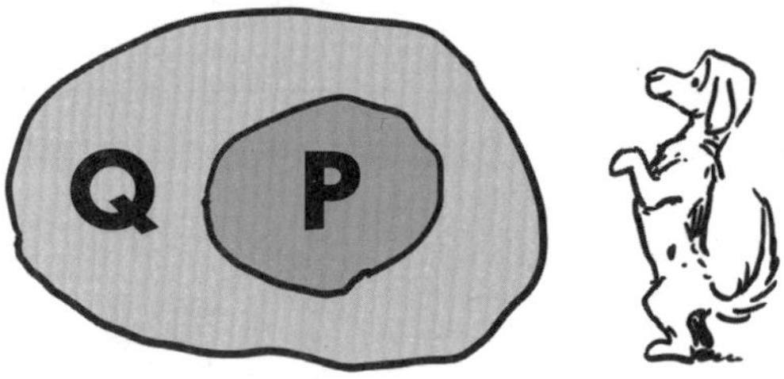

이제 여러분 중 누군가는 '뒤집힌 조건명제', 그러니까 **역 Q ⇒ P**에 대해 궁금해할 수도 있어. "만약 개가 뉴욕시에 산다면, 그 개는 브루클린에 산다". 일반적인 경우, 역은 **참이 아니야**. Q 영역은 P 영역 안에 놓여 있지 않아. 수천, 아니 수백만 마리의 개들이 뉴욕시에는 살지만 브루클린에는 살지 않거든.

하지만, 조건명제의 역이 **참**인 경우가 더러 있어. 예를 들어, 74~75쪽에서 우리는 다음을 증명할 거야.

만약 삼각형의 두 변의 길이가 같다면, 이 삼각형은 두 개의 같은 각을 가진다.

만약 삼각형의 두 각의 크기가 같다면, 이 삼각형은 두 개의 같은 변을 가진다.

이건 P 영역과 Q 영역이 일치하는 꽤나 특이한 상황이야. 각각이 서로의 내부에 있으므로, 두 영역은 사실상 **같은** 영역이지. 두 각이 같은 삼각형들의 모임과 두 변이 같은 삼각형들의 모임은 **같은 삼각형**들의 모임이야.

만약 P ⇒ Q이고 동시에 Q ⇒ P라면, 우리는 'P와 Q가 **동치**이다'라고 말해. "삼각형의 두 변의 길이가 같다"와 "삼각형의 두 각의 크기가 같다"는 **같은 것을 말하는 두 가지 방법**일 뿐이야. 이 경우, 우리는 "**P이면 그리고 오직 P일 때만 Q이다**"라고 말하고, P ⇔ Q라고 표기해.

두 변이 같다는 것은 두 각이 같다는 것과 동치이다.

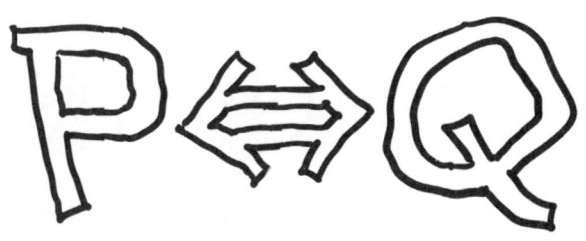

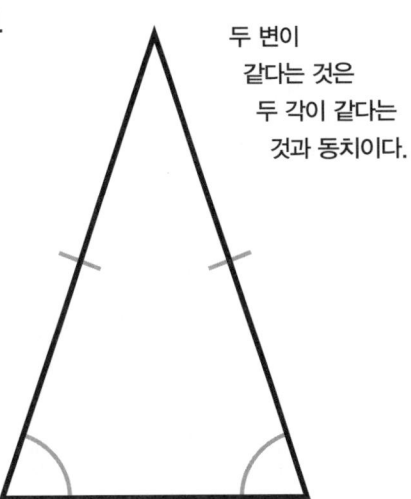

정의

모든 정의는 동치명제야. 우리는 한 단어를 그와 동치인 설명을 통해 정의하지. 예를 들어, 우리가 만약 삼각형을 일직선상에 있지 않은 세 점과 그들 사이의 선분으로 정의한다면, 이는 사실 다음을 의미해.

만약 한 도형이 일직선상에 있지 않은 세 점과 그들 사이의 선분으로 이루어져 **있다면**, 그 도형은 삼각형이다.

만약 한 도형이 삼각형**이라면**, 그 도형은 일직선상에 있지 않은 세 점과 그들 사이의 선분으로 이루어져 있다.

정의는 정의되는 대상의 특징을 완전히 나타내야만 해. 그리고 정의는 그 대상만을 묘사하여야 하고, **다른 어떤 것들도 포함되어서는 안 돼.**

좋지 않은 정의:
"인간은 두 발로 걷는 동물이다."
이건 우리만 그런 게 아니기 때문에, 좋지 않은 정의야!

좋은 정의:
"인간은 동물 중에서 휴대전화를 만들어낸 종이다."

간접적 증명

$P \Rightarrow Q$라는 조건명제는 다이어그램상에서 P 영역이 Q 영역에 포함되어 있다는 뜻이야.

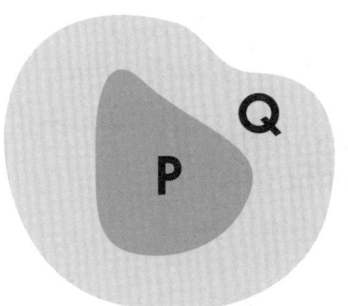

여기서 P 영역 밖에 있는 부분은, 명제

P가 아니다

에 대한 영역을 의미해. 이 명제는 P의 **부정**이라고 부르고, ~P와 같이 표기해. "개는 브루클린에 살고 있지 **않다**."

Q 영역이 P 영역을 포함하고 있다면, P 영역의 **바깥부분**은 Q 영역의 **바깥부분**을 포함할 거야. 다시 말해서, $P \Rightarrow Q$는 $\sim Q \Rightarrow \sim P$, 'Q가 아니면 P가 아니다'라는 명제와 동치관계에 있지.

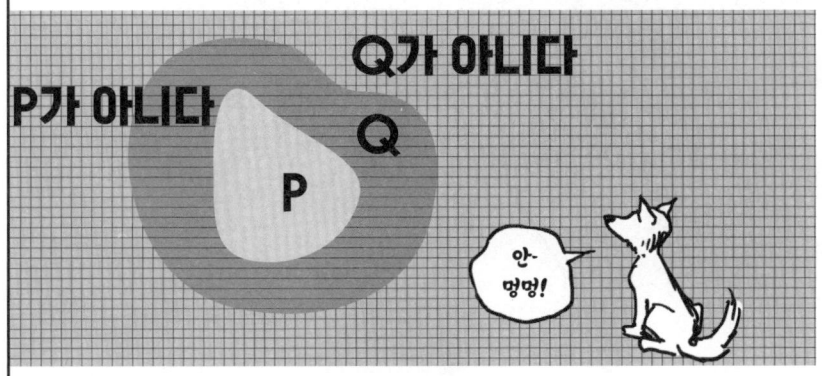

만약 개가 브루클린에 산다면, 그 개는 뉴욕시에 산다.

만약 개가 뉴욕시에 살지 **않는다면**, 그 개는 브루클린에 살지 **않는다**.

$\sim Q \Rightarrow \sim P$를 우리는 명제 $P \Rightarrow Q$에 대한 **대우 명제**라고 불러. 나중에 110쪽에서 평행선을 다룰 때, 대우 명제의 좋은 예시를 만나볼 거야.

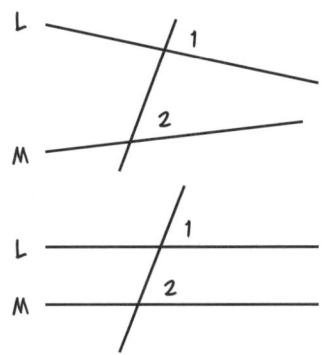

만약 각도 1과 2가 같지 않다면, 직선 L과 M은 서로 만난다.

만약 직선 L과 M이 서로 만나지 않는다면, 각도 1과 2는 서로 같다.

이 대우 명제는 어떤 사실을 **간접적으로 증명**하는 데 도움을 줘. 만약 우리가 명제 $P \Rightarrow Q$를 증명하려고 할 때, 때때로 우리는 **결론의 부정명제**인 ~Q를 가정하고, 이것이 ~P(또는 다른 모순)를 함의한다는 것을 보이기도 해.

이 대단한 구조를 지지하기 위해선 공리가 얼마나 많이 필요할까? 유클리드는 **5개**면 충분하다고 생각했지만, 그의 책을 읽은 초기 독자들은 빠르게 그의 논증에서 오류를 찾아낼 수 있었어.
유클리드가 말하지 않은 가정이 있었던 거야.

예를 들면, 직선 위에 두 점이 있을 때, 둘 **사이**에 점이 있다는 사실을 어떻게 알 수 있을까?
유클리드의 공리에는 이에 대한 아무런 언급이 없어.

이 구멍을 채우기 위해서, 이후 수학자들은 더 많은 공리들을 추가했고, 한때는 **23**개나 될 정도였어.
학생들에게는 당연하게도 끔찍한 일이었지.

마침내, **1930년대(!)**에 이르러, 하버드대학의 조지 버코프는 공리를 지지하는 사람들이
기하학에서 숫자 사용을 거부하는 유클리드의 정신을 지나치게 따르고 있다고 비판했어.
버코프는 이렇게 말했지. **숫자를 다시 가져오자.**

위대한 생각이에요, 버코프 교수님! 피타고라스와 유클리드가 어떻게 생각했든지 간에, 숫자는 우리의 친구죠.
지구 측정에서 측정을 돌려놓는 것은 (심지어 지구가 없더라도) 보상이 따르는 일이었어.
이게 바로 우리가 다음 장에서 다룰 내용이야…

연습문제

이 질문들 중 일부(전부는 아님!)는 정확한 답이 없지만, 사고하는 데 도움을 줄 거야.

1a. 원이나 막 휘갈겨놓은 낙서같이 휘어진 **1**차원 도형을 상상해보자. 마찬가지로, 우리는 말 안장과 같이 휘어진 **2**차원 도형도 상상할 수 있다. 우리는 '내부'가 휘어진 **3**차원 도형을 상상할 수 있을까?

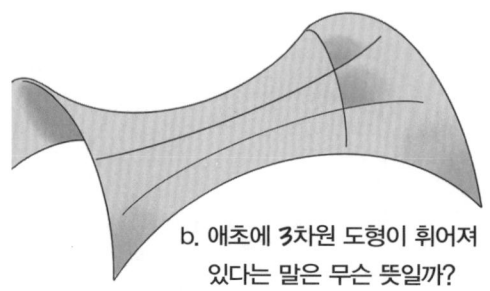

b. 애초에 **3**차원 도형이 휘어져 있다는 말은 무슨 뜻일까?

2. 모든 점이 선 위에 있다는 사실은 어떤 공리로부터 이끌어낼 수 있을까? 당신이 상상하는 공간에서, 모든 점들은 선 위에 있다고 말할 수 있을까? 만약 아니라면, 그 점과 당신의 눈[目] 사이에 있는 직선은 어떨까?

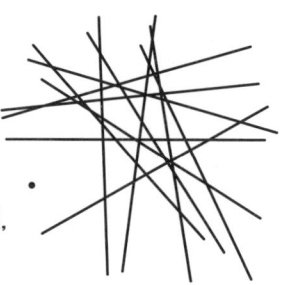

3. 점 A, B, C가 한 직선 위에 있다고 가정하자. 이 직선은 A와 C 두 점으로 결정되는 직선일까?

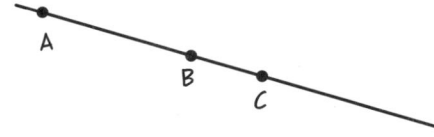

4. 점 A, B, C가 한 직선 L 위에 있고, 점 D는 그 직선 위에 있지 않다고 하자. 점 B와 D가 직선 M을 결정한다고 하면, 직선 L과 M은 얼마나 많은 점에서 **교차**할 수 있을까? 다시 말해서, 두 직선이 공유하는 점의 개수는 총 몇 개일까? 그 이유는?

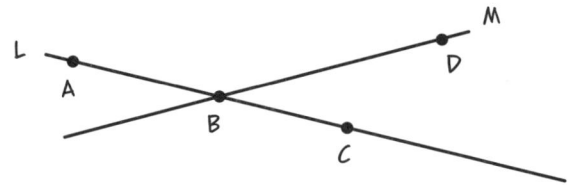

5. 다음 명제에서 가정과 결론을 구별해보자.

   a. 만약 개가 잘 훈련받았다면, 주인에게 복종할 것이다.

   b. 만약 하늘이 파랗지 않다면, 나는 제정신이 아닌 것이다.

   c. 클렙토마트에서 감자칩 한 봉지에 **2**달러를 받는다면, 당신은 다른 어딘가에서 **2**달러보다 싼 가격으로 감자칩 한 봉지를 구할 수 있을 것이다.

6. 문제 **5**의 각 명제들의 역, 대우를 써보자.

7. P = "어떤 개가 브루클린에 산다.", Q = "어떤 개에게 점박이 무늬가 있다."라고 한다면, 점박이 무늬가 있으면서 브루클린에 사는 개들이 있으므로, P 영역과 Q 영역은 **겹치는** 부분이 있어. 이 겹치는 영역은 P 그리고 Q라는 명제에 대응될 거야. "어떤 개가 브루클린에 산다. **그리고** 점박이 무늬가 있다."

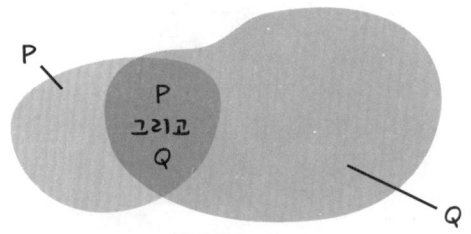

그렇다면, 그림상의 **전체** 모든 영역은 어떤 명제와 대응될까?

Chapter 3
수와 직선

우리는 예전에 학교에서
(그리고 『세상에서 가장 재미있는 대수학』 책에서)
수직선(number line)에 대한 개념을 배웠어.
실수—양수, 0, 음수, 유리수, 무리수—들을
직선 위의 점들과 대응시킬 수 있다고 배웠지.

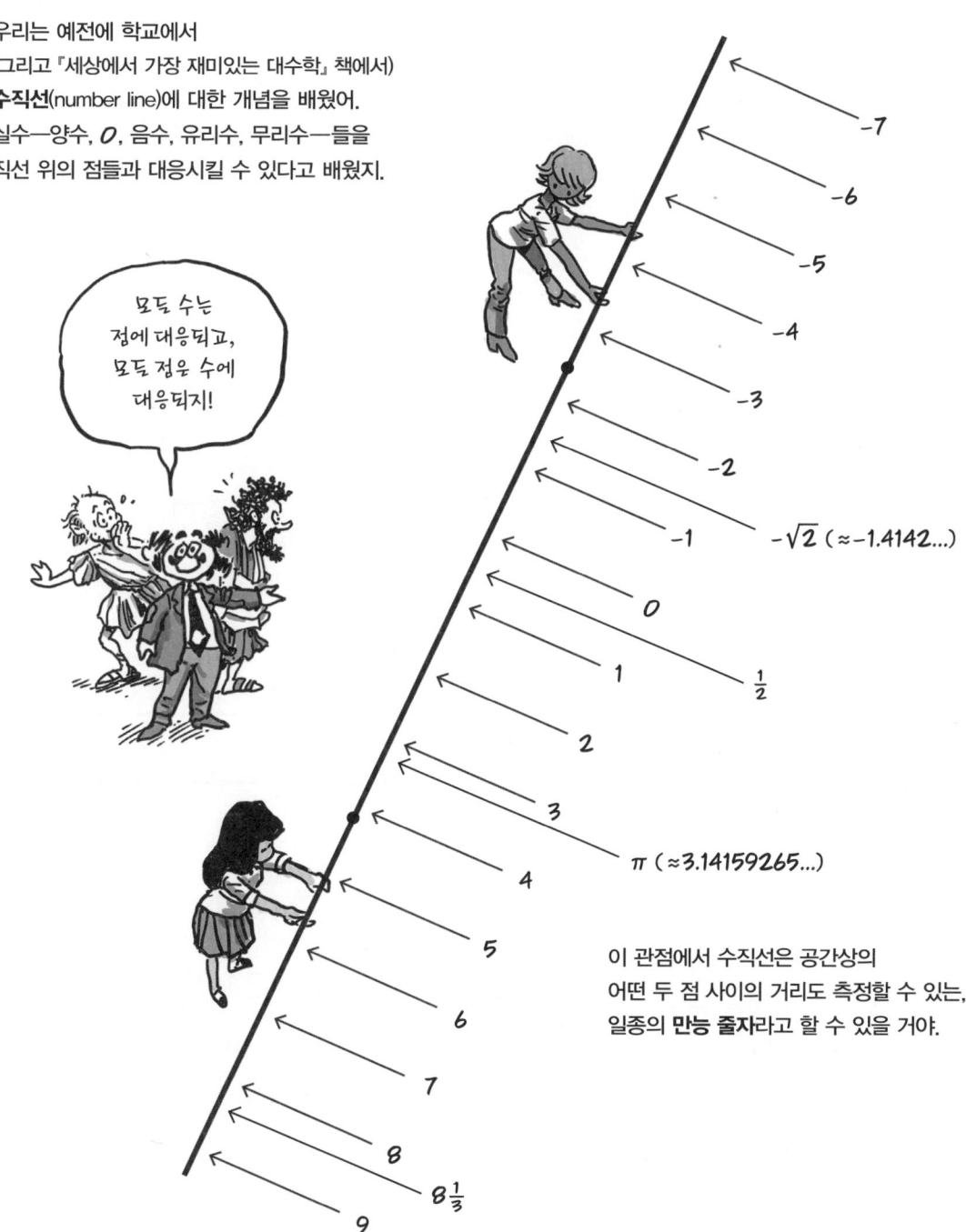

이 관점에서 수직선은 공간상의
어떤 두 점 사이의 거리도 측정할 수 있는,
일종의 **만능 줄자**라고 할 수 있을 거야.

만약 수들을 직선상의 점과 대응시킬 수 있다면, **모든 직선**은 **수직선**이라고 보는 게 맞을 거야. (모든 직선은 똑같이 생겼잖아, 그렇지?) 그러니 일단은 이게 사실이라고 가정하자.

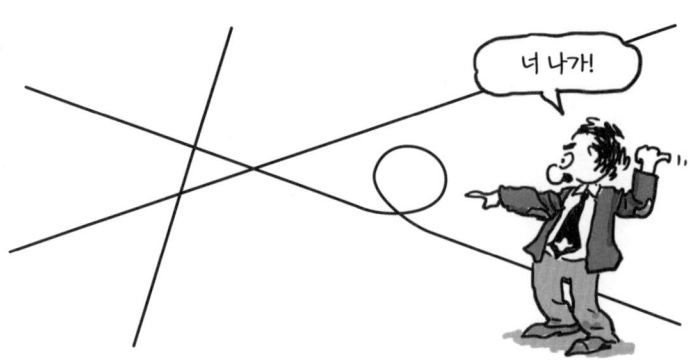

공리 5.

('줄자 공리'). 모든 직선 위의 점들은 수로 번호를 매길 수 있으며, 점들 사이의 **거리**는 대응되는 두 수의 **차이**로 표현된다.

예를 들어, 만약 점 P와 Q가 각각 실수 **7.43**과 **2.1**에 대응된다면, 두 점 사이의 거리 **d**는

$$d = 7.43 - 2.1 = \mathbf{5.33}$$

각 점에 주어진 수를 **좌표**라고 불러. 앞으로 우리는 점을 A, B, P, Q와 같이 대문자로 표기하고, 이에 대응되는 좌표를 a, b, p, q와 같이 소문자로 표기할 거야. 앞선 공리에 따르면, 점 P와 Q 사이의 **거리**, 줄여서 **PQ**는 |p − q|라는 수로 표기해.

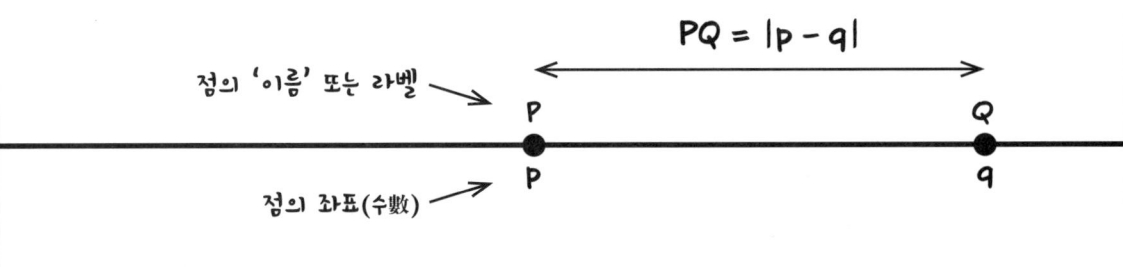

참고: |p−q|는 두 수 중 큰 값에서 작은 값을 뺀 차를 의미해.

만약 $q \geq p$이면, $|p-q| = q-p$

만약 $q \leq p$이면, $|p-q| = p-q$

예를 들면,

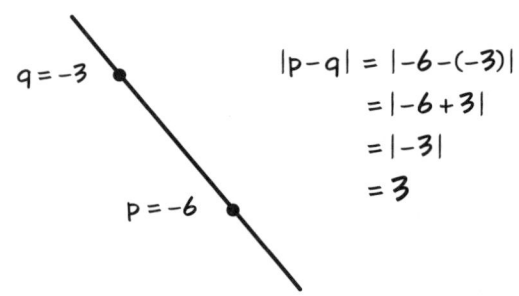

이제 수는 편리하고 명확한
순서대로 '정렬'될 거야.
두 수가 주어지면, 그중
하나는 다른 하나보다
작거나, 같거나,
크게 되겠지.

정의. 점 A, B, P가 한 직선 위에 있다고 할 때, 만약 좌표 a, b가 (숫자상으로) p에 대하여 같은 방향에 놓여 있으면 (다시 말해, $p<a$이고 $p<b$거나, $p>a$이고 $p>b$라면), 우리는 점 A, B가 **점 P에 대해서 같은 방향**에 놓여 있다고 해.

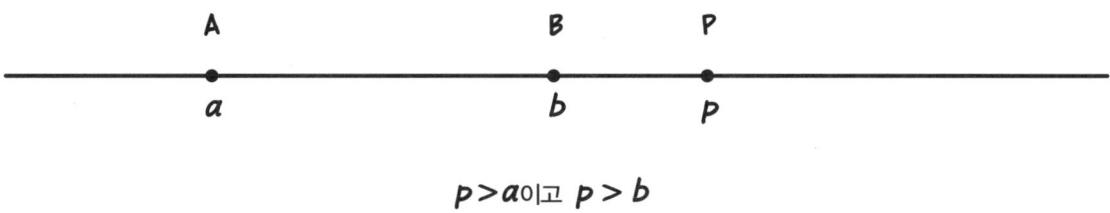

$p>a$이고 $p>b$

정의. 직선 L 위의 점 P에 대해서, P에 대해 한쪽 방향으로 놓여 있는 P를 포함한 L 위의 모든 점들이 이루는 도형을 **P에서 출발하는 사선**이라고 불러.

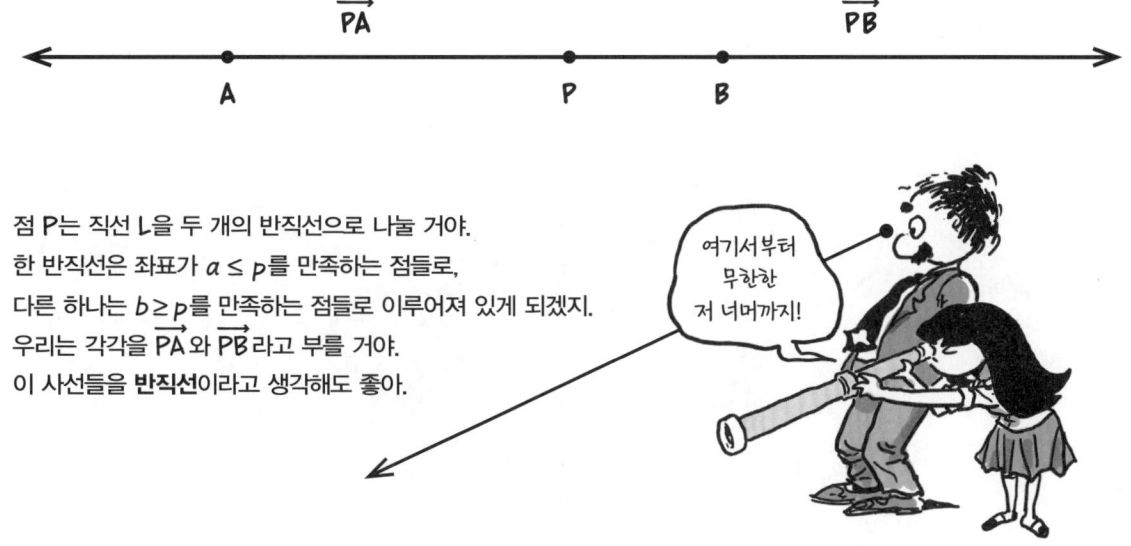

점 P는 직선 L을 두 개의 반직선으로 나눌 거야.
한 반직선은 좌표가 $a \leq p$를 만족하는 점들로,
다른 하나는 $b \geq p$를 만족하는 점들로 이루어져 있게 되겠지.
우리는 각각을 $\overrightarrow{PA}$와 $\overrightarrow{PB}$라고 부를 거야.
이 사선들을 **반직선**이라고 생각해도 좋아.

정의. 만약 점 A, B, C가 한 **직선** 위에 있고, A와 C가 B에서 출발하는 서로 다른 반직선 위에 있다면, 우리는 B가 A와 C 사이에 있다고 말해. 또는 A와 C는 점 B에 대하여 **같은 방향에 놓여 있지 않다** 또는 **다른 방향**에 놓여 있다고 말해.

좌표로 표현하자면, 이는 다음과 같아.

$$a < b < c$$
또는
$$c < b < a$$

때때로 우리가 다음과 같이 표기하면

A-B-C

이는 B가 A와 C 사이에 있다는 의미야.

정의. 서로 다른 두 점 A와 B에 대해서, **선분 AB**는 A와 B, 그리고 그 사이의 모든 점들로 이루어져 있어. A와 B를 선분의 **종점**이라고 해.

선분은 수의 구간과 대응되는 개념이야. 점 **X**가 **AB** 위에 있다는 것은 다음과 동치야.

$$a \leq x \leq b$$
또는
$$b \leq x \leq a$$

참고: 우리는 은근슬쩍 **선분과 길이를** 모두 AB로 표기하고 있는 중이야.

만약 선분들이 같은 직선상에 있고
종점을 공유한다면,
둘은 서로 더하고 뺄 수 있어.

정리 3-1. 만약 A-P-B 라면(P가 A와 B 사이에 있다면), **AB = AP + PB**이다.

증명.

1. A-P-B   (가정)

2. $a < p < b$이거나 $b < p < a$이다.   ('사이'의 정의)

3. $a < p < b$라고 가정하자.   (첫 번째 경우)

4. AP = $p - a$, PB = $b - p$,   (공리 5)
   AB = $b - a$

5. AP + PB = $(p - a) + (b - p)$ (덧셈)

6. AP + PB = $(b - a) + (p - p)$
            = $b - a$ (대수)

7. AP + PB = AB   ($b-a$를 AB로 치환)

8. $b < p < a$인 경우도,
   마찬가지의 논리로 같은 결론을
   이끌어낼 수 있다. ∎

이 모든 것이 대수롭지 않게 들릴 수도 있어.
우리는 거북이가 3미터를 가고 같은 방향으로 또 4미터를 가면,
총 7미터를 이동한다는 사실을 증명하려고 다섯 쪽을 썼어.
대단하지!

그리고 또 다른 대단한 사실 #2: 만약 거북이가 역주행을 한다면, 우리는 뺄셈도 할 수 있어.

따름정리 3-1.1. 만약 A-P-B 라면, AP = AB - PB이다.

증명. 정리 2에 의해서, 만약 A-P-B 라면, AP+PB = AB이다.
양변에서 PB를 빼면 AP = AB-PB를 얻는다. ∎

실수는 무한히 많기 때문에, 줄자 공리는 모든 직선이 무한히 많은 점을 가지고 있다는 것을 의미하지.

"사실, 모두 **선분**은 무한히 많은 점으로 이루어져 있지."

"1, 2, 3… 오, 그렇네…"

그리고 이 사실이 무엇을 의미하는가 하면,

정리 3-2. 한 점을 지나는 직선은 무수히 많다.

증명. 아이디어는 P를 직선 위의 모든 점과 연결할 수 있다는 거야.

1. P를 한 점이라고 하고 직선 L은 P를 포함하지 않는 직선이라고 하자.   (공리 2)

2. A와 B를 L 위의 서로 다른 두 점이라고 하자.   (줄자 공리)

3. PA와 PB는 같은 직선이 아니다.   (그렇지 않다면, P는 L 위에 있게 된다.)

4. 다시 말해서, L 위의 모든 점 X에 대해서, PX는 서로 구별되는 직선으로 주어진다.

5. L 위에는 무한히 많은 점 X가 있으므로, 따라서 점 P를 지나는 무한히 많은 직선 PX가 존재한다. ∎   (줄자 공리)

우리는 수에 대해 충분히 편하게 이해하고 있기 때문에, 수를 가지고 기하학을 하는 게 훨씬 쉽게 느껴질 거야.

"우리가 "**편하게 이해**"하고 있다구요? **수학** 말하는 건가요? 아니… **정말**요?"

연습문제

1. 다음과 같이 각 점에 좌표가 주어진 직선에, (대략적으로) 각 좌표에 해당하는 점을 표시해보자.

   a. 3   b. -3   c. -4   d. $3\frac{1}{2}$ e. $-\frac{1}{2}$ f. 21/5   g. 2.25   h. -15/4   i. 0.375   j. 5.01

2. 위와 같은 직선에서, AB의 길이는 얼마일까? BC의 길이는 얼마일까? AC는?

3. 여기서 우리는 한 직선에 서로 다른 2가지 방식으로 좌표를 부여했다. 각각의 경우에 대해서 AB의 길이를 계산해보자. 두 경우의 답은 같을까, 다를까? 그 이유는?

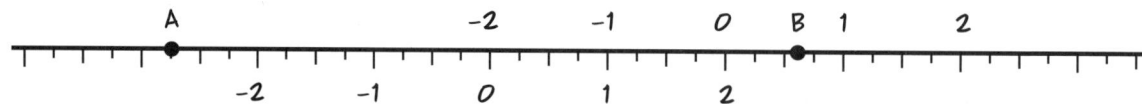

4a. -5 < -3일까 아니면 -5 > -3일까?   b. -3 - (-5)는 얼마일까?   c. -5 - (-3)은 얼마일까?   d. |-5 - (-3)|은 얼마일까?

5. 각각의 그림은 A-B-C일까?

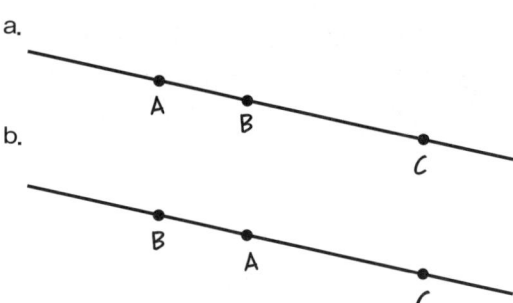

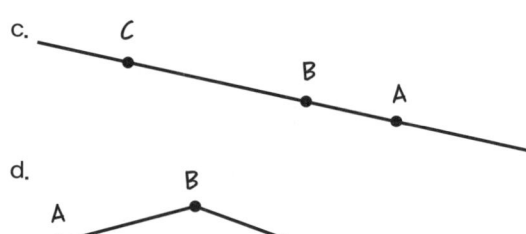

6. 만약 A-B-C이고 B-C-D이면, A-B-D일까?

7. 만약 A-B-D이고 A-C-D일 때, BC < AD임을 증명해보자.

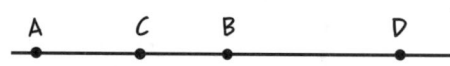

8. 부등식의 기본성질로부터, 우리는 $a < b$이고 c는 임의의 실수일 때, $a+c < b+c$이고 $a-c < b-c$라는 사실을 알고 있다.

   이를 이용해서 $b > a \Leftrightarrow b - a > 0$임을 증명해보자.

9. 다음 그림에서, AC와 AB+BC 중 어떤 것이 더 길까?

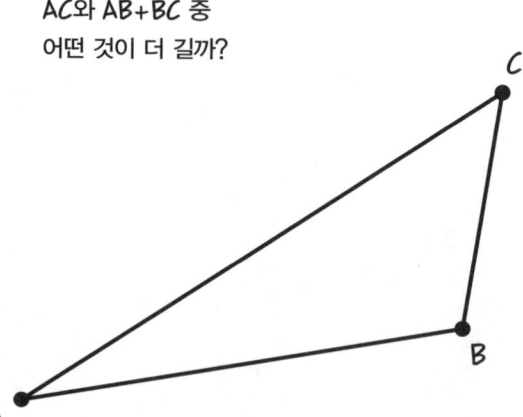

Chapter 4
컴퍼스와 원

케빈은 지금
실용적인 기하학을
해보려는 참이야.
새 판자를 잘라서
빠진 부분을
채우려고 하고 있지.

목수들은 보통 줄자를 이용해서 길이를 측정하지만, 케빈은 유클리드 기하학에 끌렸어. 그가 가진 건 오직 핀, 약간의 줄, 그리고 연필뿐이야.

케빈은 줄을 판자가 들어갈 공간 끝에 고정하고…

줄을 팽팽하게 당겨서 그 간격을 다른 쪽 끝에 표시를 하고…

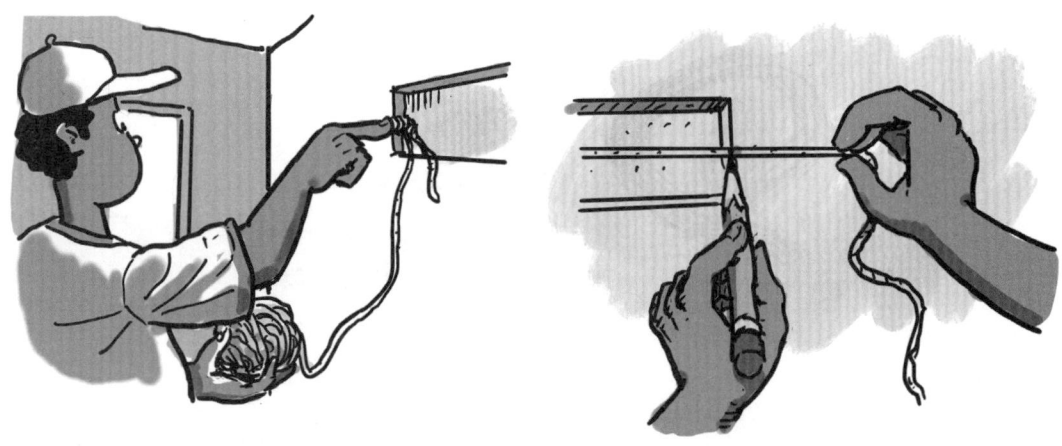

줄을 빼내어, 그 핀을 새 판자의 한쪽 끝에 두고, 실을 팽팽하게 당겨서, 줄의 표시가 새 판자에 닿는 쪽에 표시를 남겼어.

이제 케빈은 어느 부분을 잘라야 하는지 알게 되었어. 그는 숫자를 사용하지 않고도 '측정'을 한 거야!

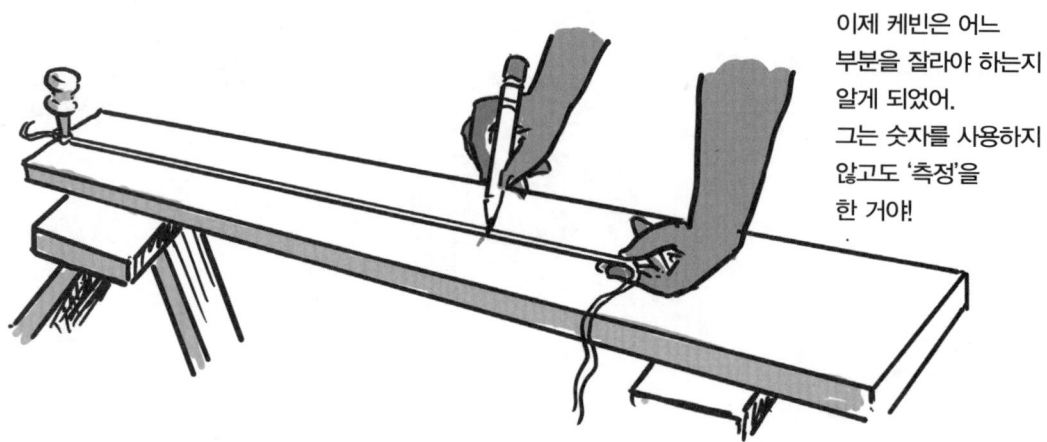

사실, 케빈이 만든 건 간단한 **컴퍼스**라고 할 수 있어. 만약 그가 줄의 한 점을 바닥에 고정하면, 줄의 다른 쪽에 연필을 묶어서 원을 그릴 수도 있어. 그럼 이제 원에 대해서 이야기해보자.

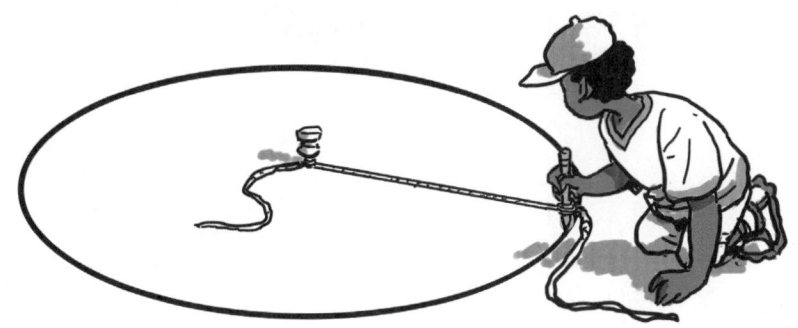

정의. 원은 평면상에서, **중심**이라고 부르는 한 점에서부터 같은 거리만큼 떨어져 있는 모든 점들로 이루어져 있다. 평면 P 위의 점 C와, 양수 r이 있을 때, 점 **B**가 점 **C**를 중심으로 하는 **반지름이 r인 원** 위에 있다는 말은 $CB=r$이라는 말과 같다.

원의 중심과 원 위의 한 점을 연결한 선분 CB를 **반지름**이라고 불러.

여기서 '반지름'을 CB의 길이인 r이라고도 써. 원의 모든 반지름은 정의에 따라서 같은 값을 가져.

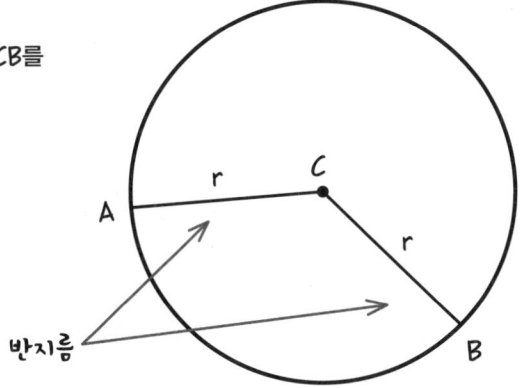

반지름

만약 원 위의 두 점을 잇는 선분 **AB**가 원의 중심을 포함한다면, 이 선분과 그 길이를 **지름**이라고 해. 지름상에서 A-C-B이기 때문에, 만약 반지름이 r이라면,

$AB = AC + CB$ (정리 3.1)
$ = r + r$
$ = 2r$

즉, 지름은 반지름의 **2**배가 되지.

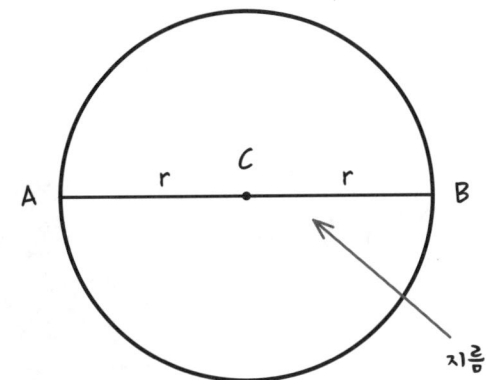

지름

이제부터, 모든 일은
평면상에서만 일어난다고
가정하자.

이다음 결과는 원과 직선이
서로 잘 어울린다는 걸 보여줘.

정리 4-1.
중심이 C이고 반지름이 r인 원이 있을 때, 만약 (같은 평면상에 있는!) 한 직선이 C를 포함한다면, 이 직선은 원과 두 점에서 만난다.

증명.

1. 직선 L에 좌표를 부여하고,   (줄자 공리)
   이때 점 C에 대응되는
   좌표를 c라고 하자.

2. 직선 L 위에서, P를 좌표 $c-r$을   (줄자 공리)
   가지는 점이라 하고, Q는 좌표
   $c+r$을 가지는 점이라 하자.

3. $PC = c-(c-r) = r$ (줄자 공리)
   $CQ = (c+r)-c = r$

4. 이때, 두 점 P와 Q는   (원의 정의)
   모두 원 위에 있다.

5. 이 직선은 원과 두 번 이상   (줄자 공리)
   만날 수 없다. 왜냐하면,
   직선과 원이 만나는 점의 좌표는
   $c+r$ 또는 $c-r$이어야만 하는데,
   이는 각각 점 P와 Q이기
   때문이다. ■

이 정리는 원의 중심에서
출발한 반직선이 원을 지나지 않고
빠져나갈 수 있는 구멍이 없다는
사실을 보장해주지.

정리 4-1은 컴퍼스를 사용해 두 길이를 서로 빼고 더할 수 있다는 사실을 말해줘.

길이가 각각 r, s인 (굳이 같은 직선상에 있을 필요 **없는**) 두 선분 AB와 PQ를 한번 더해보자.

선분 **AB**는 전체 직선 $\overline{AB}$의 일부일 거야. 직선상의 점들에 좌표를 주고, $a < b$라고 가정하자.

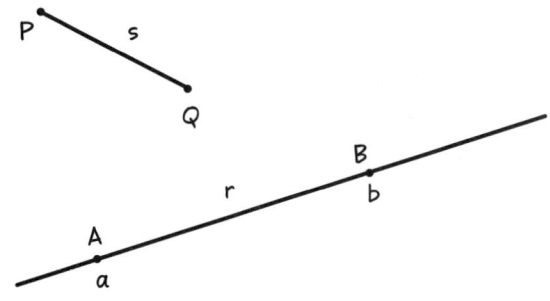

B를 중심으로 하고 반지름이 s인 원을 그려보자. 이 원은 정리 4-1에 의해서, 직선과 점 C와 D 두 곳에서 만날 거야.

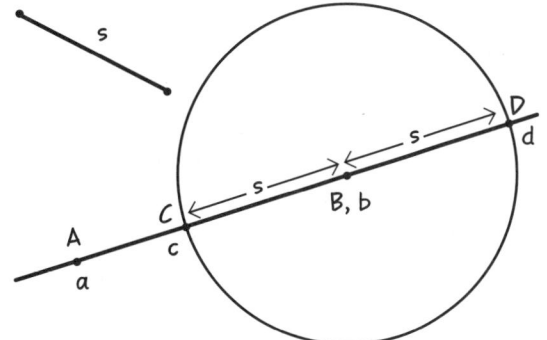

줄자 공리에 의해서, 점 D의 좌표 d는 b+s이고, 따라서

AD = AB + BD
   = r + s
   = AB + PQ

가 성립하고, 따라서 우리는 AB와 PQ를 더할 수 있어.

AC = AB − PQ일까? 이 부분은 연습문제로 남길게.

정리 4-2. 모든 원은 무한히 많은 점을 가지고 있다.

증명.

1. C를 원의 중심이라 하자.   (원의 정의)

2. C를 지나는 모든 직선은 원과 두 점에서 만난다.   (정리 4-1)

3. C를 지나는 서로 다른 직선은 서로 다른 쌍의 점에서 원과 만난다.   (그렇지 않으면 공리 1에 의해서 그 둘은 같은 직선이 된다.)

4. C를 지나는 직선은 무한히 많다.   (정리 3-2)

5. 따라서 원 위에 있는 점은 무한히 많다. ∎   (직선들을 통해서 셀 수 있다.)

이 내용에 대해서는 다음 장에서 더 이야기할 거야.

그러니까, 사실은, 중심을 지나는 각각의 직선은 원 위의 점 2개씩을 '세는' 거죠, 맞죠?

그렇지.

그렇다는 건 원 위에는 **무한대의 두 배만큼의 점이** 있다는 뜻 아닌가요?

아주 좋은 질문이야. 다만, 지금 당장 다루기엔 어려운데…

원은 둥글게 구부러져 있기 때문에, 두 원은 서로 최대 두 점에서 만날 수 있어.
이는 공리 2에 의해서 많아야 한 번 교차할 수 있는 두 직선들과는 다른 성질이지.

(나중에 우린 두 원이 세 점에서 만날 수 없다는 사실을 증명할 거야.)

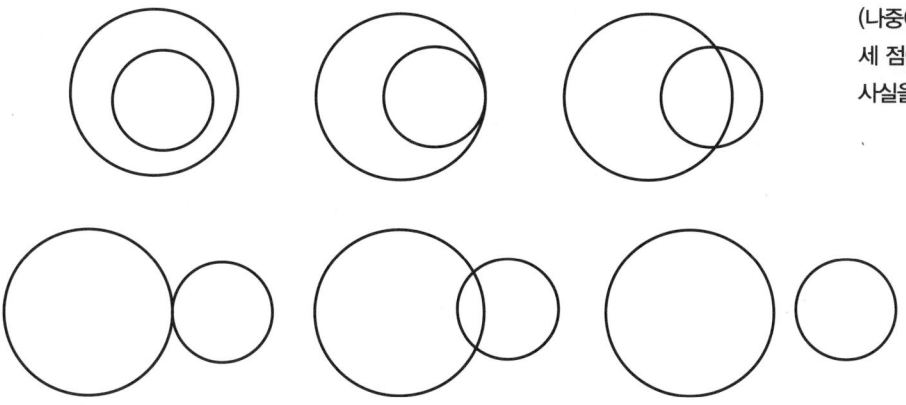

대강 설명하면, 만약 두 원이 충분히 크고 충분히 가까이 있으면, 이 둘은 두 점에서 만나.
좀 더 자세하게 설명해볼게.

원 C_A가 중심 A와 반지름 r_A를 가지고, 원 C_B가 중심 B와 반지름 r_B를 가진다고 가정해보자. 그리고, A는 원 C_B의 위 또는 밖에 있고, B는 원 C_A의 위 또는 밖에 있다고 가정하자.
다시 말해서

$AB \geq r_A$, $AB \geq r_B$

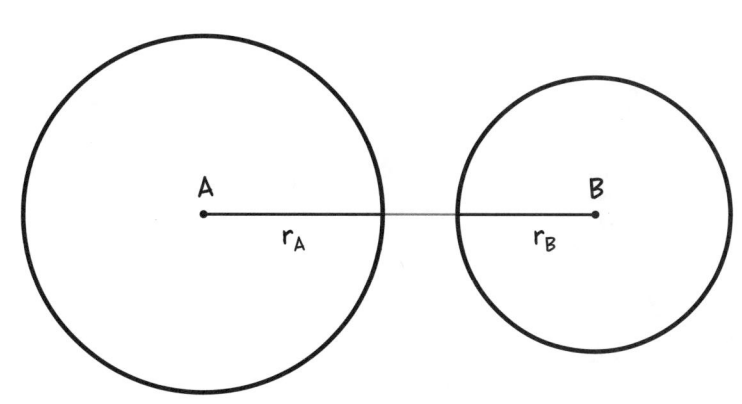

공리 6.
앞서 언급된 두 원에 대해서, 만약 $AB < r_A + r_B$라면, 두 원은 두 점에서 만난다.

51

이 공리는 기하학적 그림을 그리거나, **작도**를 할 때 매우 중요해.
앞으로 나올 수많은 예시 중에서 첫 번째는 다음과 같아.

길이가 r인 선분 AB에서 시작해보자.

중심이 A이고 반지름이 r인 원 C_A와, 중심이 B이고 반지름이 r인 원 C_B를 그려보자.

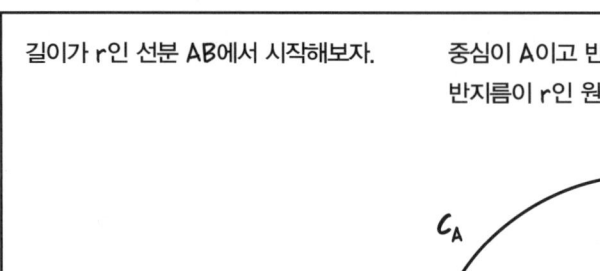

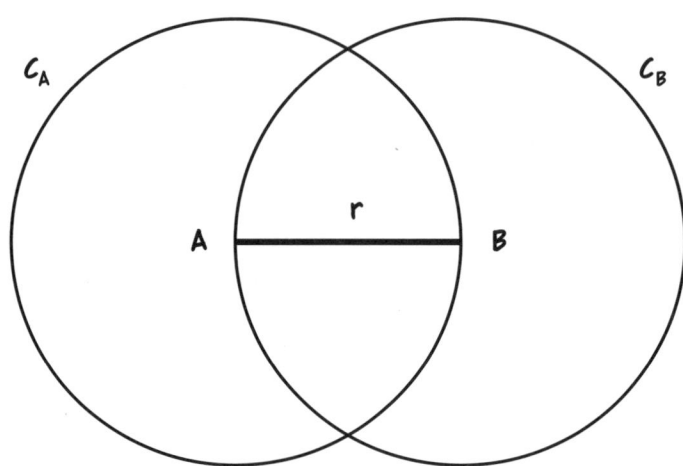

이 두 원은 공리 6의 조건을 만족함을 알 수 있어.

$$r_A = r_B = r$$
$$r = AB < AB + AB = 2r$$

그러므로, 두 원은 두 점 D와 E에서 만날 거야.

AD는 원 C_A의 반지름이야.
그러므로

$$AD = AB$$

BD는 원 C_B의 반지름이야.
그러므로

$$BD = AB$$

이렇게 우리는
**모든 변의 길이가
주어진 선분의 길이와 같은**
삼각형 하나(사실은, 두 개)를
만들어냈어.

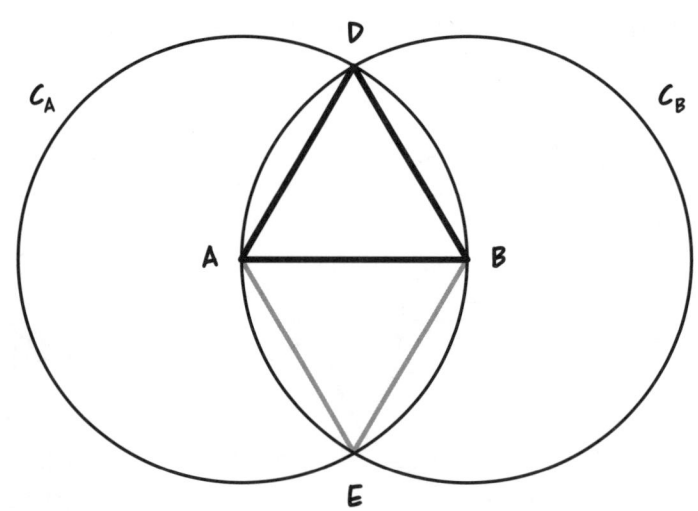

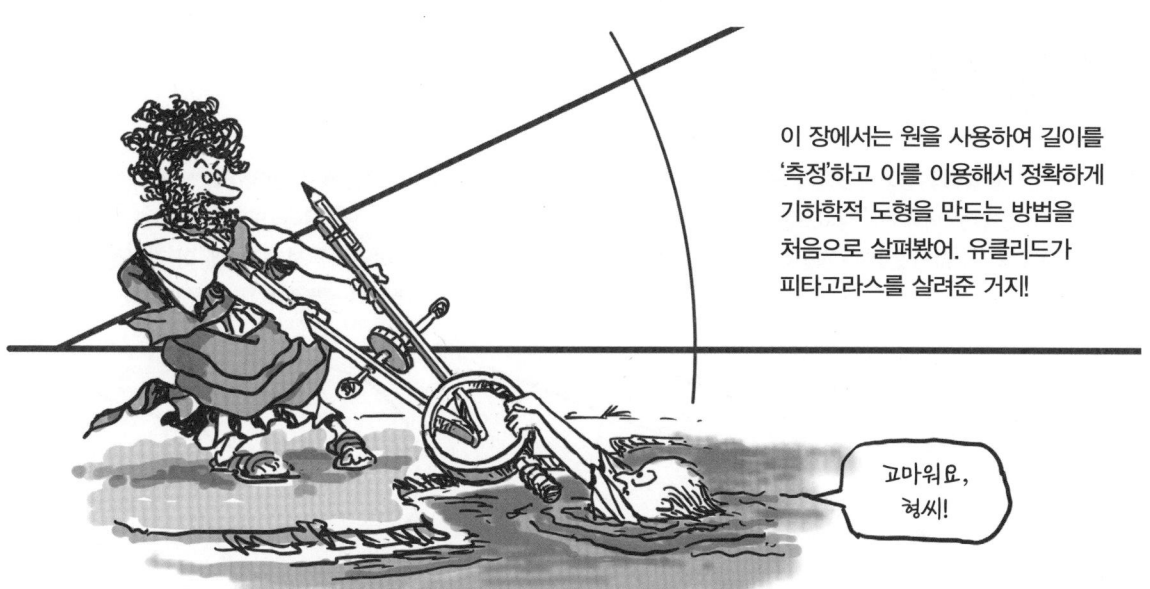

이 장에서는 원을 사용하여 길이를 '측정'하고 이를 이용해서 정확하게 기하학적 도형을 만드는 방법을 처음으로 살펴봤어. 유클리드가 피타고라스를 살려준 거지!

고마워요, 형씨!

다음 장에서 우리는 원을 이용해서 완전히 다른 뭔가를 측정하는 방법을 배울 텐데, 이 내용에 대해선 유클리드가 분명히 반대할 거야.

흠, 그게 뭔지 궁금하네요.

내가 어떻게 알겠어?

연습문제

1. 주어진 선분 **AB**를 길이가 **3**배가 되는 선분으로 어떻게 늘릴 수 있을까? **4**배는? 컴퍼스를 세 번만 사용해서 선분을 **8**배 더 길게 만드는 방법을 생각할 수 있을까?

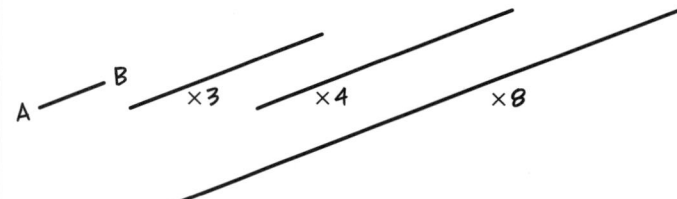

2. 이 그림에서, 만약 $PQ = 55.3$이고 $PC = 88.8$이라면, 주어진 원의 반지름은 얼마일까? 선분 **PC**에 이 길이들과 대응되도록 좌표를 설정해보자.

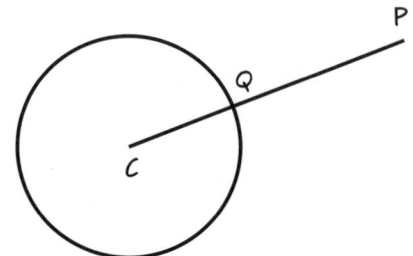

3. **C**를 중심으로 하는 주어진 원에 대해서, 원 밖의 점 **A**가 있고 **AC**가 원과 점 **B**에서 만난다면, $AB = AC - BC$임을 보여라.

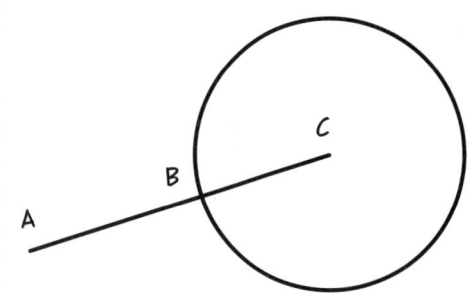

4. 이 그림은 가능할까?

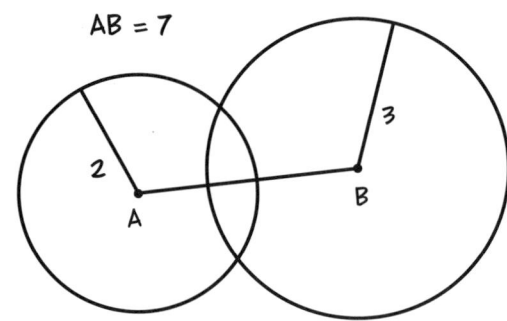

5. 한 원의 중심이 다른 원 안에 있으면 공리 6은 어떻게 될까? **A**와 **B**가 두 중심이고, r_A와 r_B가 두 반지름이라고 할 때, 중심 **A**가 원 **B** 안에 있고 $r_A < r_B$라고 하자.

a. 원 **A**가 너무 작아서 **B**와 만날 수 없는 경우를 부등식으로 어떻게 표현할 수 있을까?

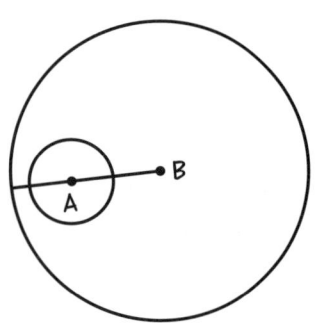

b. 원 **A**가 **B**와 만나는 경우를 부등식으로 어떻게 표현할 수 있을까?

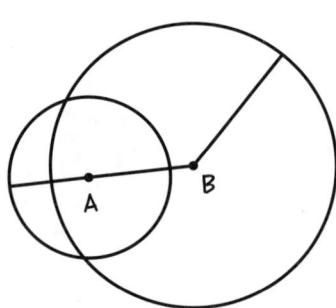

c. 두 원이 한 점에서 만나는 경우는 어떨까?

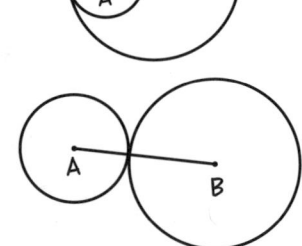

Chapter 5
각도

광선은 어디로 갈까?

비앙카는 땅구멍 집을
드나드는 개미떼의 흔적을
지켜보고 있어. 이들은
완벽한 직선으로 행진하는
아주 특별한 병정개미들이야.
어쩌면 작은 교관들과
함께할지도 몰라.

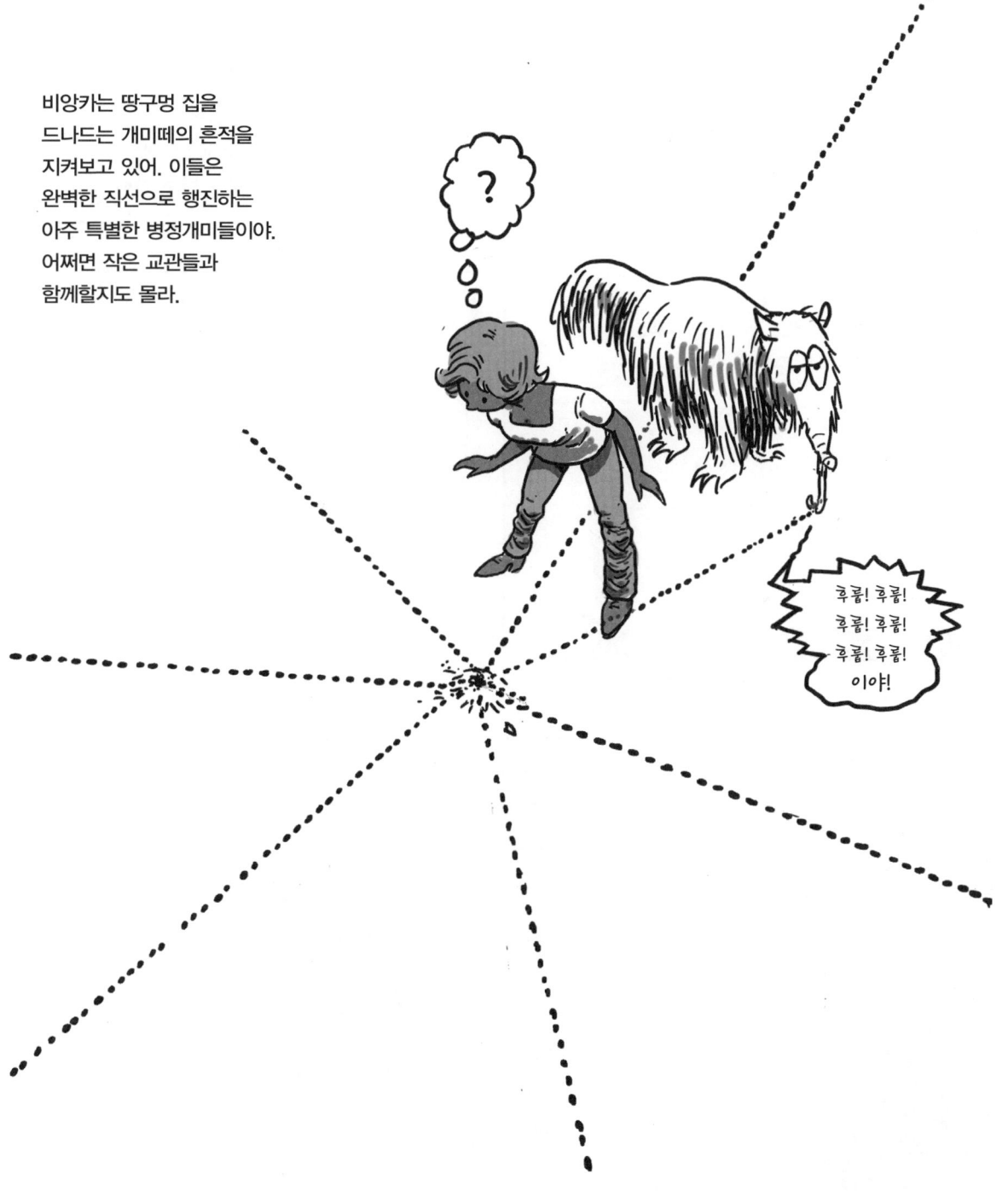

비앙카는 이 곤충부대가 어디로 가고 있는지 설명하고 싶어졌어.

이건 거리에 따라 다를 거야!
서로 다른 줄에 있는 두 개미는 구멍에서 같은 정도만큼 떨어져 있을 수 있고, 같은 줄에 있는 두 개미들은 구멍에서부터 서로 다른 거리만큼 떨어져 있겠지.

우린 이렇게 생각할 수 있을 거야.
거리는 **같은 선 위에 있는 두 점**(또는 개미)이 얼마나 멀리 떨어져 있는지 측정한다.

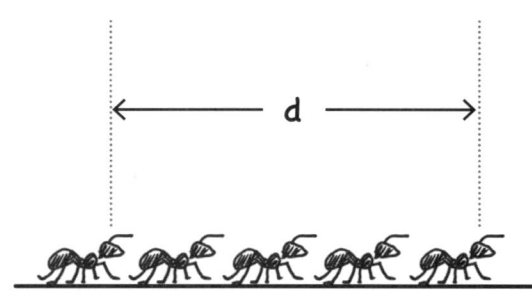

비앙카가 측정하고 싶은 것은 같은 점을 통과하는 **두 직선**이 얼마나 멀리 떨어져 있는가야.

정의. 두 반직선이 같은 점에서 출발하면 두 직선이 **각**을 이룬다고 한다. 이 점(그림상의 점 O)을 각의 **꼭짓점**이라고 부른다.

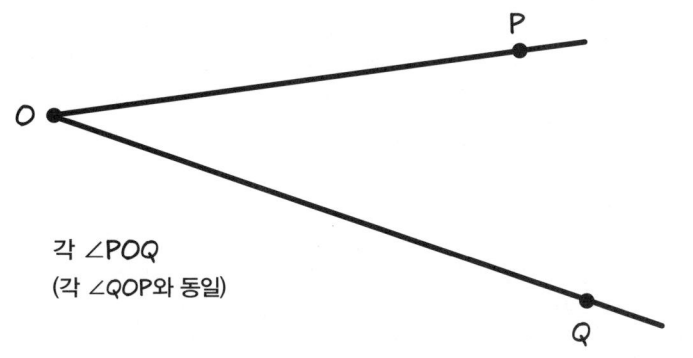

각 ∠POQ
(각 ∠QOP와 동일)

우린 때때로 각을 간단히 ∠O와 같이 표기해. 각 반직선 위에 있는 점 P와 Q에 특별한 관심이 있을 땐, ∠POQ로도 표기할 수 있어.

꼭짓점에서 멀어질수록 각은 점점 벌어지기 때문에, 각은 자로 측정할 수가 없어. 어떤 부분을 측정해야 할까?

대신에 우리는 **원**을 이용해서 각을 측정해. 우리가 할 질문은 이거야. 각이 '집어삼키는' **원의 부분**은 얼마일까?

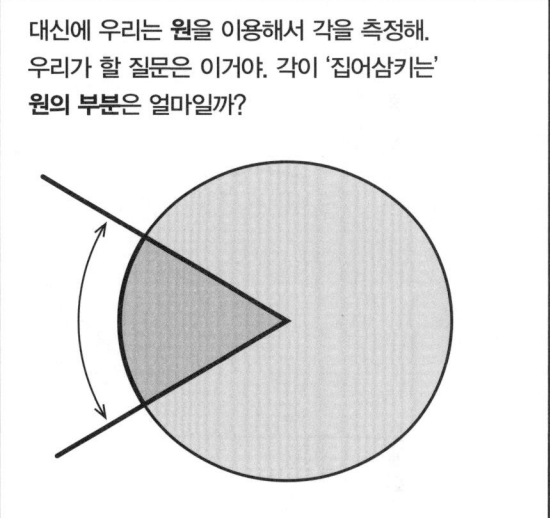

어떤 원을 사용해야 할까? 각은 큰 원과 작은 원 모두에서 동일한 비율을 차지하기 때문에, 꼭짓점을 중심으로 가지는 **어떤** 원이든 사용할 수 있어. 원이 꼭짓점을 중심으로 위치하기만 하면 어떤 원도 상관이 없지.

각을 측정하기 전에, 한 가지 결정해야 할 사항이 있어.
각이 원의 어느 부분을 차지한다고 해야 할까, 큰 쪽?
아니면 작은 쪽?

답: 이 책에서는, 대부분의 경우 **작은** 부분을
의미할 거야. 기하학의 시작점에서는 보통
반원보다 크지 않은 각들을 다루기 때문이지.

여기?

아니면 여기?

그러면 미지의 이 부분은 뭐죠?

아마도… 공허?

우리는 바빌로니아 인*들로부터 원을 360등분 하는 아이디어를 빌려왔고,
이를 각도라고 불러. 각도 기호는 °를 쓰고, **45°** 또는 **45도**와 같이 나타내.
따라서 반원은 **180°**가 될 거야.

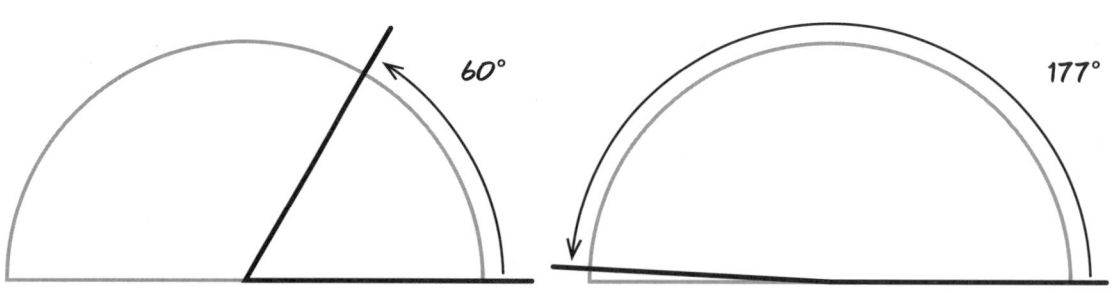

* 12쪽 참조

우리는 각이 원에서 얼마나 많은 부분을 차지하는지에 따라서, 0°부터 180° 사이의 각도를 통해 그 값을 측정할 거야. 사실 여기서, 우리는 마치 재단사의 줄자와 같은 유연한 자를 반원 주위에 감아 놓는 것과 같은 일을 하고 있는 거지.

참고: 다시 한 번 우리는 아무것도 측정하지 않았던 유클리드와는 다른 길을 가고 있어.

안 돼.

그 결과로 나온 게 **각도기**라는 도구야. 플라스틱, 나무, 금속 따위로 만들어진 반원 모양의 측정기지. 각도는 오른쪽의 0°에서 왼쪽의 180°까지 동일한 간격으로 나누어져 있지. 바닥부분은 원의 지름이고, 중심 부분이 명확하게 표기되어 있어.

이거 꽤 멋진걸!

내 원칙에는 위배되지만… 멋져…

각을 재는 법

먼저 각의 꼭짓점을 각도기의 바닥부분 중앙에 두어 반직선들이 반원 위에 위치하게 만들어.

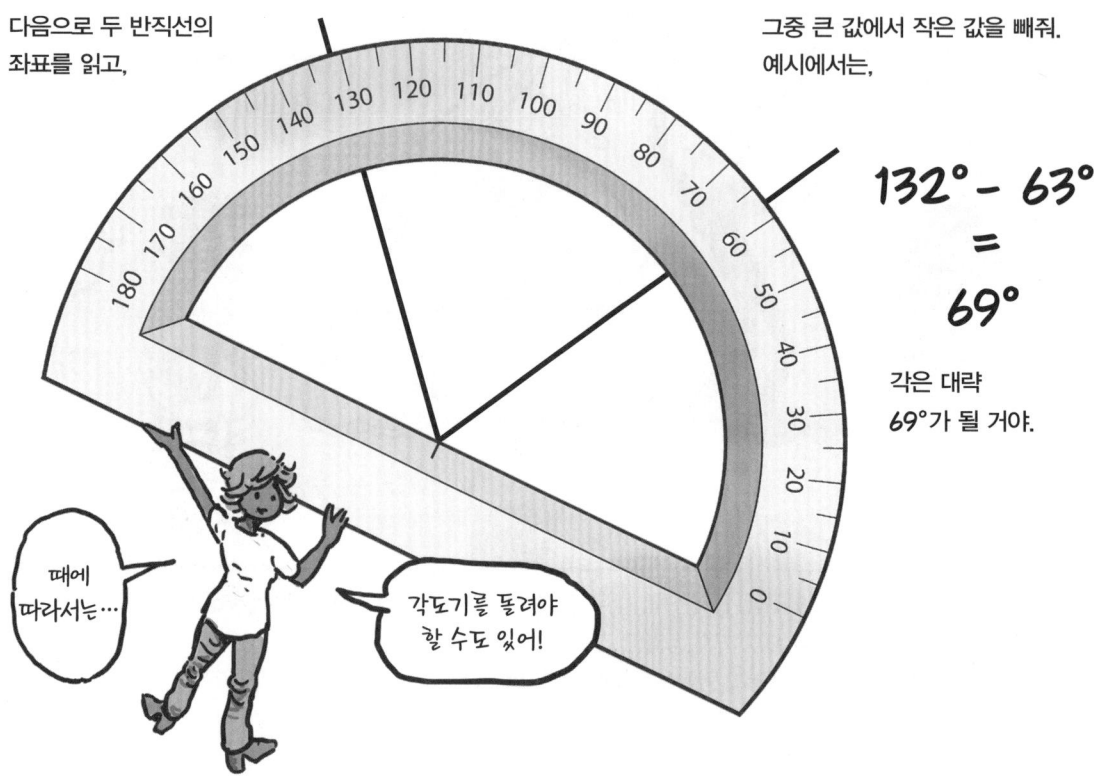

이제부터 우리는, 자로 거리를 측정했던 것과 마찬가지로, 각도기를 이용하여 각을 측정한다고 가정할 거야. 하지만 180°보다 크지 않은 각도만을 포함한다는 점에서 약간의 주의가 필요해.

먼저, 직선은 평면을 둘로 나눈다는 점에 주목해보면, 모든 직선은 두 개의 면, 또는 두 개의 **반평면**을 가진다고 할 수 있어. 여기서, 직선 위에 있지 않은 두 점을 잇는 선분이 직선과 만나지 않는다는 것은 두 점이 직선에 대해 같은 면에 놓여 있다는 것과 동치임을 알 수 있지.*

만약 꼭짓점 V가 직선 L 위에 있다면, 여기서 출발하는 각각의 **반직선**은 L이 만드는 반평면 중 한 곳에 완전히 속하게 될 거야. 그러므로 우리는 이를 **반직선들이 이루는 반평면**이라고 부를 수 있을 거야.

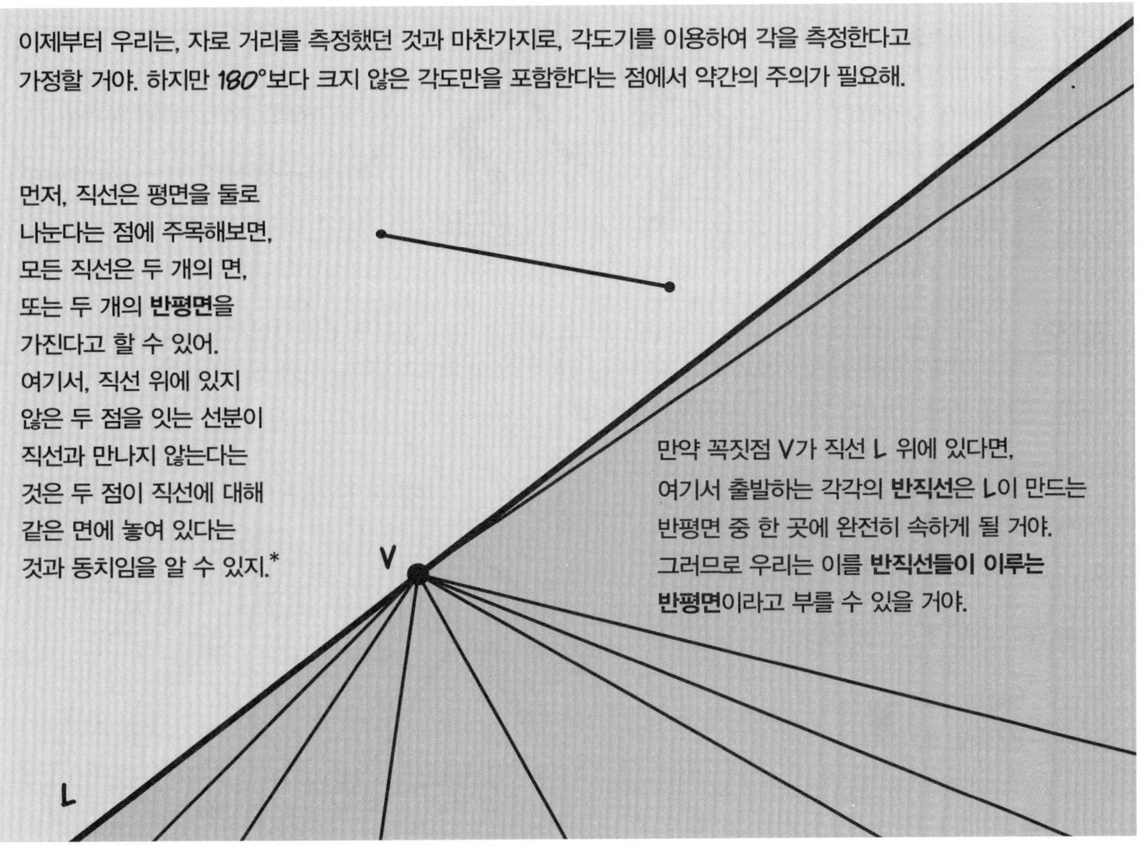

그렇다면…

공리 7.
(각도기 공리). 꼭짓점 V를 가지는 반직선들이 이루는 반평면이 있을 때, 각각의 반직선에 0부터 180 사이의 번호를 매겨 대응되는 두 수의 차로 각도를 측정할 수 있다.

반직선 VA에 해당하는 각도기 좌표를 m(VA)라고 한다면, 각도기 공리는 다음을 의미해.

$$\angle AVB = |m(VA) - m(VB)|$$

여기서 ∠AVB는 각과 각도의 크기 모두를 표현하는 표기법으로 사용될 거야. 예를 들어, 굵은 선으로 이루어진 각도는 다음과 같이 계산될 거야.

$$\angle AVB = 125° - 45° = 80°$$

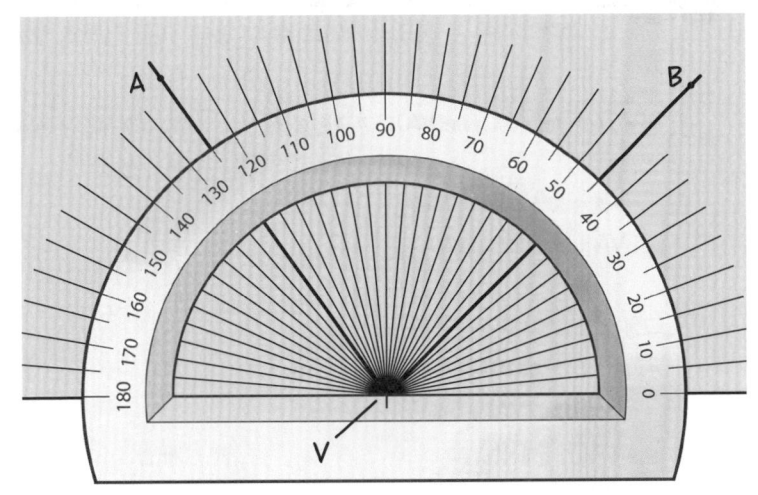

* 사실 여기엔 숨어 있는 가정이 하나 있어. 미안!

자를 이용해서 거리를
공부했던 것과 마찬가지로,
각도기를 이용하면 각에 대한
몇 가지 개념, 결과 들을
쉽게 증명할 수 있어.

물론 그 대가로, 페이지를
계산들로 가득 채워야 하지만!

정의.

한 직선 위의 점 V가 있고, 그 직선이 만드는 반평면 위의 점 A, B, C가 주어져 있다고 하자.
이때 반직선 $\overrightarrow{VB}$의 각도기 좌표가 반직선 $\overrightarrow{VA}$와 $\overrightarrow{VC}$의 각도기 좌표 사이에 있다면,
우리는 반직선 $\overrightarrow{VB}$가 반직선 $\overrightarrow{VA}$과 $\overrightarrow{VC}$ **사이**에 있다고 한다.

다시 말해서

$m(VA) > m(VB) > m(VC)$

또는

$m(VA) < m(VB) < m(VC)$

이 경우, 우리는 이를
$\overrightarrow{VA}$-$\overrightarrow{VB}$-$\overrightarrow{VC}$으로 표기한다.

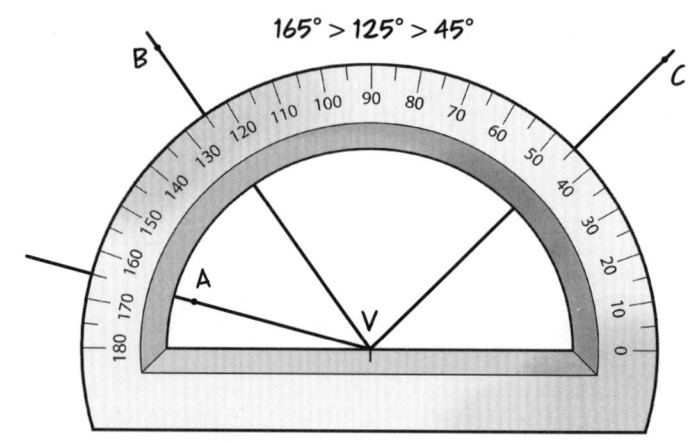

165° > 125° > 45°

정리 5-1.

만약 $\overrightarrow{VA}$-$\overrightarrow{VB}$-$\overrightarrow{VC}$라면, 각도들은 이렇게 서로 더해진다. $\angle CVA = \angle CVB + \angle BVA$

증명.

증명은 41쪽의 정리 3-1과 같은 방식으로 증명될 거야.
각각의 각은 두 좌표의 차이로 주어지는데, 이를 더하고 가운데 항을 정리해주면 증명이 끝나.

1. $m(\overrightarrow{VC}) > m(\overrightarrow{VB}) > m(\overrightarrow{VA})$라고 가정하자. (VA-VB-VC의 정의에 있는 한 가지 경우)

2. $\angle CVB = m(\overrightarrow{VC}) - m(\overrightarrow{VB})$
   $\angle BVA = m(\overrightarrow{VB}) - m(\overrightarrow{VA})$ (공리 7)

3. 그렇다면 $\angle CVB + \angle BVA$
   $= (m(\overrightarrow{VC}) - m(\overrightarrow{VB})) + (m(\overrightarrow{VB}) - m(\overrightarrow{VA}))$
   $= m(\overrightarrow{VC}) - m(\overrightarrow{VA}) + (m(\overrightarrow{VB}) - m(\overrightarrow{VB}))$
   $= m(\overrightarrow{VC}) - m(\overrightarrow{VA})$ (계산)
   $= \angle CVA$ (공리 7)

4. $m(\overrightarrow{VC}) < m(\overrightarrow{VB}) < m(\overrightarrow{VA})$인 경우에도
   비슷한 방식으로 증명 가능. ∎

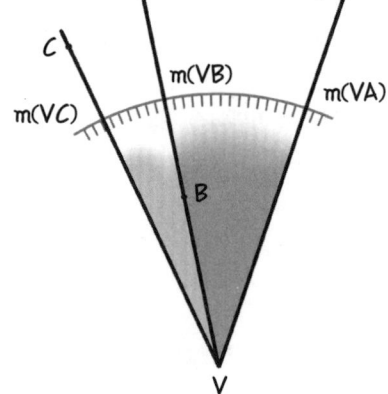

만약 꼭짓점 V에서 출발한 세 반직선 중 두 개가 같은 선상에 있는 서로 다른 방향을 가진다면, 이때 두 인접각을 **선형 쌍**이라고 해. 선형 쌍을 이루는 두 각의 합은 180°가 돼.

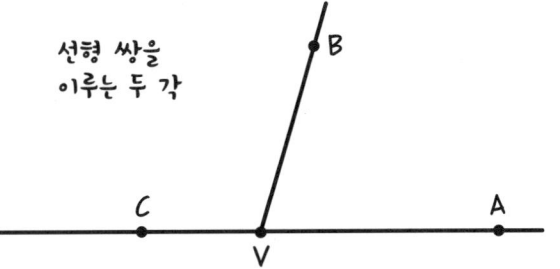

∠AVB + ∠BVC = 180°

이는 정리 5-1에 의해 증명될 수 있어.

두 직선이 서로 교차할 때는, 각각의 **인접각**(각 ∠2와 ∠4같이)들이 선형 쌍을 이뤄. 서로 **마주보는** 두 각(각 ∠1과 ∠4, ∠2와 ∠3)은 **맞꼭지각*** 관계에 있다고 말하고, 이 둘은 매우 특별한 관계를 가져.

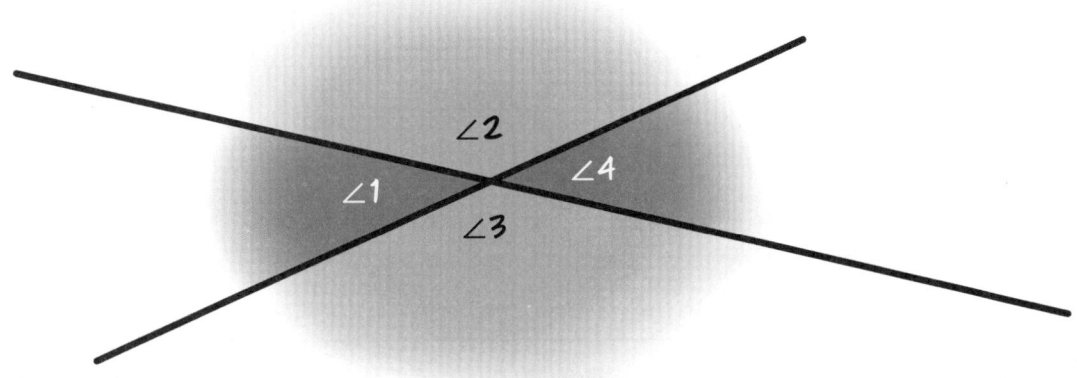

정리 5-2. 두 맞꼭지각의 크기는 서로 같다.

증명.
1. ∠1과 ∠2는 선형 쌍이다. (정의)
2. ∠2와 ∠4는 선형 쌍이다. (정의)
3. ∠1 + ∠2 = 180°, ∠2 + ∠4 = 180° (정리 5-1)
4. ∠1 + ∠2 = ∠2 + ∠4 (치환)
5. ∠1 = ∠4 (치환)
6. 비슷한 방식으로, ∠2 = ∠3. ■

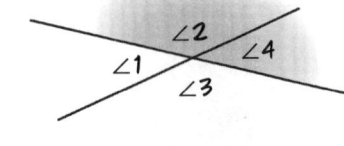

맞꼭지각 정리는 무수히 많은 정리에서 모습을 드러낼 거야. 항상 맞꼭지각 쌍이 어디 있는지 찾아보는 게 큰 도움이 될 거야!

분명 어딘가에 있을 거야…

* 한 **꼭짓점**을 맞대고 있기 때문에 이러한 이름이 붙었어.

이로부터 다음을 확인할 수 있어.

정리 5-3.
만약 두 선이 교차하고 이 중 한 각이 90°라면, 나머지 세 각도도 90°가 된다.

증명.

1. ∠1과 ∠2는 선형 쌍이다. (선형 쌍의 정의)

2. ∠1 + ∠2 = 180° (정리 5-1)

3. ∠1 = 90° (가정)

4. 90° + ∠2 = 180° (치환)

5. ∠2 = 90° (뺄셈)

6. ∠1과 ∠4는 서로 맞꼭지각이다.
   ∠2와 ∠3 또한 서로 맞꼭지각이다. (정의)

7. ∠4 = ∠1 = 90°
   ∠3 = ∠2 = 90° ▮ (맞꼭지각의 크기는 서로 같다)

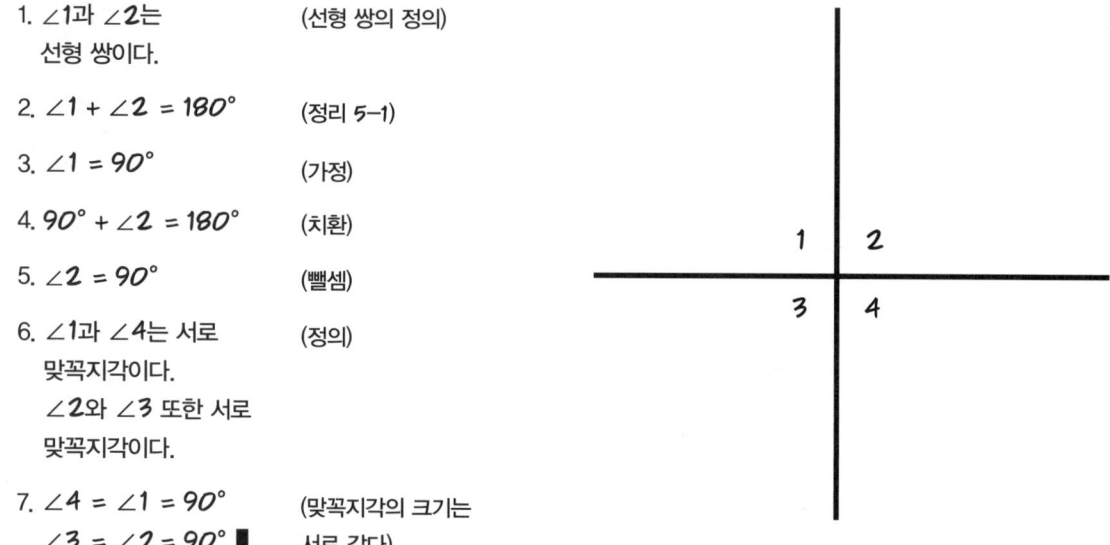

정의.
직각은 90°인 각을 의미한다. 직각을 이루며 만나는 두 직선을 수직이라고 부른다. 'L과 M이 수직이다'는 기호 L⊥M으로 표현한다.
직각은 또한 꼭짓점에 작은 사각형으로 나타내기도 한다.

추가 용어와 표기법

그림상에 두 각이 같은 크기를 가진다면, 우리는 이를 작은 호를 그려서 표기할 거야.

여러 각이 존재할 때는 여러 가지 호들을 그려서 표기하기도 해.

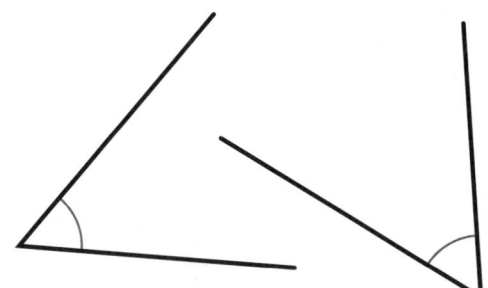

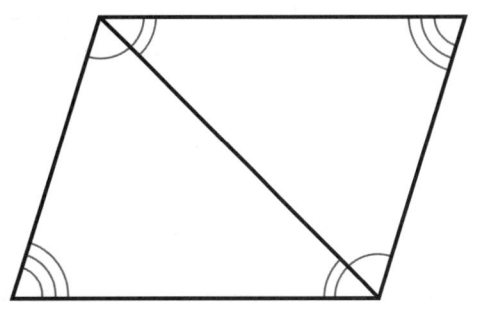

합이 90°인 두 각을 서로 **여각**이라고 해. 이 둘은 굳이 인접하고 있어야 할 필요는 없어.

합이 180°인 두 각을 서로 **보각**이라고 해. 모든 선형 쌍은 보각관계에 있지만, 모든 보각관계에 있는 두 각이 선형 쌍이어야 할 필요는 없어.

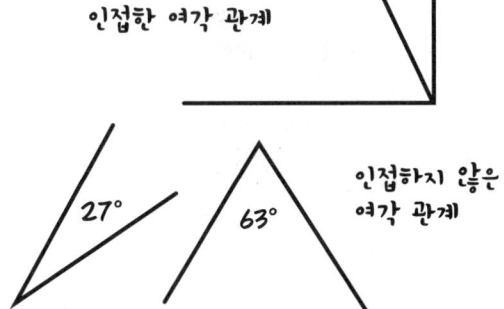

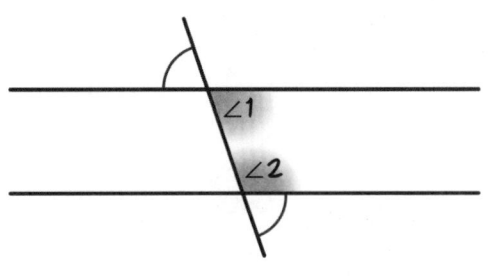

연습문제에서, ∠1과 ∠2가 보각관계에 있음을 증명할 거야.

여기까지가 기하학의 기본 구성 요소인 직선, 반직선, 선분, 원, 호, 그리고 각도에 대한 이야기야.

이제 우리는 이들의 **조합**에 대해 이야기할 준비가 됐어. 가장 간단한 **삼각형**부터 시작해보자!

우! 만만치 않은데!

연습문제

1. 이 각은 예각일까? 둔각일까?

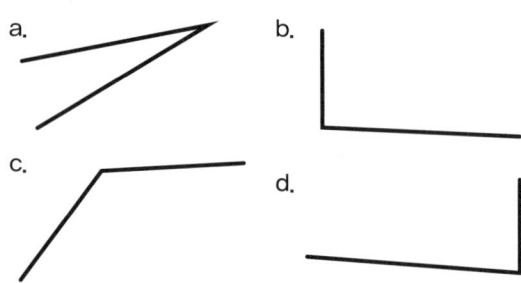

2. ∠AVB의 크기는 얼마일까?

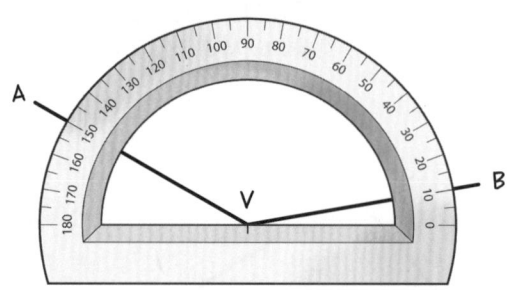

3. ∠AVB의 크기는 얼마일까?
   ∠BVC는? ∠AVC는?

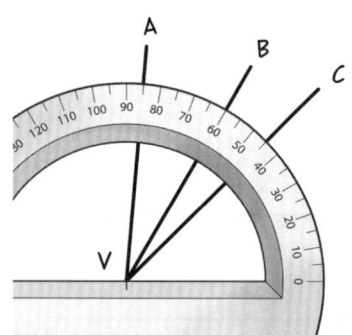

4. 만약 이 세 각이 모두 같다면, 한 각의 크기는 얼마일까?

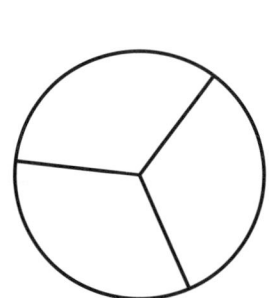

5. 색칠된 부분의 각의 크기는 얼마일까?

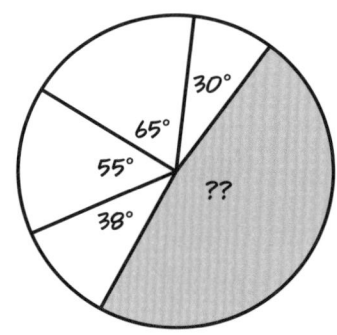

6. 각도들은 더할 수 있을 뿐만 아니라 뺄 수도 있음을 증명해보자. 만약 AV-BV-CV라면, ∠BVC = ∠AVC - ∠AVB임을 보여라.

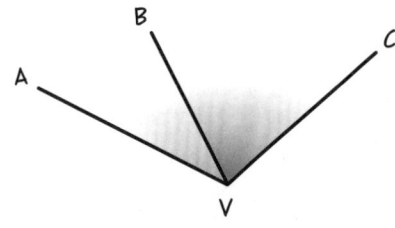

7. 만약 ∠AVB = 27°라면, ∠CVE는 얼마일까?

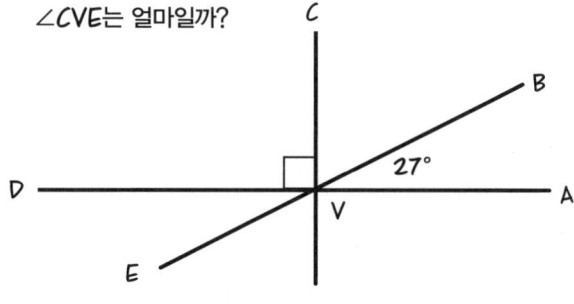

8. 각 ∠AVB의 두 보각을 찾아 표기해보자.

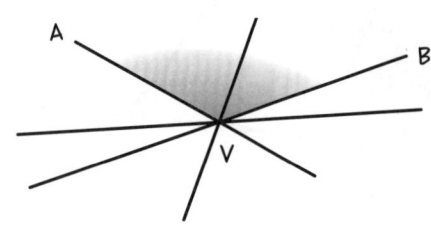

9. 각 ∠DCG와 ∠CGF가 보각관계에 있음을 보여라.

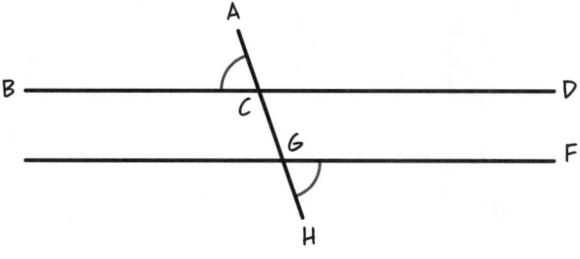

66

Chapter 6
삼각형

이제 곧 우리의 주연,
공연의 스타를 만나볼 거야!
아, 사실 진짜 스타(별)는
아니지만.

기하학의 주인공은 단지
세 변만 가지고 있어.
유명인이 꼭 복잡해야 할
필요는 없는 거 아니겠어?

정의.

만약 A, B, C가 일직선 위에 있지 않은 세 점이라면, **삼각형 ABC**, 또는 **△ABC**는 세 선분 AB, AC, BC로 이루어져 있어. 점 **A, B, C**는 삼각형의 세 **꼭짓점**이라고 불리며, 세 선분은 삼각형의 **변**이라고 불려.

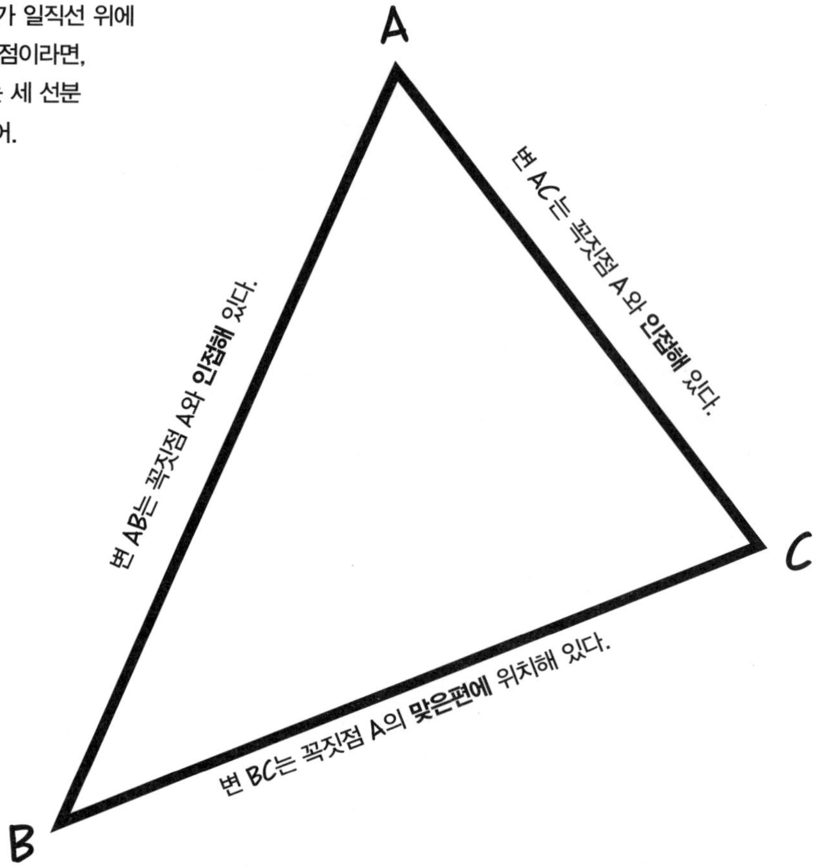

변 AB는 꼭짓점 A와 인접해 있다.

변 AC는 꼭짓점 A와 인접해 있다.

변 BC는 꼭짓점 A의 맞은편에 위치해 있다.

이제 우리는, 두 삼각형이 같은 **크기**와 **모양**을 가지는지 **확인하는**, 바보 같을 정도로 간단한 작업을 시작할 거야.

두 삼각형 △ABC와 △PQR이 있을 때, 투명한 종이를 △PQR 위에 두었다고 상상해보자.

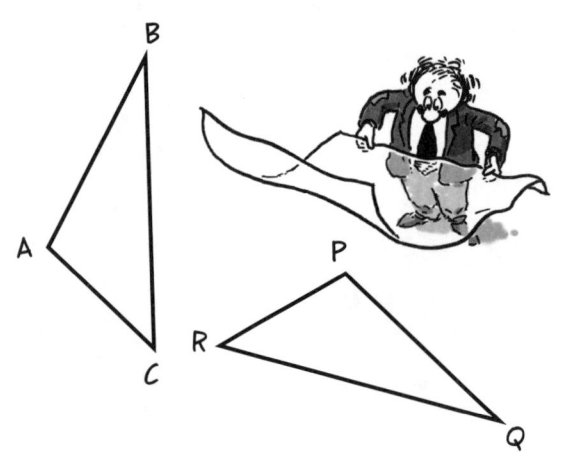

이 종이에 삼각형 △PQR을 따라 그리자.

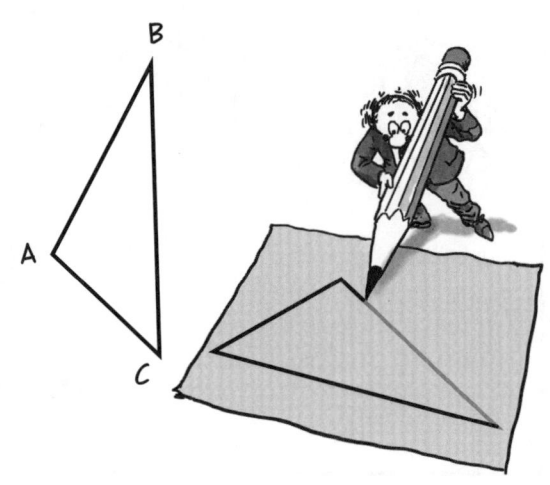

종이를 들어올려서 △ABC 위에 올려보자.

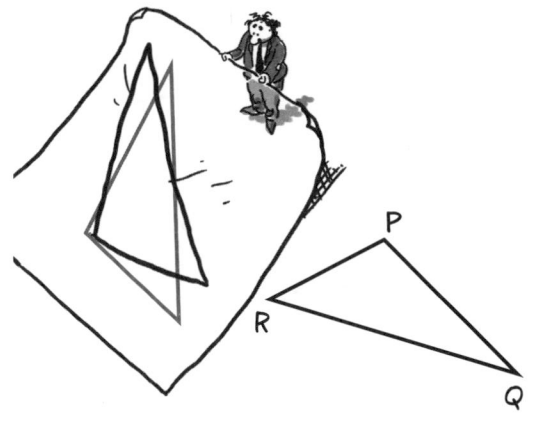

만약 그림이 △ABC와 정확하게 일치한다면, △ABC와 △PQR은 같은 크기와 모양을 가질 거야.

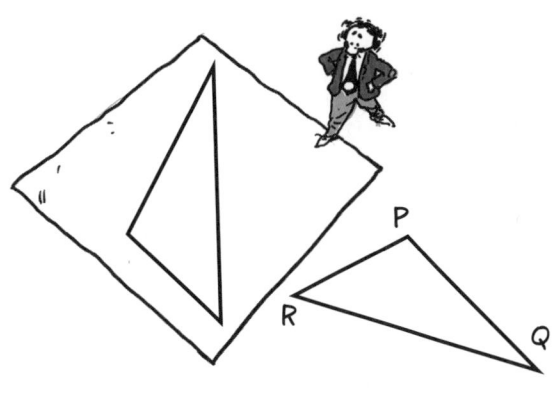

어떤 경우에는 그림을 평행하게 움직이는 것만으로 충분하지 않고…

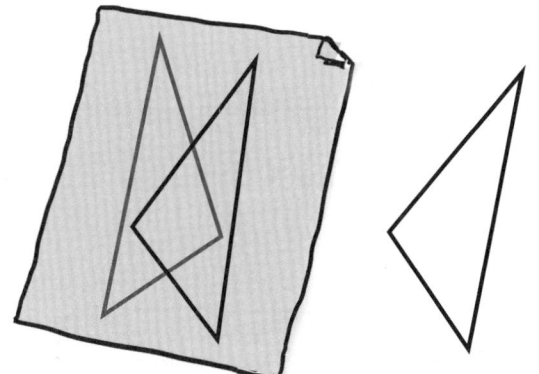

종이를 뒤집어야 완벽하게 겹쳐질 수도 있어.

만약 뒤집어서든 아니든, 이와 같은 방식으로 그림이 △ABC와 완벽하게 겹치는 **중첩**이 가능하다면, 우리는 두 삼각형이

합동
이라고 말해.

이 삼각형들은 모두 합동이야.

기하학에서는 많이 사용되지만 다른 곳에서는 자주 보기 힘든 단어지…

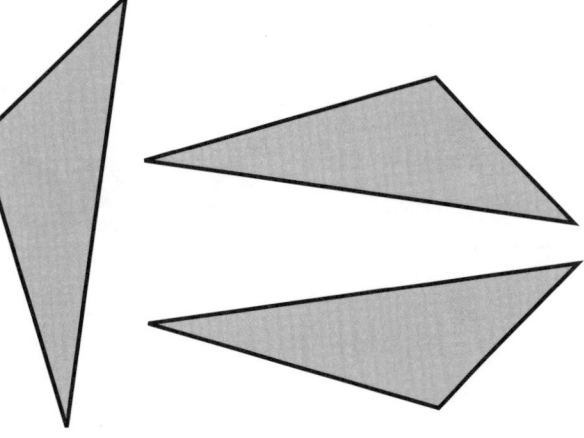

합동

따라 그리기, 들어 올려서 겹치기와 같은 물리적 단어들을 적게 사용하면서 합동을 묘사하는 게 좋겠어. 간단히, 한 삼각형의 꼭짓점들을 다른 삼각형의 꼭짓점들과 **짝지어**보는 건 어떨까?

'평행이동 후 겹치기' 공리는 없나요?

음, 없어…

A ⟷ P
B ⟷ Q
C ⟷ R

이를 통해 각각의 변도 서로 짝지어질 거야. 이렇게.

AB ⟷ PQ
BC ⟷ QR
AC ⟷ PR

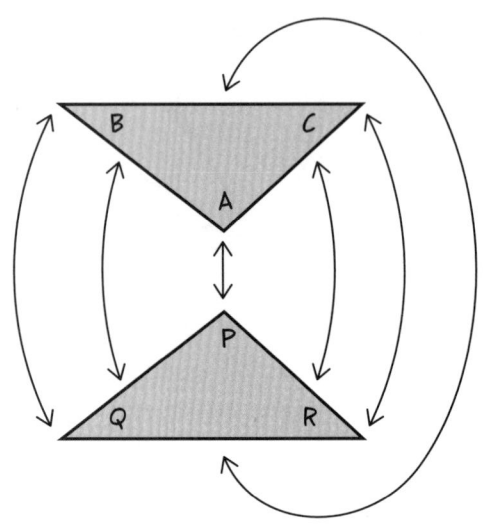

정의. 두 삼각형의 꼭짓점을 서로 짝지어서 이에 대응되는 **변**과 **각**이 모두 같을 때 두 삼각형을 **합동**이라고 한다.

위의 삼각형에서는,

∠A = ∠P
∠B = ∠Q
∠C = ∠R
AB = PQ
BC = QR
AC = PR

여섯 가지 서로 다른 등식!

별로야… 종이에 따라 그리는 건 재밌었는데…

합동을 표현하는 기호로는 다음과 같이 ≅를 사용해.

△ABC ≅ △PQR

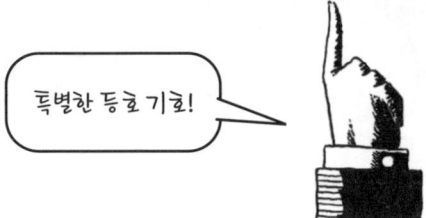

특별한 등호 기호!

'삼각형 A-B-C가 삼각형 P-Q-R과 합동이다'라는 뜻이야.

만약 두 삼각형이 다른 삼각형과 합동이라면, 그 두 삼각형 또한 서로 합동이라는 점도 쉽게 확인할 수 있어.

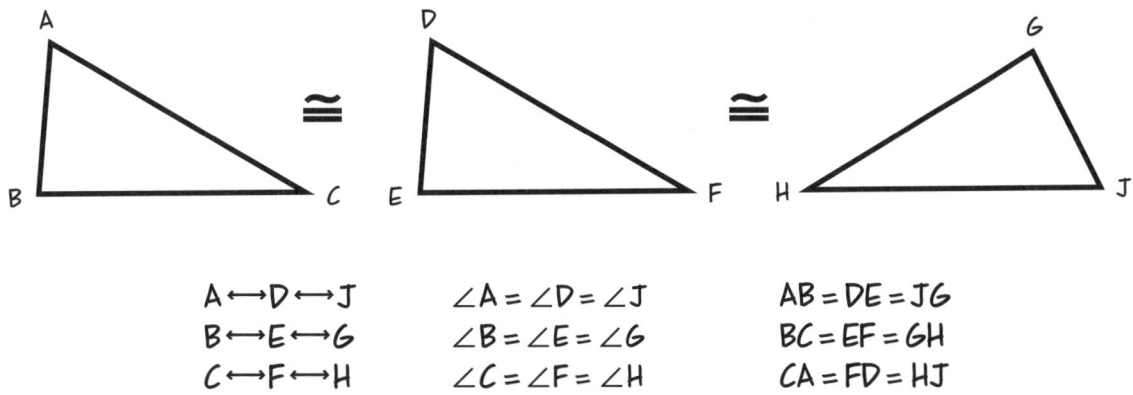

$A \leftrightarrow D \leftrightarrow J$ $\angle A = \angle D = \angle J$ $AB = DE = JG$
$B \leftrightarrow E \leftrightarrow G$ $\angle B = \angle E = \angle G$ $BC = EF = GH$
$C \leftrightarrow F \leftrightarrow H$ $\angle C = \angle F = \angle H$ $CA = FD = HJ$

주의: 순서를 무시하면 안 돼! 합동을 표시할 때, 한쪽의 꼭짓점 순서는 다른 쪽의 대응되는 꼭짓점 순서와 일치해야 해. 이 그림에서는

$\triangle ABC \cong \triangle PQR$

$\triangle ABC \cong \triangle PRQ$ 가 아님

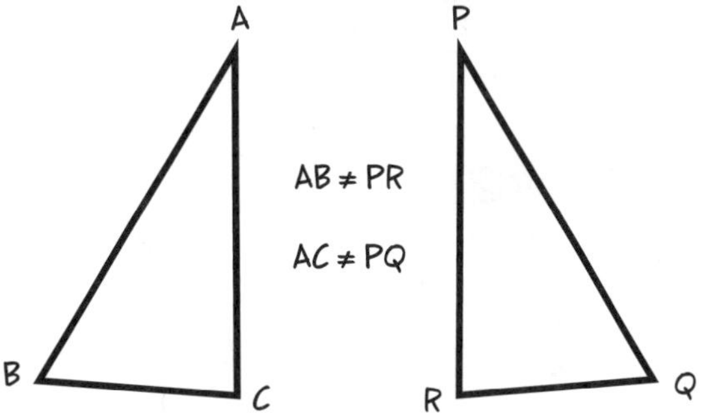

왜냐하면 대응관계에서는 다음 두 조건 모두 성립하지 않기 때문이야.

$B \leftrightarrow R$ 도 $C \leftrightarrow Q$ 도 아님

$AB \neq PR$
$AC \neq PQ$

우리는 합동식에서부터 직접 대응관계를 읽을 수 있어야 해. 그렇지 않으면 큰 혼란이 있을 거야!

기하학자 배심원 여러분, 이 대들은 서로 대응될까요? 합동은 사실 합동이 아닐까요? 어떤 정상인이 합리적인 의심을 넘어선 결론을 내릴 수 있을까요? 하지만 주저러 주저러…

정숙!
정숙!

71

합동 판정

정의에 의하면, 삼각형의 합동 여부를 판별하기 위해서는 **여섯 가지** 요소가 모두 같은지 따져봐야 해.
즉 세 각의 크기와 세 변의 길이가 각각 같은지 확인해야 해. 하지만, 실제로는 **세 가지**면 충분해.
만약 그 세 가지가 올바른 세 가지라면.

두 삼각형의 서로 대응되는 세 각의 크기가 모두 같지만 합동이 아니다.

두 삼각형의 두 쌍의 변이 서로 같고, 그 사이 각 또한 같다고 가정해보자.
이제 이 삼각형 둘로 따라 그리기 게임을 해볼 거야. (68~69쪽 참조)

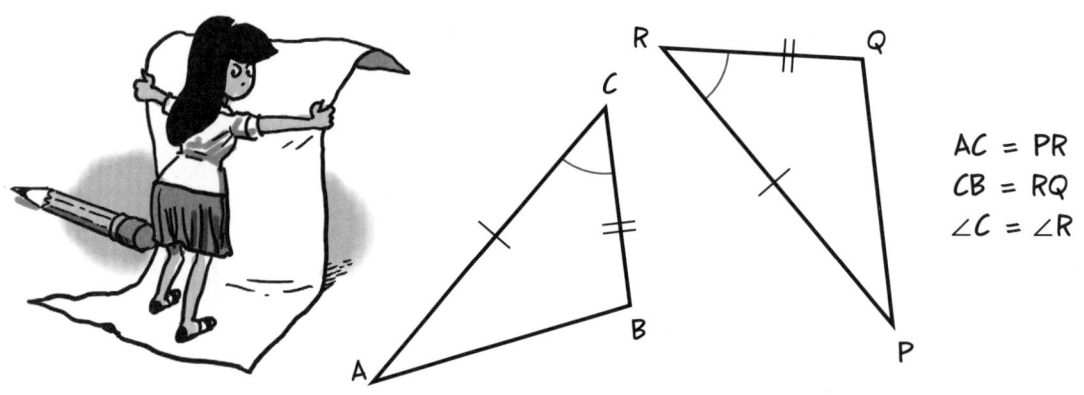

$AC = PR$
$CB = RQ$
$\angle C = \angle R$

모모는 △ABC를 따라 그린 △A′B′C′을 △PQR 위에 놓아서 A′C′이 PR 위에 겹치도록 할 거야. $\angle C = \angle R$이므로, C′B′은 정확히 RQ 위에 있어야 하고, 두 선분의 길이가 같으므로, B′은 정확히 Q 위에 놓일 거야. 두 삼각형은 동일하게 보이지.

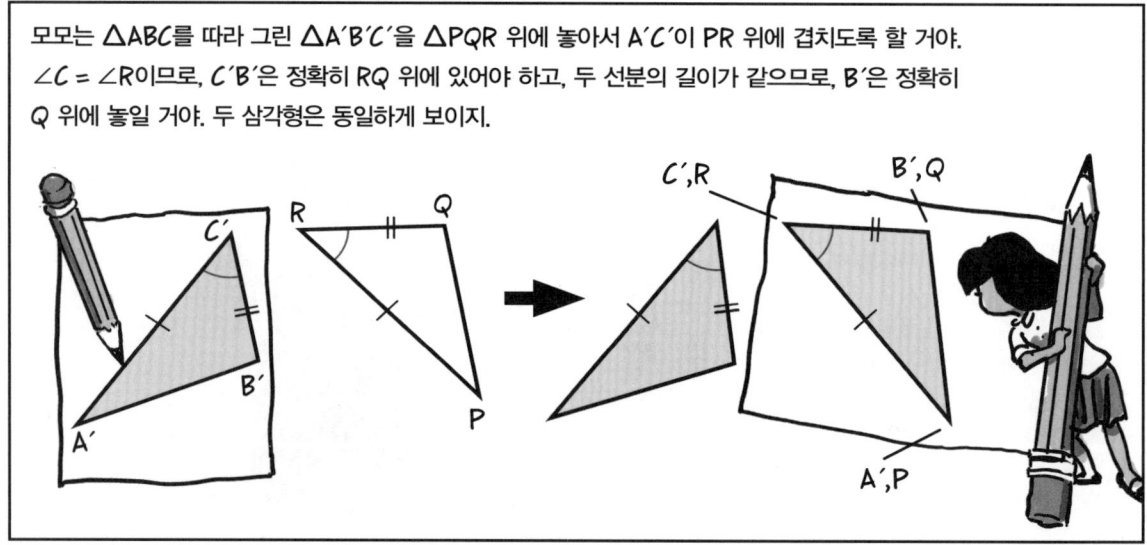

두 쌍의 각이 서로 같고 그 사이 변 또한 같은 경우에도 비슷한 설명이 가능해.
만약 다음을 가정하면,

∠A = ∠P, ∠C = ∠R, AC = PR

그러면 '삼각형 내려놓기'는 A'C'을 PR 위에, C'B'을 RQ 위에 올려놓을 거고, 둘의 교점 Q는 반드시 B' 아래에 있을 거야.

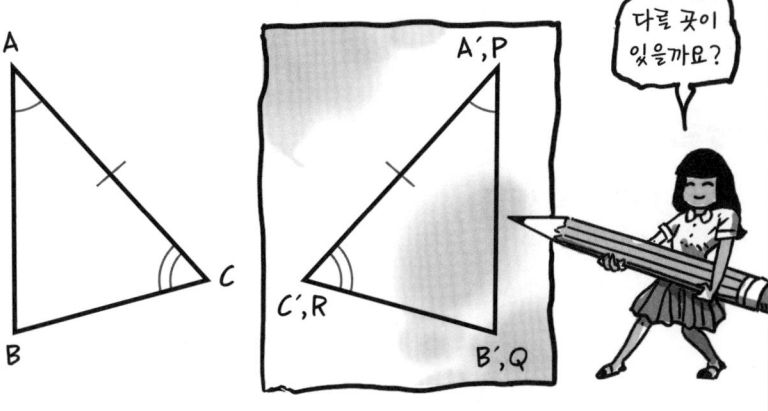

이 방식은 우리의 상상을 만족시킬지는 모르지만, 여기에는 논리적 기반이 없어.
우리가 이걸 **새로운 공리**로 받아들이기 전에는 말이지.

변 - 각 - 변

공리 8 (SAS)[*].
만약 두 삼각형의 두 쌍의 변이 그 길이가 각각 같고 그 사이에 끼인 각의 크기가 같다면, 두 삼각형은 합동이다.

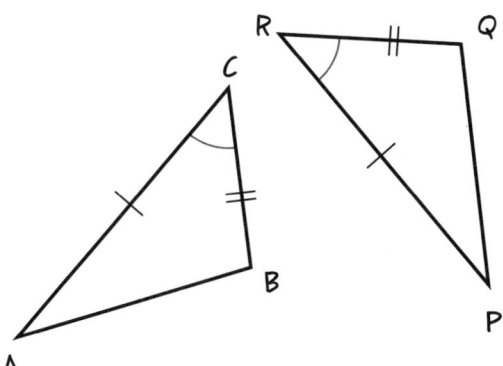

AC=PR, BC=QR, ∠C=∠R
⇒
△ABC ≅ △PQR

각 - 변 - 각

공리 9 (ASA).
만약 두 삼각형의 두 쌍의 각이 그 크기가 각각 같고 그 사이의 변의 길이가 같다면, 두 삼각형은 합동이다.

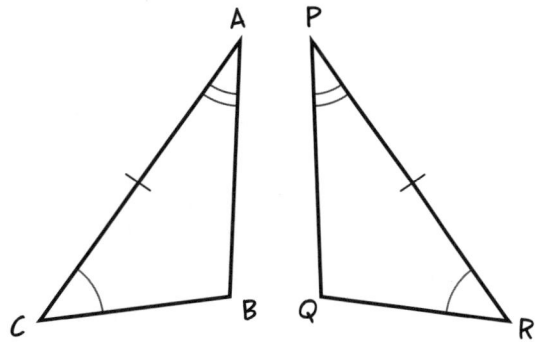

∠A=∠P, ∠C=∠R, AC=PR
⇒
△ABC ≅ △PQR

[*] 변은 영어로 side, 각은 angle이라서 각 단어의 머리글자를 따서 표시한다.—옮긴이

SAS와 ASA 모두 이어지는 만만치 않은 증명에서
모습을 드러낼 거야. 이 증명은 유클리드의 방식을 가져왔어.

정리 6-1.
만약 한 삼각형의 **두 변의 길이가 같다면**, 각 변을 마주보는 두 각의 크기 또한 같다.

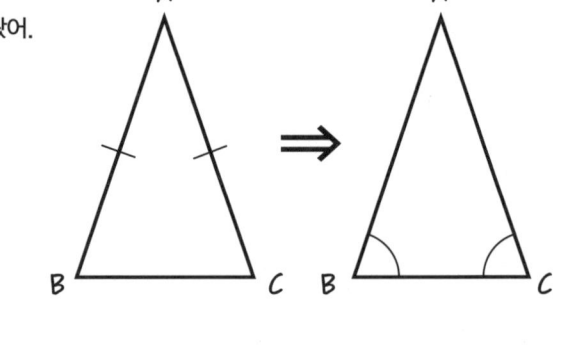

증명.
AB = AC를 만족하는 주어진 △ABC에 대해서, ∠B = ∠C 임을 보일 거야.

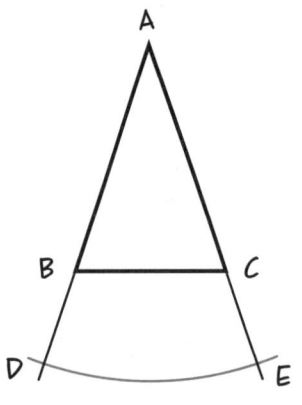

1. AB와 AC를 연장하여 반직선 $\overrightarrow{AB}$와 $\overrightarrow{AC}$를 얻는다. (줄자 공리)

2. 반직선 $\overrightarrow{AB}$ 위에 있으며 B 뒤에 있는 임의의 한 점 D를 잡자. (줄자 공리)

3. A를 중심으로 컴퍼스를 사용해서, AE = AD를 만족하는 반직선 AC 위의 점 E를 잡자. (줄자 공리)

4. 선분 BE와 CD를 그린다. (공리 2)

5. ∠A = ∠A, AC = AB (가정)

6. AD = AE (3번 과정)

7. △ABE ≅ △ACD (SAS)

8. 그러면
   ∠D = ∠E이고 CD = BE이다. (대응되는 부분)

9. BD = AD − AB (줄자 공리)
   = AE − AC (치환)
   = CE (줄자 공리)

10. △BCD ≅ △CBE (SAS)

11. ∠ECB = ∠DBC (대응되는 부분)

12. 그렇다면
    ∠ABC = 180° − ∠DBC (각도기 공리)
    = 180° − ∠ECB (치환)
    = ∠ACB ■ (각도기 공리)

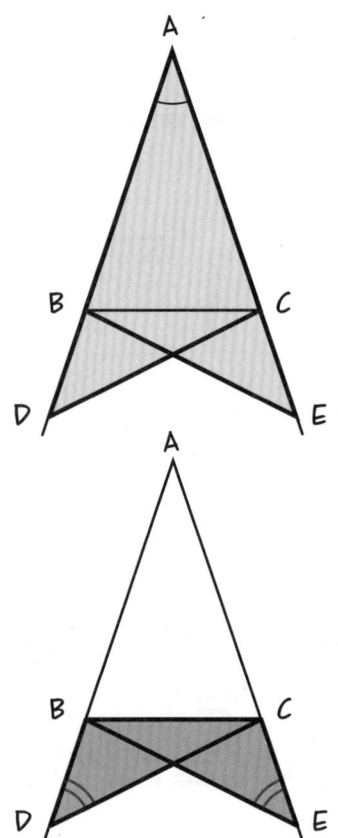

이 증명은 전형적인 유클리드 방식이야. 유클리드는 기발하게 몇 개의 보조선을 긋고, 합동인 삼각형들을 찾고, 그들의 대응 부분들을 사용해서 몇 가지 등식들을 증명하지.

먼저, 이 합동으로 인해 다음 등식들이 성립하고…

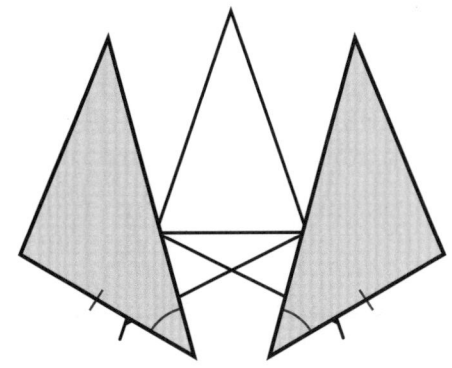

그러면 이 합동으로 인해 다음 등식이 성립하지.

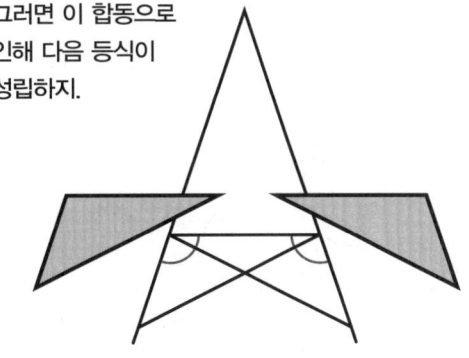

이전에 우리가 명제의 **역** 또한 참이 될 수 있다고 했던 말 기억해?(31쪽) 정리 6-1이 좋은 예시야.

정리 6-2.
만약 한 삼각형의 두 각의 크기가 같다면, 길이가 같은 두 변을 가진다.

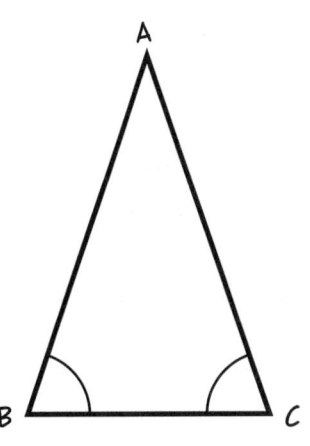

증명. 다시 △ABC로 시작해서, ∠B = ∠C를 가정하고 이를 통해 AB = AC임을 보일 거야.

1. 삼각형의 꼭짓점을 다음과 같이 **자기 자신**과 짝지을 수 있다.

   A⟷A, B⟷C, C⟷B

2. ∠A = ∠A, ∠B = ∠C, BC = CB   (가정)

3. **△ABC ≅ △ACB** (!!!)   (ASA)

4. AB = AC ■   (대응되는 부분)

이 증명은, 두 개의 같은 각을 가진 삼각형은 뒤집히지 않은 상태로 자신의 **거울상**과 합동임을 보인 거야.

두 변의 길이가 같은 삼각형을

이등변삼각형

이라고 불러.

정리 6-1과 6-2로부터, **삼각형의 두 각의 크기가 같은 것**은 그 삼각형이 **이등변삼각형**인 것과 동치야.

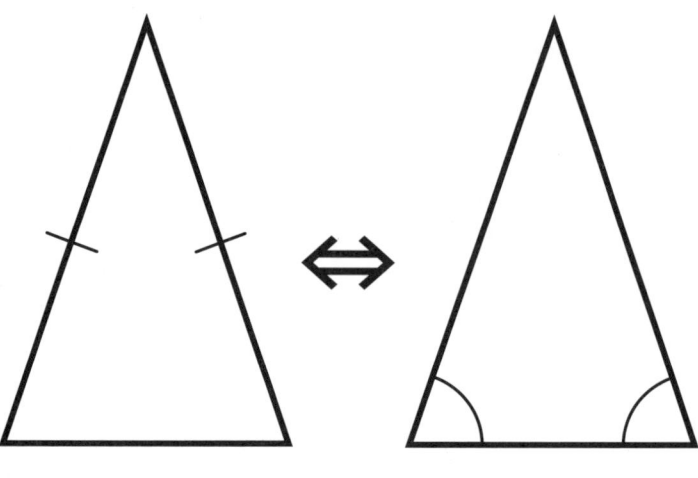

이등변삼각형에서, 크기가 같은 두 각을 포함하는 선분을 **밑변**, 크기가 같은 두 변을 **등변**, 이 둘이 만나는 지점을 **꼭짓점**이라고 불러.

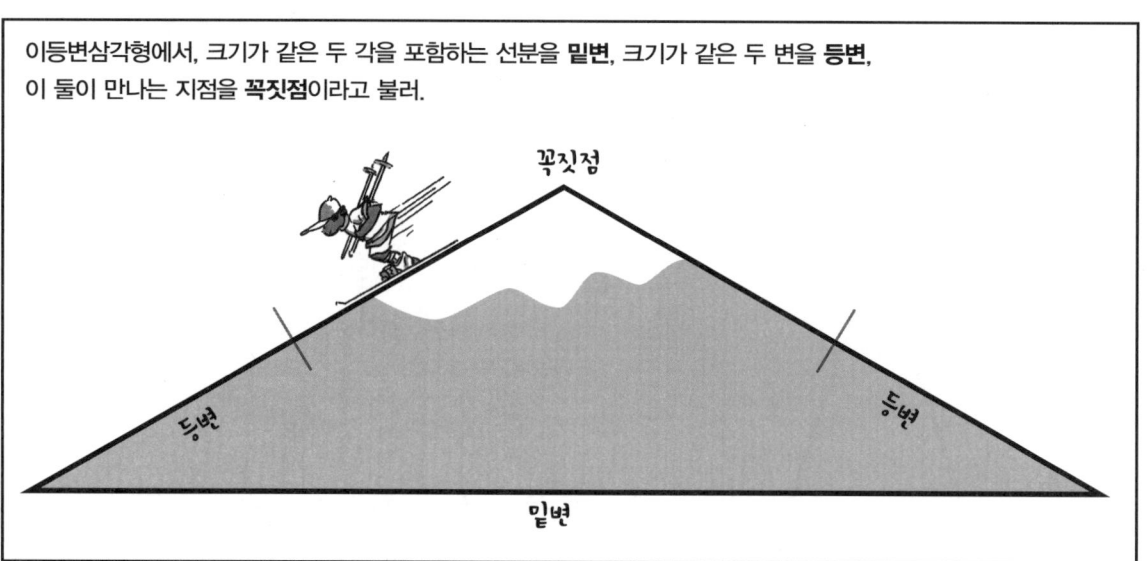

만약 이등변삼각형이 중앙에서 나누어진다면, 한쪽 절반은 다른 쪽 절반의 거울상과 같아지게 될 거야. 그 거울, 중앙선은 어디에 놓이게 될까?

한 가지 가능성은 꼭짓점 A에서 **밑변의 중점 M**을 잇는 선분 AM일 거야.

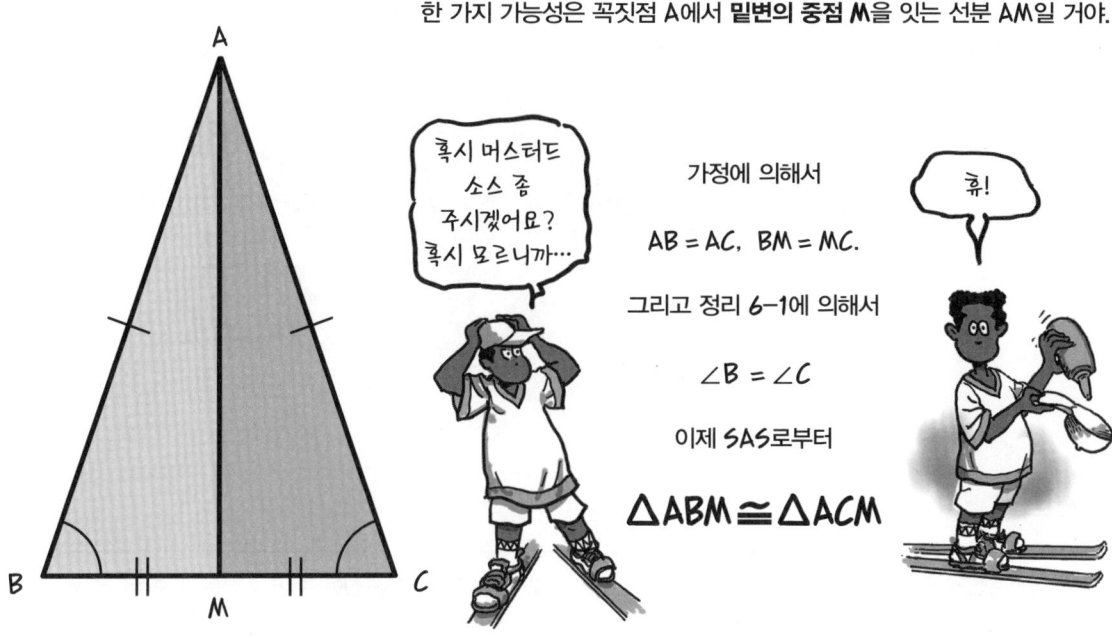

가정에 의해서

AB = AC, BM = MC.

그리고 정리 6-1에 의해서

∠B = ∠C

이제 SAS로부터

△ABM ≅ △ACM

이등변삼각형의 두 반쪽은 실제로 합동이기 때문에, 대응되는 부분들이 모두 동일해야 함을 알 수 있어.

∠BAM = ∠CAM

∠AMB = ∠AMC

첫 번째 등식은 꼭지각이 동일하게 나눠진다는 것을 의미하고, 두 번째 등식은 선형 쌍인 두 각 ∠AMB와 ∠AMC가 180°/2 = 90° 라는 것을 의미해.
이건 뭘 증명하느냐 하면,

정리 6-3.
이등변삼각형에서, 꼭짓점과 밑변의 중점을 잇는 직선은 밑변에 대하여 **수직**이고, 꼭지각을 **이등분**한다. ∎

자연스럽게도, 이 모든 것들을 가리키는 용어가 있어!

정의

각의 이등분선은 각을 절반으로 나누는 직선이나 반직선, 또는 선분을 의미한다.

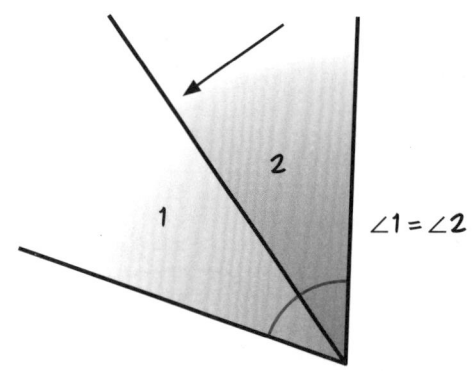

선분의 **수직이등분선**은 주어진 선분에 수직이면서 그 중점을 지나는 직선이나 반직선, 또는 선분을 의미한다.

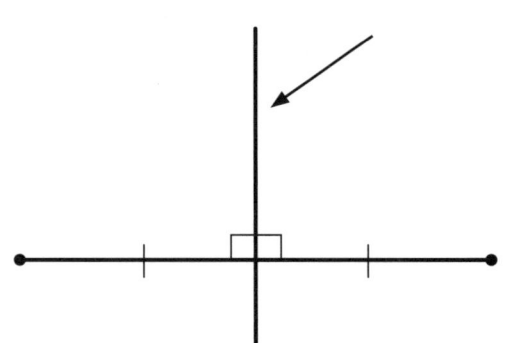

삼각형에서, **중선**은 한 꼭짓점과 그 마주보는 변의 중점을 지나는 직선, 반직선, 선분을 의미한다.

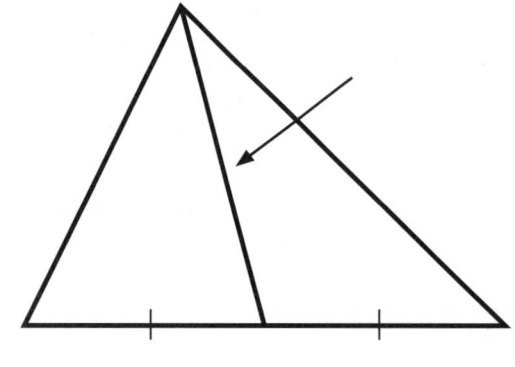

이 용어들로 정리하면, 정리 6-3은 다음을 의미해. **이등변삼각형**에서, 꼭짓점에서 나온 **중선**, 꼭지각의 **이등분선**, 밑변에 대한 **수직이등분선**은 모두 **같다**.

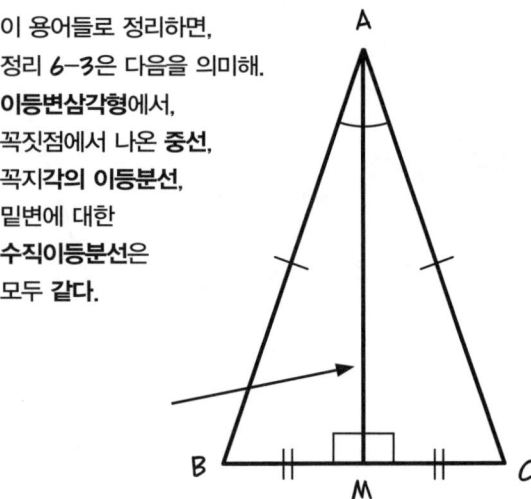

이에 대한 역도 성립해.

정리 6-4. 임의의 삼각형에 대해서, 만약 한 변의 수직이등분선이 중선이라면, 그 삼각형은 이등변삼각형이다.

증명. △ABC에서, BM = MC 그리고 ∠AMB = ∠AMC = 90°인 선분 BC 위에 있는 점을 M이라고 하자.

이제 AB = AC임을 증명해보자.

1. AM = AM, BM = MC,   (가정)
   ∠AMB = ∠AMC

2. △ABM ≅ △ACM   (SAS)

3. AB = AC ■   (대응 부분)

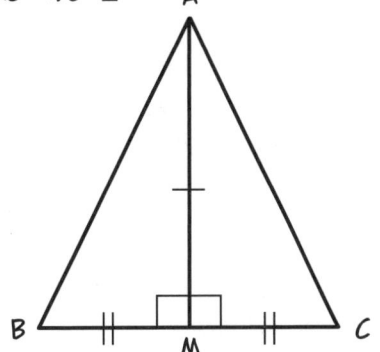

따름정리 6-4.1. 주어진 선분의 수직이등분선 위에 있는 임의의 점은, 선분의 양 끝점에서부터 **동일하게 떨어져 있다**.

증명. 그림상에서, 우리는 AM = MB 그리고 PM⊥AB임을 가정하고, PA = PB임을 증명할 것이다.

1. PM은 △APB의 중선이다.   (정의)

2. PM은 AB의 수직이등분선이다.   (가정)

3. △APB는 이등변삼각형이고, PA = PB이다. ■   (정리 6-4)

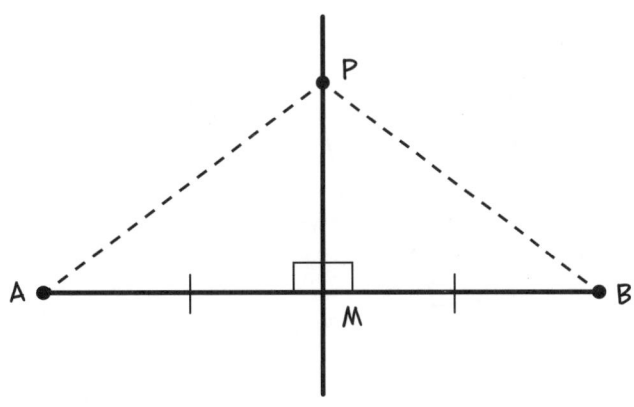

변 - 변 - 변

정리 6-5 (SSS).
만약 두 삼각형의 대응되는 세 변의 길이가 모두 같다면, 두 삼각형은 합동이다.

증명.
$AB = DE$, $AC = DF$, $BC = EF$를 만족하는 두 삼각형 $\triangle ABC$, $\triangle DEF$에 대해서, $\triangle ABC \cong \triangle DEF$임을 증명하자.

 이 증명은 우리의 **첫 간접 증명**, 또는 **모순을 통한 증명** (33쪽 참조)이 될 거야. 6번 단계에서, 우리는 모순에 이르는 가정을 하고, 이를 통해 가정이 거짓임을 확인할 거야.

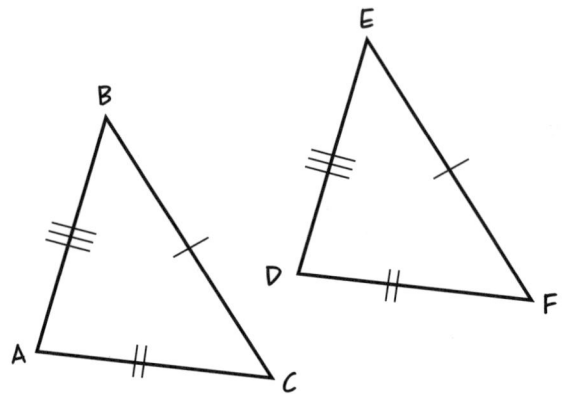

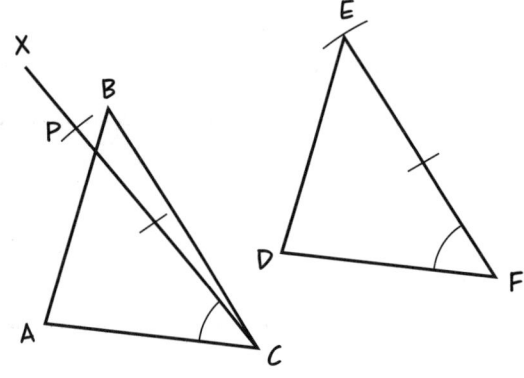

먼저, 선분 AC 위에 각 ∠F를 복제해두자.

1. 선분 AC를 경계로 하고 점 B를 포함하는 반평면 위에 ∠XCA = ∠F가 되도록 하는 직선 $\overline{CX}$가 존재한다. (각도기 공리)

2. 직선 $\overline{CX}$ 위에 PC = EF가 되도록 하는 점 P가 존재한다. (줄자 공리)

3. 선분 PA를 그린다. (공리 1)

4. AC = DF (가정)
   PC = EF, ∠PCA = ∠F (1, 2번 과정)

5. △APC ≅ △DEF (SAS)

6. P와 B가 **서로 다른 점**이라고 가정하자. 선분 PB를 그린다. (논증을 위해서!)

   (공리 1)

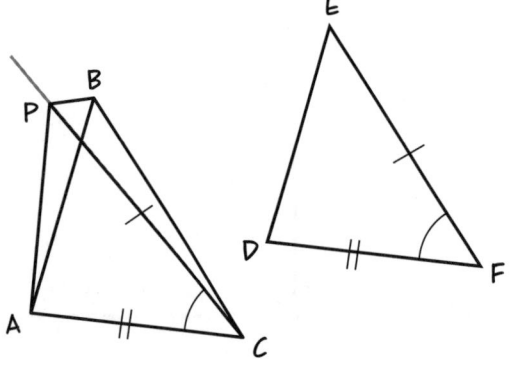

80

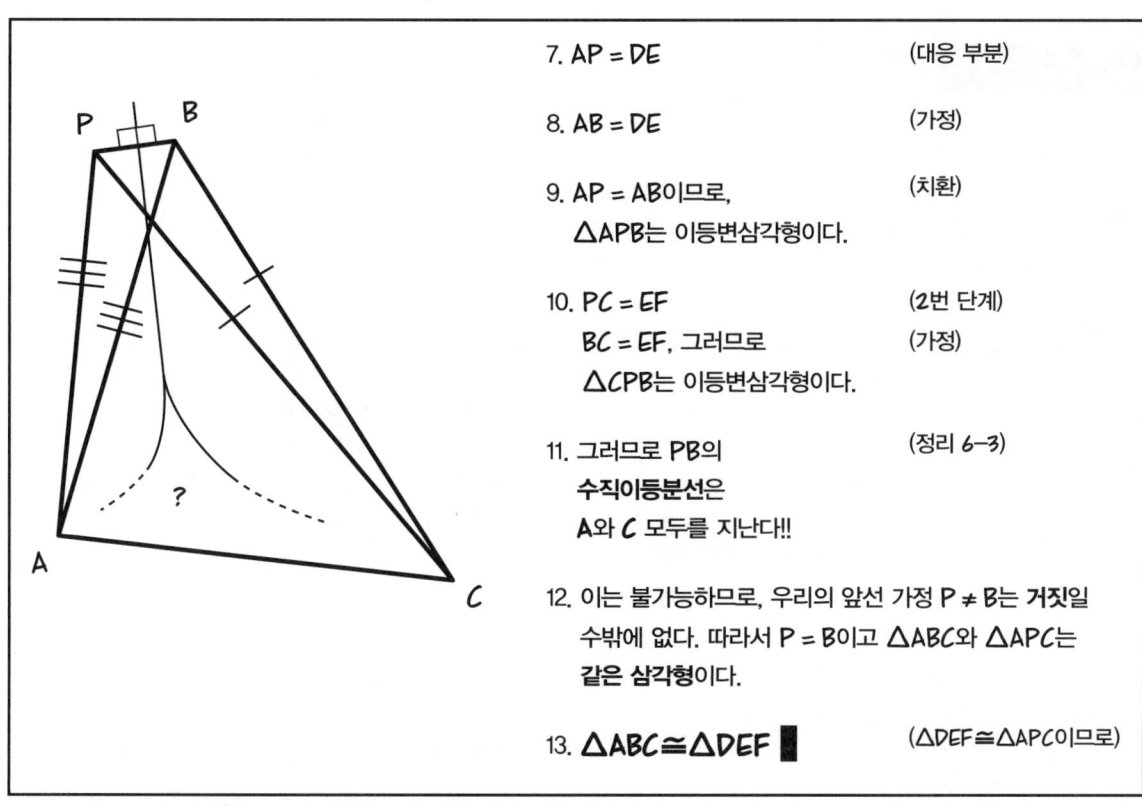

7. AP = DE   (대응 부분)

8. AB = DE   (가정)

9. AP = AB이므로,   (치환)
   △APB는 이등변삼각형이다.

10. PC = EF   (2번 단계)
    BC = EF, 그러므로   (가정)
    △CPB는 이등변삼각형이다.

11. 그러므로 PB의   (정리 6-3)
    수직이등분선은
    A와 C 모두를 지난다!!

12. 이는 불가능하므로, 우리의 앞선 가정 P ≠ B는 **거짓**일 수밖에 없다. 따라서 P = B이고 △ABC와 △APC는 **같은 삼각형**이다.

13. △ABC ≅ △DEF ■   (△DEF ≅ △APC이므로)

변-변-변(SSS)은 이 장의 세 번째 합동 판정법이야.
(이후 장에서 더 많은 합동 판정법을 만나게 될 거야). SAS 및 ASA와 마찬가지로,
이 판정법은 여섯 가지 요소 말고 세 가지만으로 합동 여부를 증명하는 방법을 알려줘.

합동은 강력한 도구야.
정리 6-1부터 6-4까지는
이를 사용해서
기하학적 도형 사이에
성립하는 등식을 보여주었지.
다음 장에서는 합동을
이용해서 몇 가지 중요하고
유용한 **부등식**들을
증명해볼 거야.

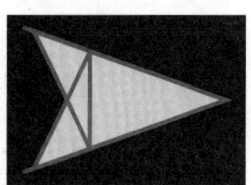

연습문제

1. △ABC≅△PQR일까?

   a.

   b.

   c.

   d.

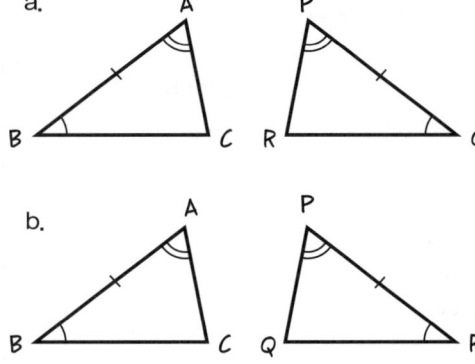
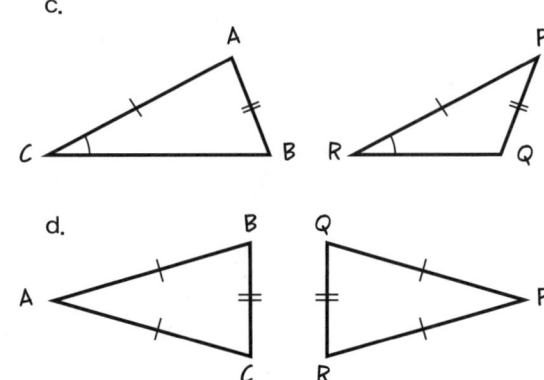

2. 그림상에서, 선분 AP와 BQ가 C에서 만난다고 할 때, △ABC≅△PQC일까? 그 이유는?

3. 이 장에서, 같은 각이 같은 두 변 사이에 있지 않은 **SSA** 합동을 언급하지 않은 이유가 있어. ∠B = ∠Q, AB = PQ 그리고 AC = PR이지만 △ABC와 합동이 **아닌** 삼각형 △PQR을 만들 수 있을까? (힌트: 컴퍼스를 사용해봐!)

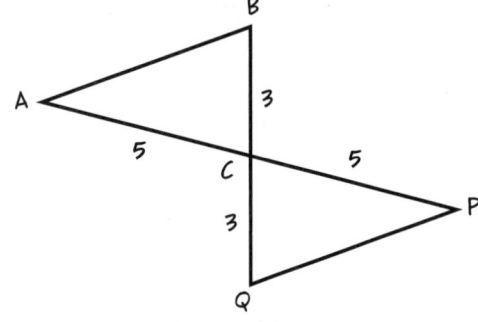
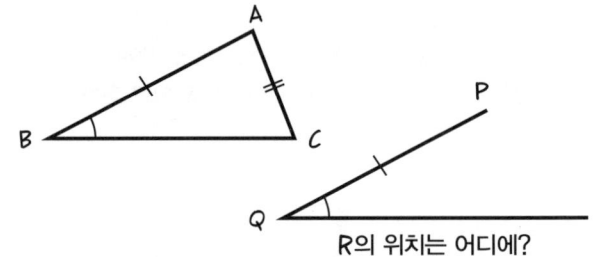

R의 위치는 어디에?

4. 점 B와 C가 A로부터 같은 거리만큼 떨어져 있다고 가정하자. 그림처럼 BC를 그려 △ABC를 만들었을 때, A는 BC의 수직이등분선 위에 있을까? 그 이유는?

5. △ABC와 △PQR 사이의 대응과, △PQR과 △TUV 사이의 대응이 다음과 같이 주어져 있을 때, △ABC와 △TUV 사이의 '자연스러운' 대응은 무엇일까?

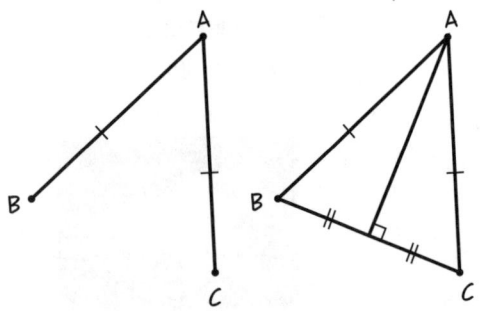
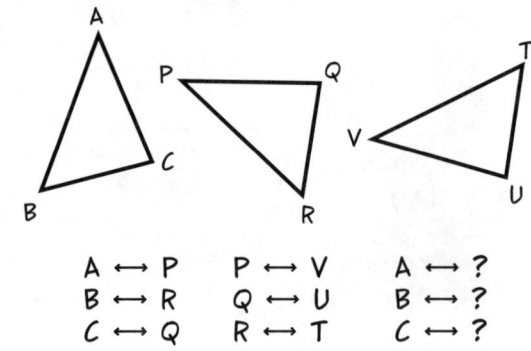

$$
\begin{array}{lll}
A \leftrightarrow P & P \leftrightarrow V & A \leftrightarrow ? \\
B \leftrightarrow R & Q \leftrightarrow U & B \leftrightarrow ? \\
C \leftrightarrow Q & R \leftrightarrow T & C \leftrightarrow ?
\end{array}
$$

Chapter 7
삼각형과 부등식
같지 않은 것들에 대하여

두 가지의 양은, 그게 선분, 각, 또는 코끼리의 질량이든 뭐든 간에, 보통 같지 않아.

그러면 수학은 왜 그렇게 등식 이야기만 계속 하는 거예요?

음… 희귀해서가 아닐까?

계산을 할 때 부등식에 대해 기억해야 할 몇 가지:

만약 $a>b$이고 $b>c$이면, $a>c$가 성립해. $a>b>c$와 같이 써도 좋아.

만약 $a>b$이고 $c \geq d$이면, $a+c>b+d$가 성립해. 피아노를 짊어진 코끼리는 콩(또는 피아노)을 들고 있는 쥐보다 무겁지.

부분은 전체보다 작다. 코끼리는 자기 상아보다 더 무겁지.

우리가 만나게 될 첫 번째 부등식은
삼각형 바깥쪽의 각도들에 대한 거야.

정의. 삼각형의 **외각**은 삼각형의 내각과 선형 쌍을 이루는 각을 의미한다.
나머지 두 내각은 외각으로부터 **떨어져 있다고** 한다.

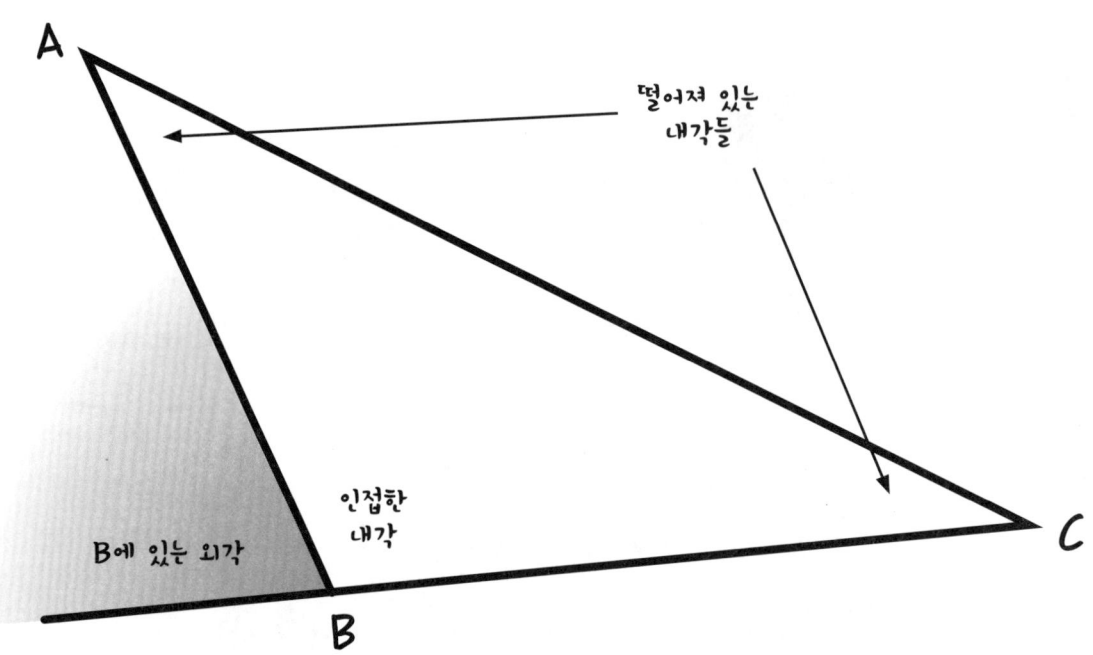

외각은 인접한 내각보다 크거나 작을 수 있어.
예를 들면

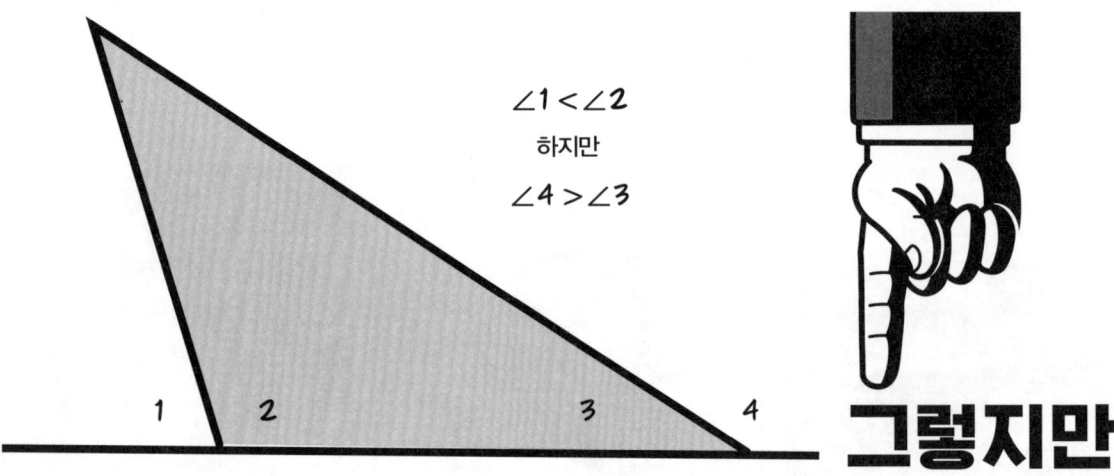

정리 7-1. 외각은 떨어져 있는 내각보다 크다.

증명.
△ABC와 외각 ∠ACD가 주어져 있을 때, 우린 ∠ACD > ∠A, ∠ACD > ∠B임을 보일 거야. 여기서 아이디어는 각이 ∠ACD의 **부분**과 같음을 보이는 거지.

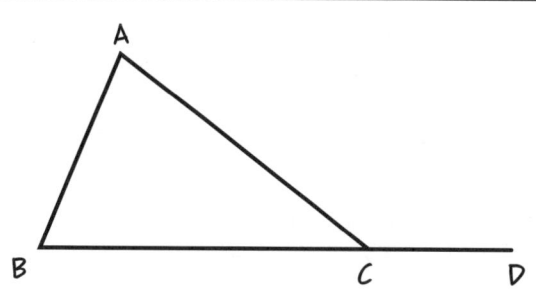

1. M을 AC의 중점이라고 하자. (줄자 공리)

2. 반직선 $\overrightarrow{BM}$을 그리고 그 위에 ME = BM을 만족하는 점 E를 잡자. (줄자 공리, 정리 4-1)

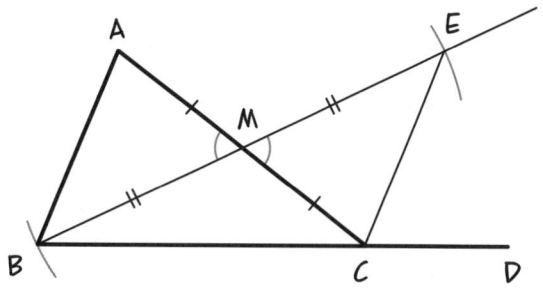

3. CE를 그린다. (공리 2)

4. ∠AMB = ∠CME (맞꼭지각)

5. △AMB ≅ △CME (SAS)

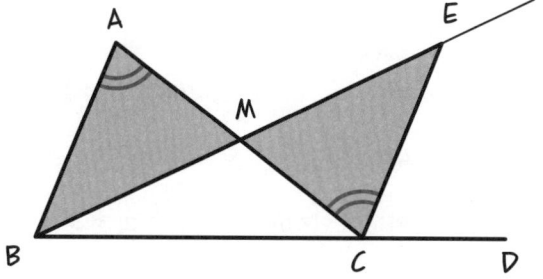

6. ∠A = ∠MCE (대응되는 부분)

7. ∠ACD > ∠MCE (전체 > 부분)

8. ∠ACD > ∠A (치환)

9. BC의 중점에 대해 동일한 논리로 ∠ACD > ∠B. ■

이 증명도 유클리드로부터 나온 거야.

정리 7-1의 유용함은
곧바로 확인할 수 있어.

정리 7-2.
삼각형에서, 더 긴 변은 더 큰 각과 서로 마주본다. △ABC에서, AC > AB ⇔ ∠B > ∠C.

증명.
먼저 AC > AB를 가정하고 ∠B > ∠C를 증명해보자.

1. AC > AB   (가정)
2. AC 위에 AD = AB인 점 D를 잡자.   (정리 4-1)
3. BD를 그린다.   (공리 2)
4. △ABD는 이등변삼각형이다.   (정의)
5. ∠1 = ∠2   (정리 6-1)
6. ∠1 < ∠ABC   (부분 < 전체)
7. ∠2 < ∠ABC   (치환)
8. ∠2는 △BDC의 외각이다.   (외각의 정의)
9. ∠C < ∠2   (정리 7-1)
10. ∠C < ∠ABC ■   (계산)

반대방향 증명은 연습문제로 남긴다.

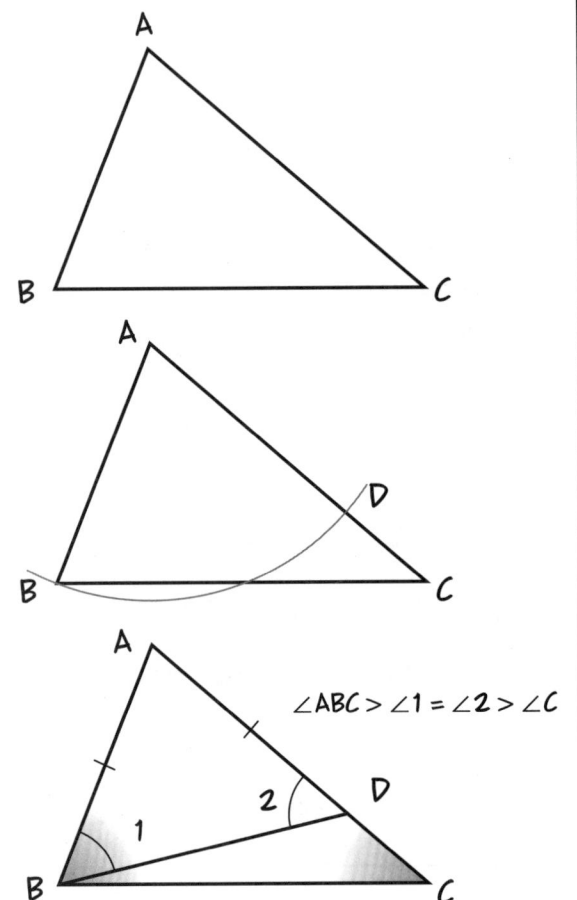

∠ABC > ∠1 = ∠2 > ∠C

이에 대한 더 많은 내용은
연습문제에서 확인해보자.

점과 직선 사이의 거리

이제 정리 **7-1**과 **7-2**를,
한 각이 **90°**인 **직각삼각형**에 대해 적용해보자.

직각삼각형에서
직각이 아닌 나머지
두 각은 **예각**(<90°)이야.
왜냐하면 직각에 대한
외각 또한 직각이고,
정리 **7-1**에 의하면
떨어져 있는 내각은
이 외각보다 작아야
하기 때문이지.

∠A < 90°
∠B < 90°

정리 **7-2**에 의해서 이 삼각형의 **가장 긴 변**은
직각과 마주보는 **AB**가 될 거야.
이 변을 직각삼각형의 **빗변**이라고 불러.

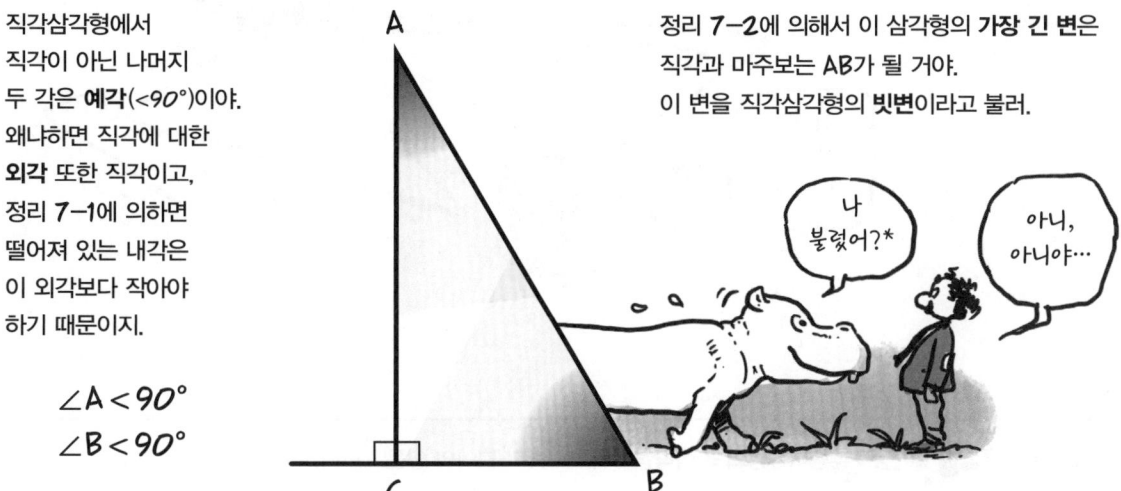

* 빗변이 Hypotenuse, 하마가 Hippopotamus인 것을 이용한 말장난—옮긴이

그 결과로…

정리 7-3. 만약 직선 $\overline{AB}$와 그 위에 있지 않은 점 C에 대해서, 만약 ∠CAB = 90°라면, **CA < CB**이다.

바꿔 말하면, C에서
출발해서 직선과 **수직**인
선분이 C에서 직선까지
도달하는 **가장 짧은**
선분이다.

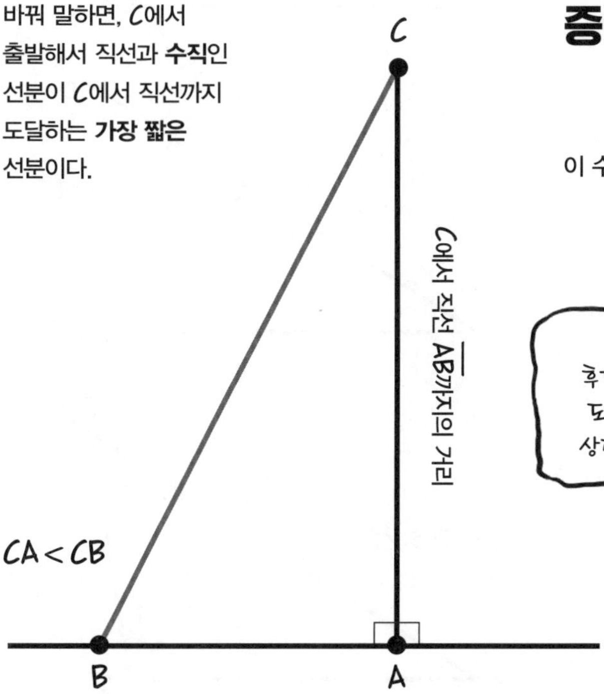

증명. △ABC는 ∠CAB = 90°인
직각삼각형이고, 직각과 마주보는 변이
가장 길다. ■

이 수직선의 길이를 점에서 직선까지의 **거리**라고 한다.

CA < CB

C에서 직선 $\overline{AB}$까지의 거리

마지막 부등식은 너무나도 당연해. 직선으로 가는 게 언제나 돌아가는 것보다 짧다는 걸 말해주지.

하지만 우린 증명이 필요해요!

정리 7-4. (삼각 부등식). 임의의 삼각형에서, 두 변의 길이의 합은 나머지 변의 길이보다 크다.

증명. 주어진 삼각형 △ABC에 대해서, BA + AC > BC임을 보이자.

1. 반직선 $\vec{BA}$를 그린다. (줄자 공리)

2. 반직선 $\vec{BA}$ 위에 AD = AC인 점 D를 잡자. (정리 4-1)

3. DC를 그린다. (공리 2)

4. △ADC는 이등변삼각형이다. (정의)

5. ∠D = ∠1 (정리 6-1)

6. ∠BCD > ∠1 (전체 > 부분)

7. ∠BCD > ∠D (치환)

8. BD > BC (정리 7-2)

9. BD = BA + AD (줄자 공리)
   = BA + AC (치환)

10. **BA + AC > BC** ■ (치환)

11. 나머지 두 변에 대한 증명도 마찬가지 방식으로 주어진다.

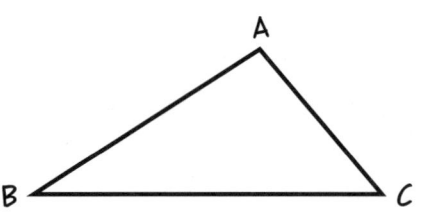

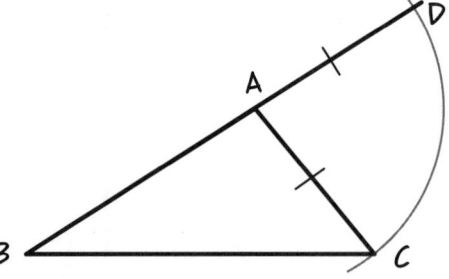

∠BCD > ∠D

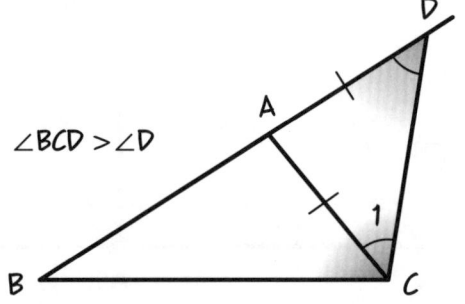

유클리드가 이 증명을 발표한 후 얼마 지나지 않아, 몇몇 장난스러운 기하학자들은 당나귀조차도 음식이 있는 쪽으로 똑바로 가야 한다는 사실을 당연히 알고 있다며 비웃었어.

점 B로 다룰 유혹이 없다면 말이지!

듣자 하니, 인간에게는 10단계의 증명이 필요하다면서 말이지.

증명이 없다면, 우리는 선이 구부러져서 뭐든지 일어날 수 있는 웃긴 기하학을 상상해볼 수도 있어.

다행히도 정리는 사실이고, 당나귀들은 평화롭게 식사를 즐길 수 있지.

그것참 다행이네요!

그래도 너무 마음 놓고 있지는 말 것! 특이한 기하학은 분명 존재하고, 우리를 이상한 세계로부터 떨어트려놓기 위해서 몇 가지 가정들을 추가하게 될 거야.

이 기하학에선 제가 평평하게 보일까요?

하지만 먼저, 완전히 다른 주제에 대해 이야기해보자!

연습문제

1. 사실 삼각형의 한 꼭짓점에는 두 개의 외각이 존재한다. 왜 둘의 크기는 서로 같을까?

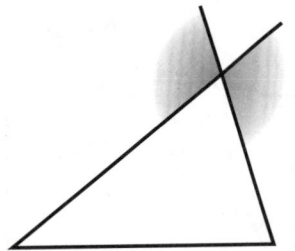

2. 그림에 있는 두 맞꼭지각의 크기는 얼마일까?

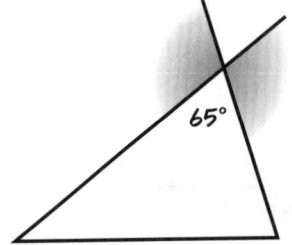

3a. 이 삼각형에서, ∠A는 얼마나 커질 수 있을까? 다시 말해서, 얼마를 넘지 않아야 할까?

3b. 이 삼각형의 세 내각의 합의 상한은 얼마일까?

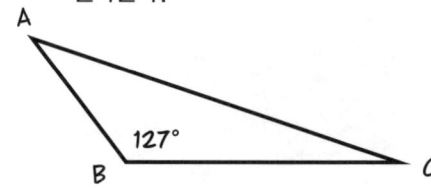

4. 정리 7-2의 역. ∠B > ∠C라고 할 때, AC > AB임을 증명해보자. 만약 AC가 AB보다 크지 **않다면**, 두 가지 가능성이 존재해. AB = AC 또는 AB > AC.

   a. AB = AC라면?
   b. AB > AC라면?

   각 경우는 모두 가정과 모순되므로, 우리는 AC > AB라고 결론 내릴 수 있어.

5. 모모는 점 O에 서서 수직으로 서 있는 기둥을 바라보고 있다. 점 C가 모모의 눈높이일 때, 다음을 증명하려고 한다. 만약 ∠AOB = ∠BOC이면, AB > BC이다.

   a. OA > OC인 이유는?

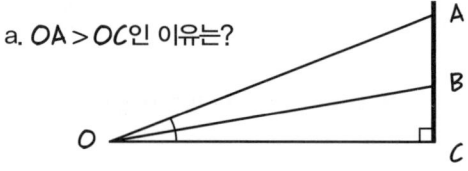

   b. 선분 OA 위에 OD = OC를 만족하는 점 D를 잡자. 어떤 삼각형이 서로 합동인가? 그 이유는?

   c. AB > BD인 이유는?
      AB > BC인 이유는?

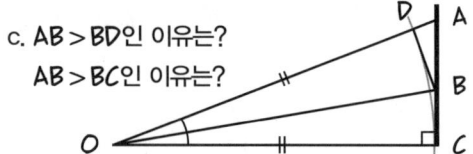

6. 정리 7-4에 따르면, 다음 중 삼각형의 세 변을 이룰 수 있는 세 순서쌍은 무엇일까?

   a. (93, 58, 109)   b. (6, 6, 11)
   c. (5, 2, 9)   d. (0.1, 0.2, 0.3)
   e. (1,000,523, 1,000,525, 3)

   f. 만약 이등변삼각형의 한 변의 길이가 8일 때, 나머지 두 변은 어떤 조건을 만족해야 할까?

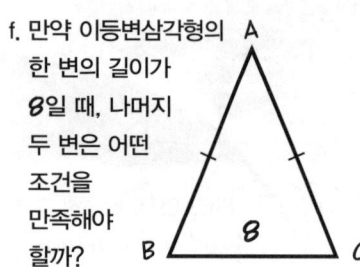

7. 삼각형의 임의의 두 각의 합이 180°보다 작음을 보이자.

   a. BC를 연장하여 외각을 만들자. 그러면

   ∠ACD > ∠B이고, (이유는?)
   따라서
   ∠B − ∠ACD < 0이다.

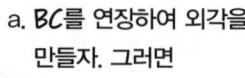

   b. ∠ACD + ∠ACB = 180° (그 이유는?)

   c. ∠ACB + ∠B < 180° (덧셈)

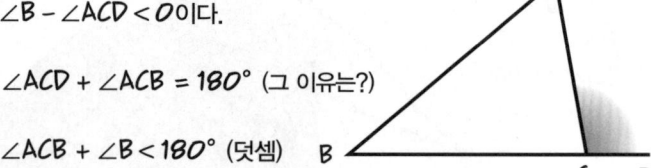

   d. 이를 통하여 ∠A + ∠B + ∠C < 270°임을 보여라.

Chapter 8
작도

열심히 일한 우리의 뇌에 잠시 휴식을 주고,
손으로 약간의 작업을 하는 시간을 가져보자.
이 장에서는, 자와 컴퍼스를 사용하여 기하학적 그림들을
작도하는 방법에 대해 배울 거야.

각 옮기기

주어진 각 ∠O와 점 P가 있을 때, 우리는 P를 꼭짓점으로 가지는 크기가 동일한 각을 만들어낼 거야.

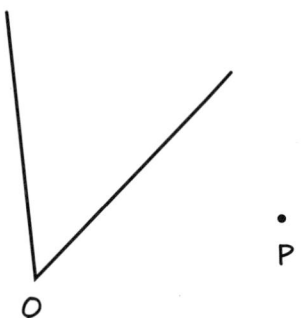

P를 지나는 임의의 직선 L을 그리자.

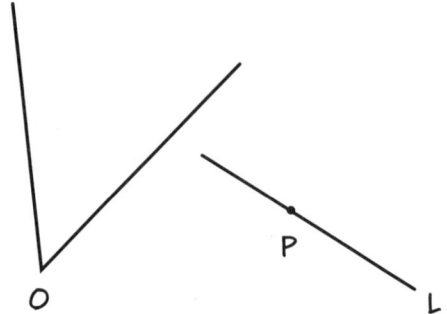

컴퍼스를 O에 고정하고, ∠O를 이루는 두 반직선에 OA = OB를 만족하는 점 A, B를 표시하자. 이와 같은 반지름을 가지고 P를 중심으로 하는 호를 그리면, 이 호는 L과 점 Q에서 만나고, PQ=OA를 만족할 거야.

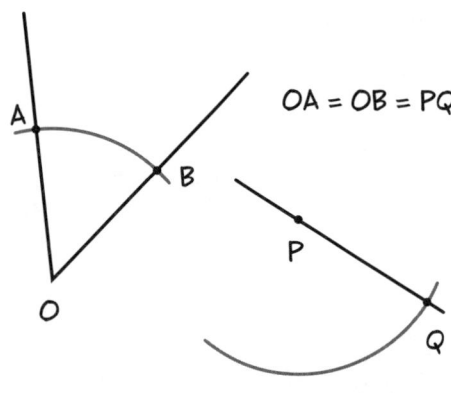

OA = OB = PQ

컴퍼스를 Q에 고정하고, 반지름이 AB인 호를 그려서 첫 번째 호와의 교점 R을 표시하자. PR을 그리면, ∠RPQ = ∠AOB를 만족하게 될 거야.

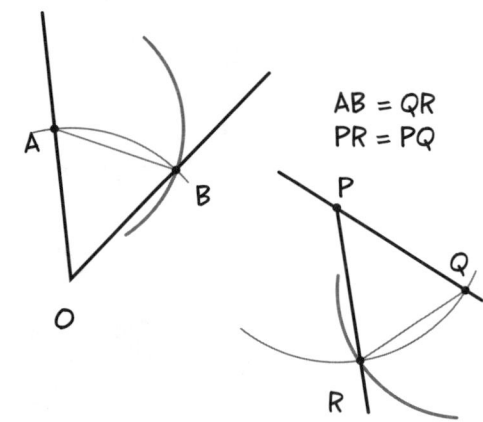

AB = QR
PR = PQ

왜 두 각이 서로 같냐고?
앞선 조건들에 의해

OA = PR, OB = PQ, AB = RQ를 만족하고 따라서

△AOB ≅ △RPQ (SSS)

따라서 합동인 두 삼각형의 대응되는 부분인 두 각에 대해서 ∠O = ∠P가 성립해.

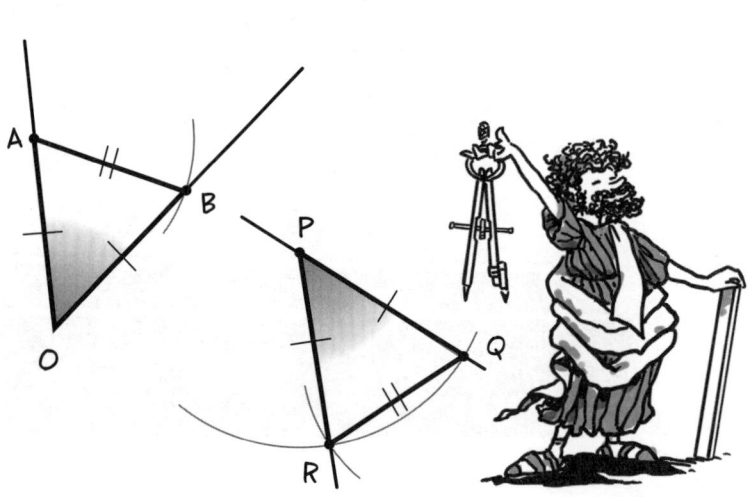

각의 이등분

주어진 각 ∠V가 있을 때, 컴퍼스를 V에 고정하고 각각의 반직선과 점 A, B에서 만나는 호를 그리자.

점 A, B를 각각 중심으로 하고 같은 반지름을 가지는 두 호를 그려서, 교점 C를 얻자.

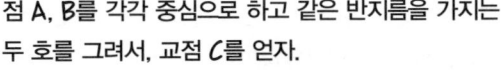

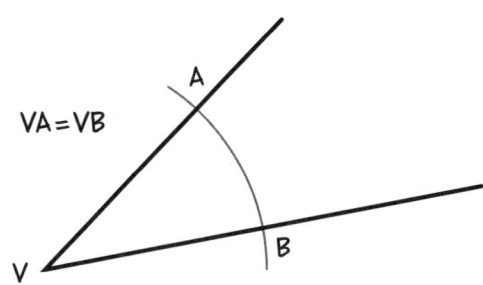
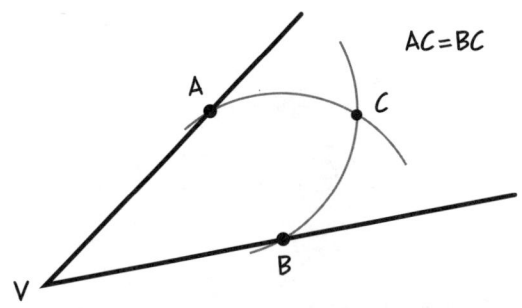

$\overline{VC}$를 그리면, 이 선이 바로 각의 이등분선이야.

왜냐고? 그 이유는, 이전과 같이, SSS 합동에 의해 △VAC≅△VBC를 만족하고, 대응관계에 따라 ∠AVC = ∠BVC를 만족하기 때문이지.

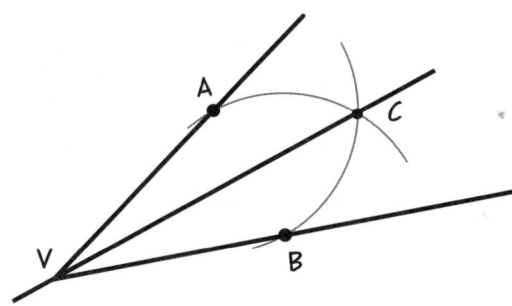
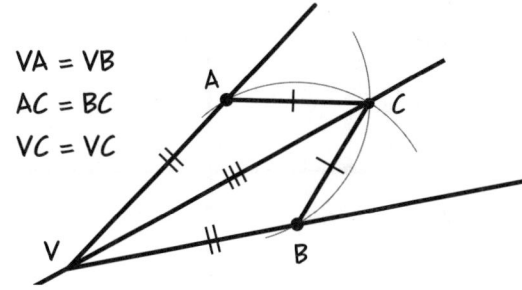

선분의 수직이등분선

주어진 선분 AB에 대해서, 같은 반지름을 가지고 점 A, B를 각각 중심으로 하는 두 호를 그려보자. 만약 반지름이 충분히 크다면 둘은 점 C와 D에서 만나게 될 거야. 이때 $\overline{CD}$가 바로 수직이등분선이 되지.

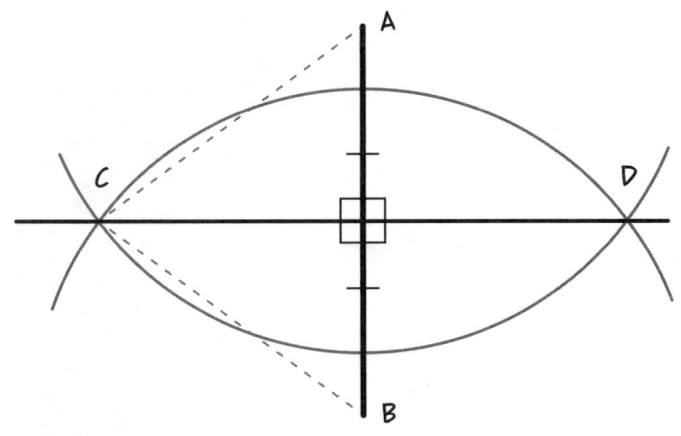

왜냐고? 먼저, 앞에서 설명한 바와 같이 $\overline{CD}$는 각 ∠ACB를 이등분하지. 그런데 삼각형 △CAB는 이등변삼각형이므로, 꼭지각의 이등분선은 밑변에 대한 수직이등분선이 되기 때문이야.
(정리 6-3)

한 점을 지나는 수직선

주어진 직선 L과 점 P가 있을 때, 우리는 M⊥L이며 P를 포함하는 직선 M을 그릴 수 있어.

컴퍼스를 P에 고정하고, 직선과 점 A, B에서 만나는 호를 그리자.

PA = PB

A와 B를 각각 중심으로 하고 같은 반지름을 가지는 두 호를 그리고 그 교점을 Q라고 하면, PQ⊥AB가 성립해.

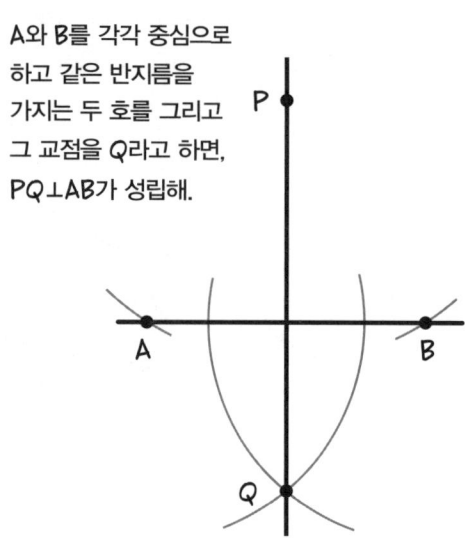

이전처럼, PQ는 각 ∠APB를 이등분하지.

△APB는 이등변삼각형이고, 따라서 이 각의 이등분선은 밑변 AB를 수직이등분하지.

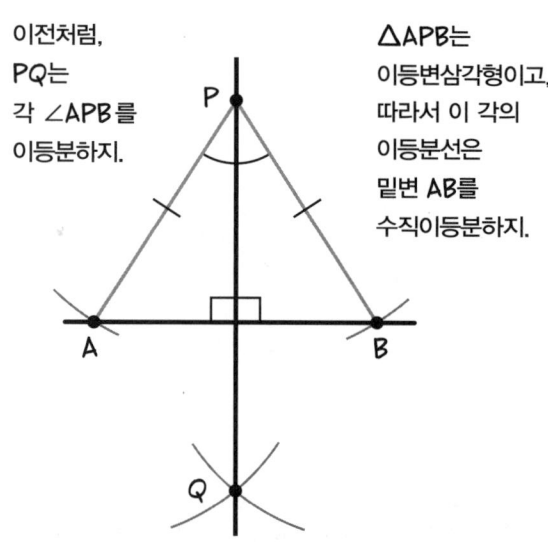

이 방식은 P가 직선 위에 있을 때도 마찬가지로 성립해.

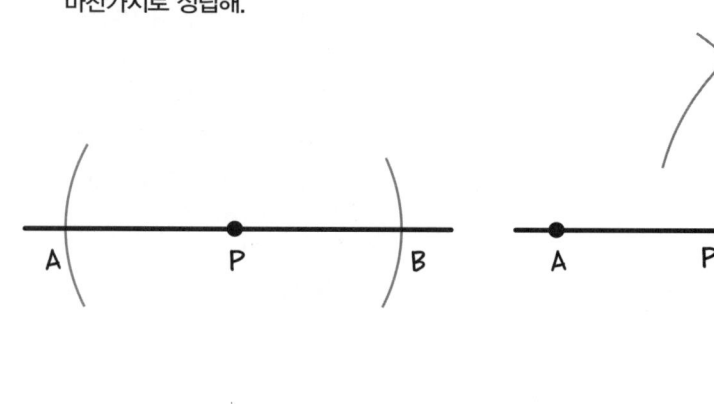

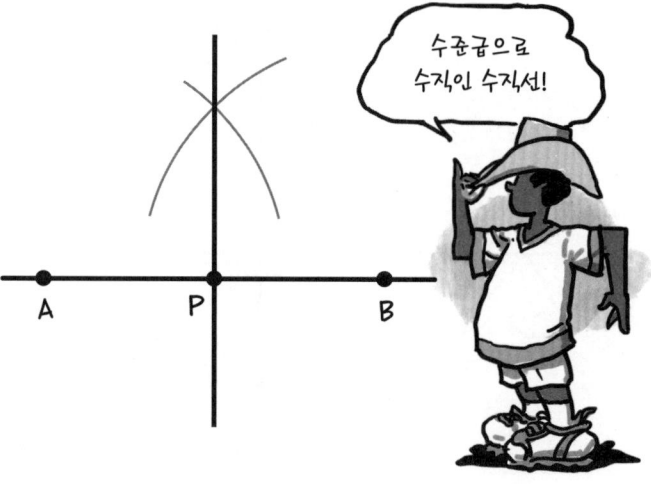

일직선 위에 있지 않은 세 점을 지나는 원

일직선 위에 있지 않은 세 점은 삼각형의 꼭짓점으로 주어져.

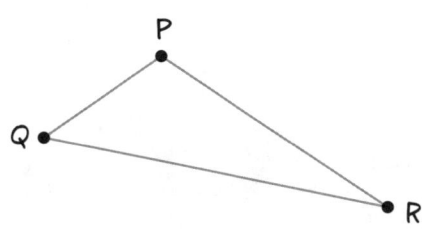

따름정리 6-4.1에 의해서, 선분의 수직이등분선상에 있는 점은 선분의 양 끝점과 같은 거리만큼 떨어져 있어.

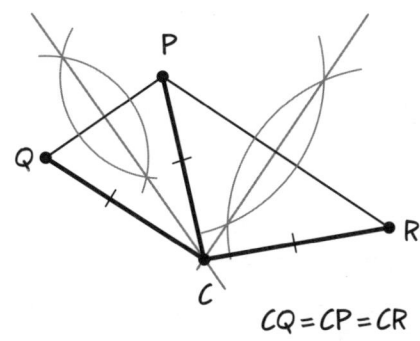

$CQ = CP = CR$

△PQR의 두 변 PQ, PR의 수직이등분선을 그리고, 그 둘의 교점을 C라 하자.

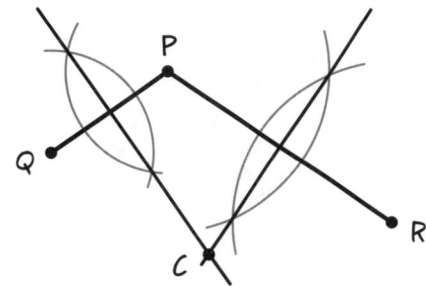

그러므로 C를 중심으로 하고 반지름이 CP인 원은 점 Q와 R을 지나게 될 거야.

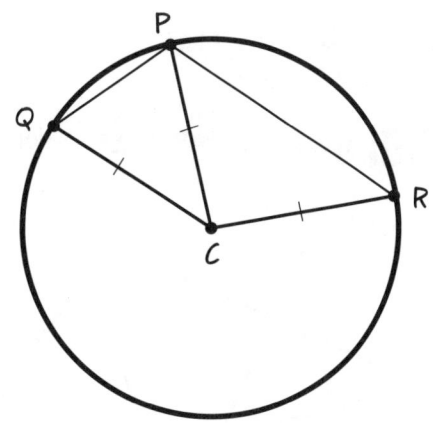

이 원은 P, Q, R을 포함하는 **유일한** 원이 될 거야. 왜냐? 만약 이 점들을 포함하는 다른 원이 있다면, 그 중심 C'은 점 P, Q, R로부터 같은 거리만큼 떨어져 있어야 하고, 따라서 C는 PQ'과 PR의 수직이등분선 위에 존재해야 해.* 다시 말해서, 이 점은 두 수직이등분선의 교점으로 주어져야 하고, 이로 인해 $C' = C$가 되지.

 **일직선상에 있지 않은 세 점은 원을 결정한다.**

* 이는 82쪽에 있는 6장의 연습문제 4의 결과야.

95

앞선 과정에서 △PQR의 어떤 두 변을 이용해도 상관없어.
임의의 두 변의 수직이등분선은 **항상 같은 중심** C에서 만나게 될 거야.
오직 한 개의 원만 세 점을 모두 지날 수 있기 때문이지.

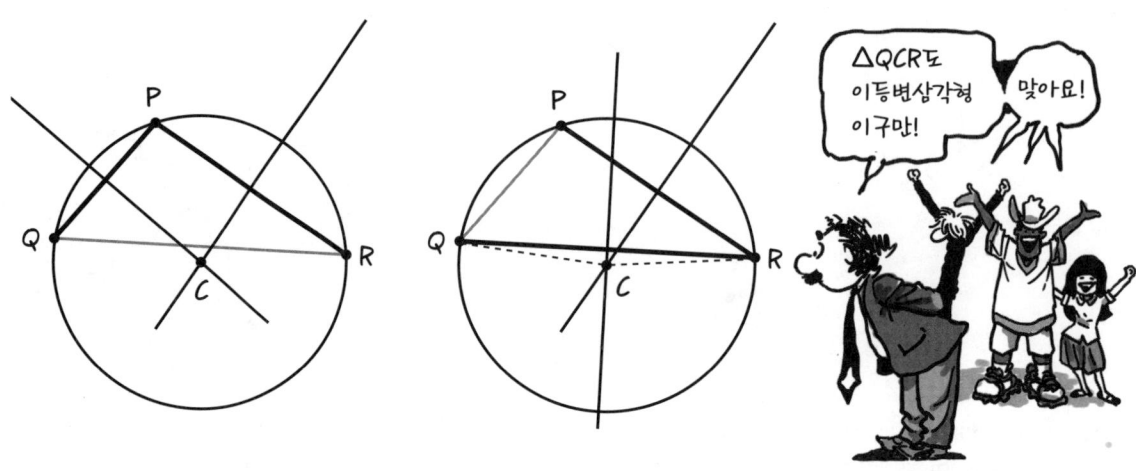

다시 말해 우리는 다음과 같은
놀라운 결과를 얻은 거야.

정리 8-1.   삼각형의 세 변의 수직이등분선은 **한 점**에서 만난다.

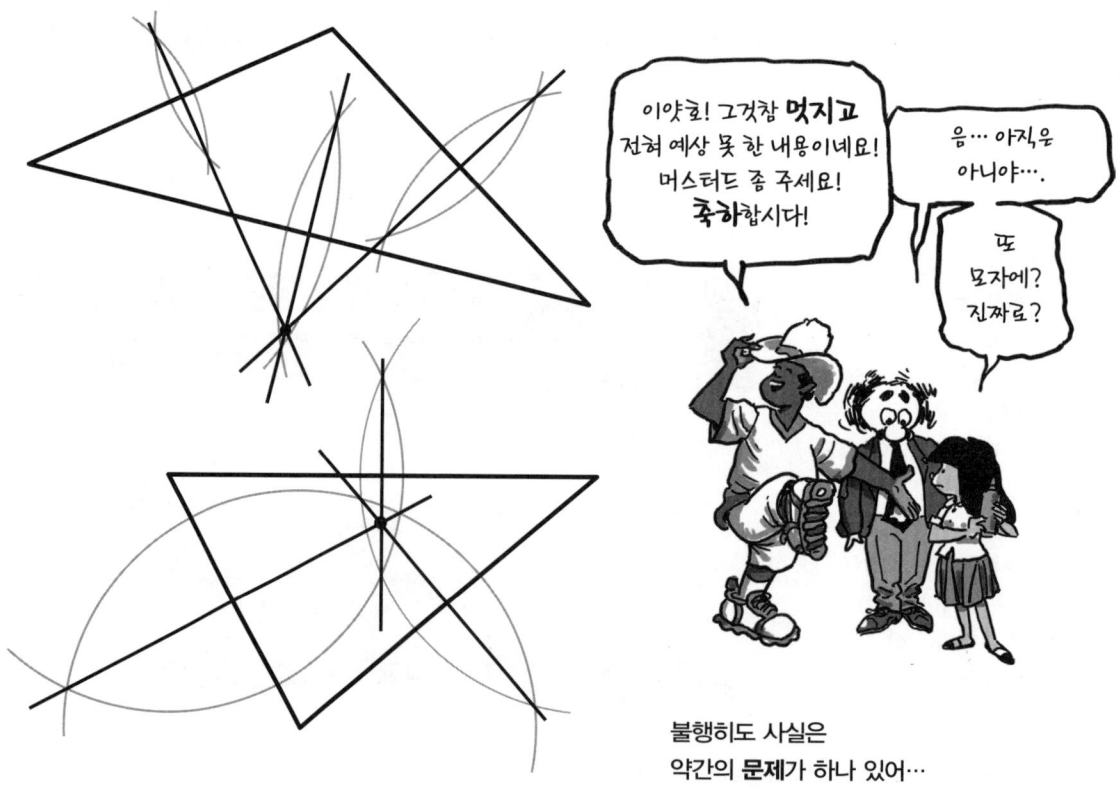

95쪽에서 언급된, 세 점을 지나는 원을 구하는 과정을 다시 한 번 들여다보자.

첫 번째 단계에서는 두 점을 중심으로 하는, 반지름이 같은 두 호를 그렸어.

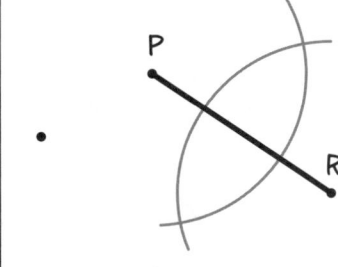

공리 6(51쪽)에 의해서, 반지름이 충분히 크다면 두 호는 두 점에서 만나게 될 거야.

여기까지는 다 좋네!

공리 1에 의해 두 점을 지나는 직선을 그리면, 이 직선은 수직이등분선이 되지.

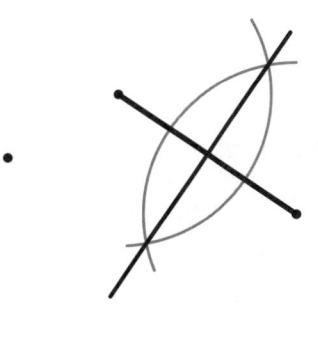

나머지 두 점에 대해서도 같은 과정을 반복했어.

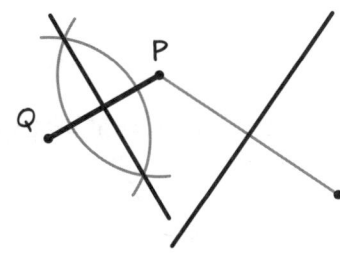

마침내, 우리는 두 수직이등분선이 만나는 점을 원의 중심으로 사용했지.

여기서 질문이 뭐냐 하면…

둘이 만난다는 걸 어떻게 알지?

앗! 어…

이유? 이거면 충분한 거 아니야?

난 그냥 핫도그나 하나 먹을래!

오, 다행히 핫도그만 먹는구나…

이 약간의 디테일이, 우리가 사용하는 공리들 사이에 채워 넣어야 할 **큰 논리적 비약을** 드러내주고, 이 부분은 앞으로 이어질 2개의 장에서 채워나가 보자.

연습문제

자와 컴퍼스를 가지고 놀 시간이야! 크게 작업하는 게 더 쉬울 거라서, 종이를 여러 장 준비해두는 게 좋을 거야.

1. 선분을 몇 개 그리고 이에 대한 수직이등분선을 작도해보자.

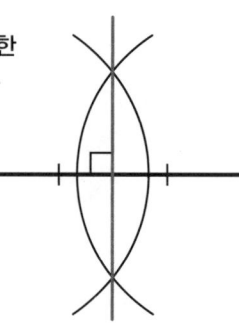

2. 각을 몇 개 그리고 이에 대한 이등분선을 작도해보자.

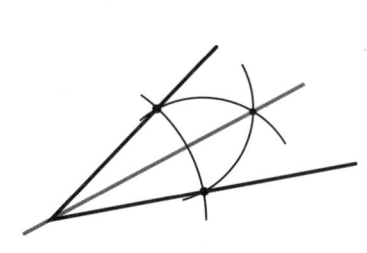 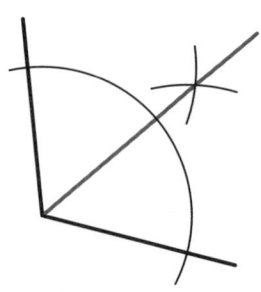

3. 주어진 선분 PQ가 있을 때, (a) 이에 대한 중점을 표시해보자. (b) Q에서 수직인 선을 작도해보자. (c) $QR = \frac{1}{2}PQ$를 만족하는 선분 QR을 작도해보자.

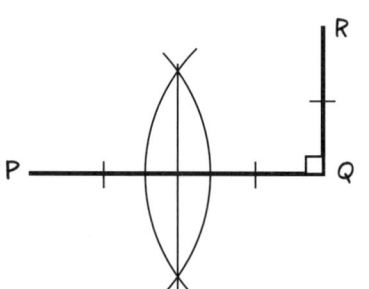

4. (유클리드의 첫 번째 작도) 선분 AB가 있을 때, 그 길이를 반지름으로 하고 선분의 양 끝점을 중심으로 하는 호를 그리고, 그 둘의 교점 C를 선분의 양 끝점과 연결해보자.

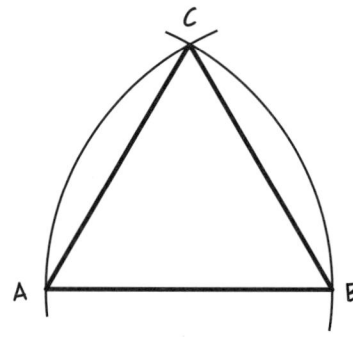

왜 △ABC는 **정삼각형**일까? 다시 말해, 왜 세 변의 길이가 모두 같을까?

5. 직선 $\overline{AB}$와 그 위에 있지 않은 점 P에 대해서, 직선 $\overline{AP}$를 그려보자. 이제 한쪽 변을 $\overline{AP}$로 가지도록 각 ∠PAB를 점 P에 옮겨보자. 이 각의 나머지 한쪽 변과 직선 $\overline{AB}$ 사이의 특별한 관계를 찾을 수 있을까?

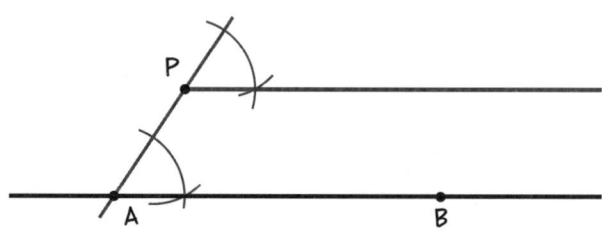

6. 주어진 선분 AB와 $CD > \frac{1}{2}AB$에 대해서, 밑변을 AB로 하고 양변이 CD로 주어지는 이등변삼각형을 작도해보자.

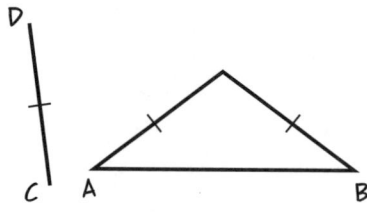

7. 정삼각형이 있을 때, 각 변의 수직이등분선을 그리면, 이 셋은 한 점 M에서 만나고 (그 이유는?), 각각 삼각형의 꼭짓점들을 지난다. (그 이유는?)

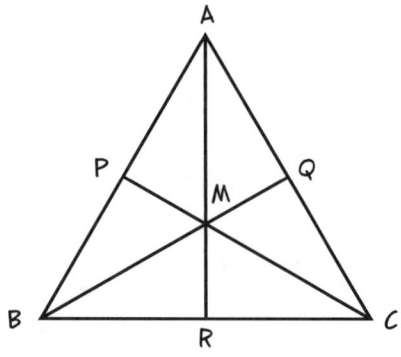

△AQB ≅ △CPB임을 보여라.
△BRM ≅ △AQM임을 보여라.

합동인 다른 삼각형들도 찾을 수 있을까?

Chapter 9
교차 문제
올곧지는 않은 장, 정치인들 이야기는 아니고

건축가들은 때때로
선이 만나기를 원하고,
때로는 원하지 않을 때도 있어.

두 직선은 언제 교차할까? 그리고 언제 교차하지 않을까?

3차원에서는, 그림상의 $\overline{PQ}$와 $\overline{RS}$처럼, 두 직선이 같은 평면상에 있지 않다면 둘은 서로를 만나지 않게 될 거야. 하지만 2차원에서는, 직선들이 '일반적으로' 교차해야 할 것처럼 보이지.

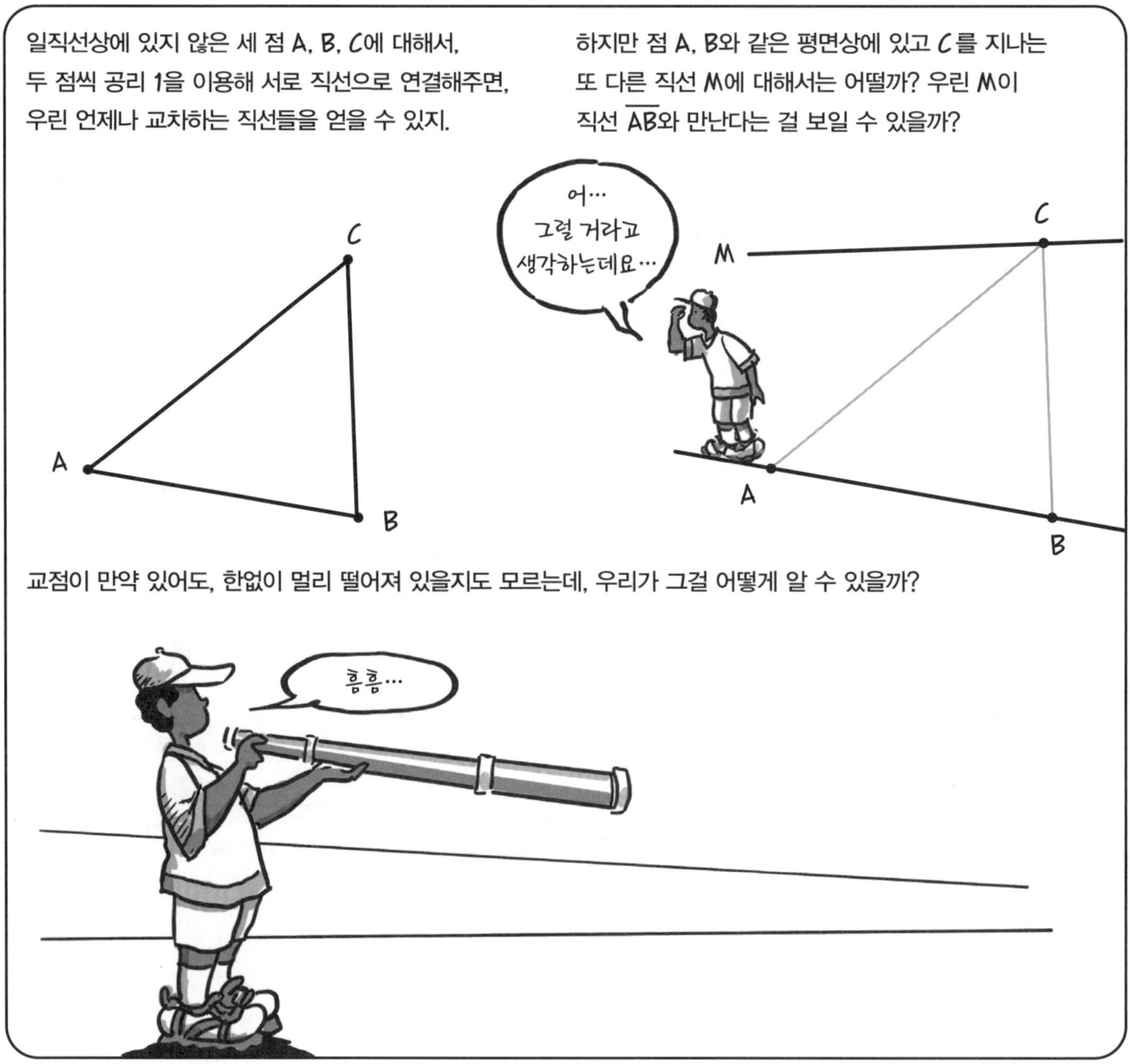

일직선상에 있지 않은 세 점 A, B, C에 대해서, 두 점씩 공리 1을 이용해 서로 직선으로 연결해주면, 우린 언제나 교차하는 직선들을 얻을 수 있지.

하지만 점 A, B와 같은 평면상에 있고 C를 지나는 또 다른 직선 M에 대해서는 어떨까? 우린 M이 직선 $\overline{AB}$와 만난다는 걸 보일 수 있을까?

교점이 만약 있어도, 한없이 멀리 떨어져 있을지도 모르는데, 우리가 그걸 어떻게 알 수 있을까?

우리의 원래 자리로 돌아와서, 정말 간단한 것 한 가지를 해보자. 직선 **M**과 점 **C**에서 만나고, 직선 $\overline{AB}$와 점 A에서 만나는 직선 $\overline{AC}$를 그려보자.
$\overline{AC}$와 같이 서로 다른 두 직선을 교차하는 직선을 **횡단선**이라고 불러.

여기서 아이디어는 만약 ∠1과 ∠2의 크기가 서로 **다르다면**, 직선 $\overline{AB}$와 **M**은 한쪽에서는 서로를 향해 살짝 '기울어져' 있을 거고, 다른 쪽에서는 서로 발산하고 있을 거라는 거야.

우리는 각 ∠1과 ∠2를 횡단선의 **동위각**이라고 불러. 그림의 왼쪽 윗부분에서부터 훑어 내려오면, 우리는 첫 번째와 세 번째 각이 동위각인 걸 확인할 수 있지.

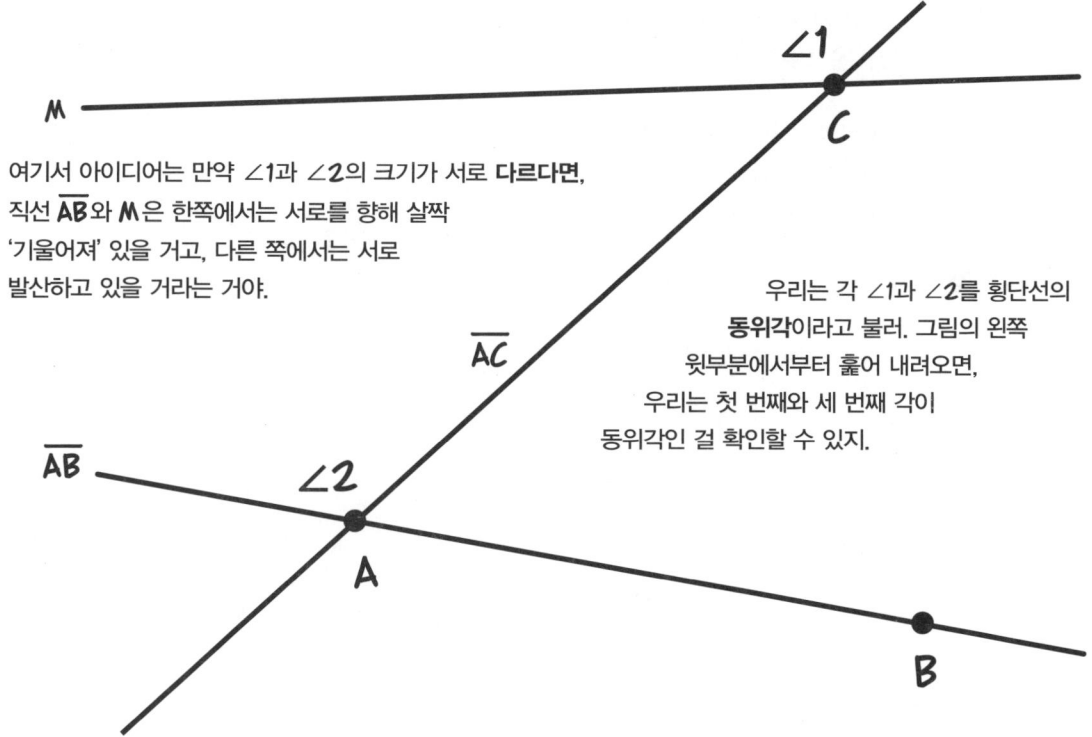

아래쪽에서부터 훑어 올라오거나 $\overline{AC}$의 다른 방향에서부터 출발하면, 횡단선으로 만들어지는 또 다른 동위각들을 찾아볼 수도 있어.

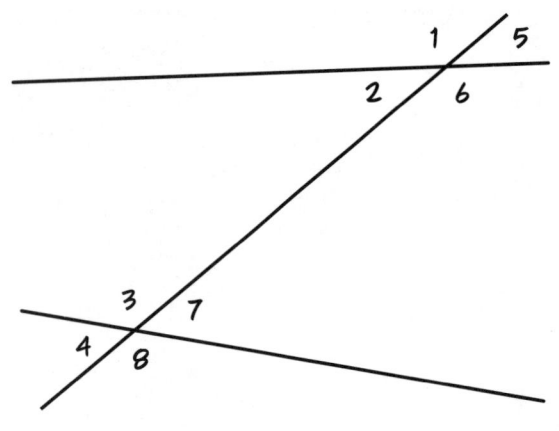

모든 동위각들은 여기서 확인할 수 있어.

동위각 한 쌍의 크기가 같은 것은 **모든 쌍의** 동위각의 크기가 같은 것과 동치야.
예를 들어, 맞꼭지각이기 때문에 ∠2 = ∠5, ∠4 = ∠7이 성립하고, 따라서 ∠2 = ∠4인 것은 ∠5 = ∠7인 것과 동치가 되고, 나머지도 마찬가지가 될 거야.

주목!

교차하는 선들에 대해 외각 정리를 사용하면 다음과 같은 결과를 얻을 수 있어.

정리 9-1. 만약 직선 L과 M이 교차하면, 임의의 횡단선에 대한 동위각은 **같지 않다**.

증명. 우리는 직선 L과 M이 점 P에서 만난다고 가정하고, 여기서 만들어진 삼각형에 대해서 외각 정리를 사용할 거야.

1. L 위의 점 A(A≠P), M 위의 점 B(B≠P)에 대해서, $\overline{AB}$는 횡단선이다. P가 $\overline{AB}$에 대해서 ∠1과 ∠2와 같은 쪽에 놓여 있다고 가정하자.

2. ∠1은 △ABP의 외각이다. (정의)

3. ∠1 > ∠2 (외각 정리)

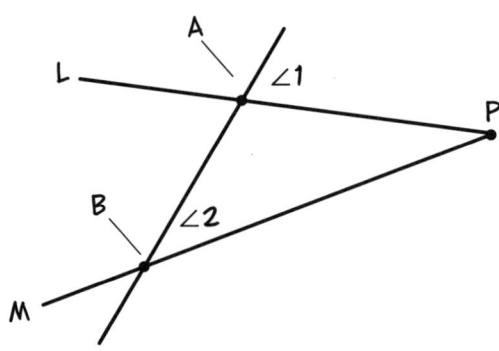

4. 만약 P가 $\overline{AB}$에 대해서 ∠1과 ∠2와 다른 쪽에 놓여 있는 경우라면, ∠2는 △APB의 외각이다.

5. ∠2 > ∠3 (외각 정리)

6. ∠3 = ∠1 (맞꼭지각)

7. ∠2 > ∠1 (치환)

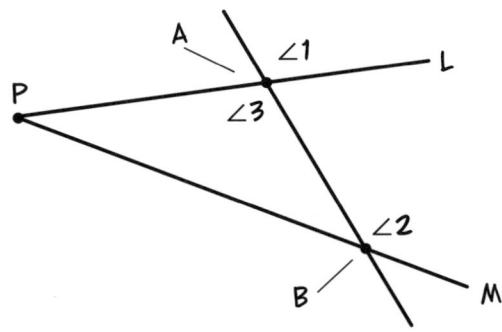

어느 경우에도 ∠1 ≠ ∠2가 성립하므로, 증명이 끝난다. ∎

정리 9-1의 **역**은 어떨까? 만약 ∠1 ≠ ∠2가 성립하여 L과 M은 서로를 향해 '기울어져' 있다면, 둘은 **반드시 교차할까**? 그림상으로는 충분히 설득력 있어 보일지 몰라도, 현재의 가정들만으로는 이 역 명제는 **증명할 수 없어**.

유클리드 이후 오랜 시간이 지난 **1800**년대가 되어서야, 세 명의 수학자들이 왜 그런지를 이해하게 되었어.

가우스 로바쳅스키 리만

사실 우리의 공리들은 서로 다른 **두 가지 기하학을** 설명하고 있었던 거야.

하나는 우리에게 익숙한 평면에서 일어나고 있는 것이고,

유클리드가 상상조차 하지 못한 다른 하나는, 안장 형태의 곡면에서 일어나는 일들이었어. 여기서 '선'들은 서로 멀어지면서 휘어져 나가는 곡선들로 주어졌지.

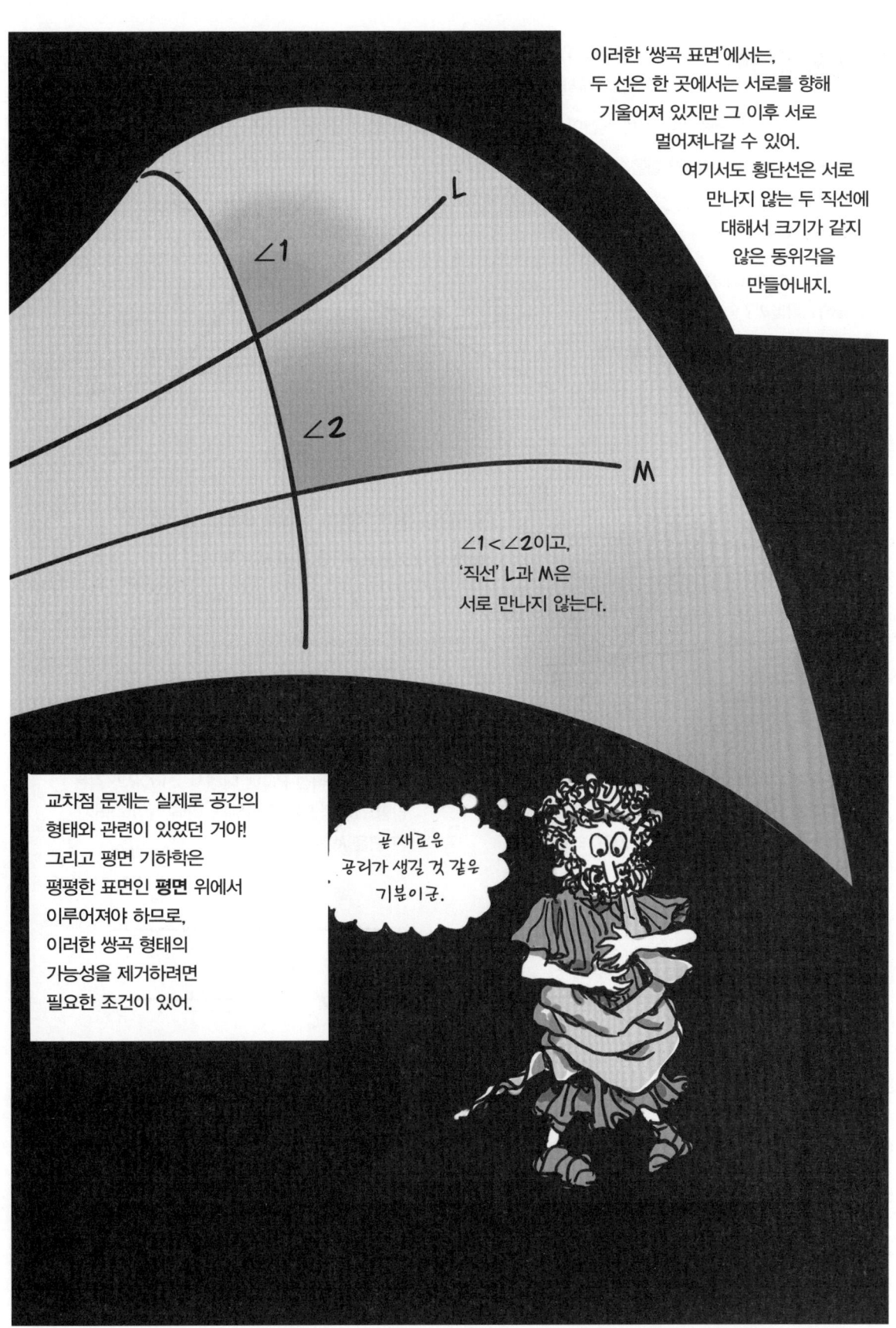

연습문제

여기서는 우리가 결론 내리거나 증명할 수 **있는** 것과 그렇지 **않은** 것을 구분하는 게 중요해. 그래서…

1. 세 점 A, B, C에서 서로 만나는 세 직선이 주어져 있고, ∠PAQ = 100°일 때,

   a. ∠ACR은 100°보다 클까? 같을까? 작을까?

   b. ∠PAB는 얼마일까?

   c. ∠UBT는 80°보다 클까? 같을까? 작을까?

   d. ∠QAC + ∠ACR은 180°보다 클까? 같을까? 작을까?

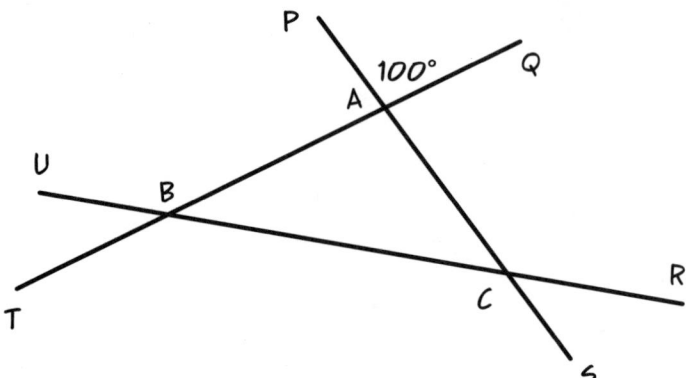

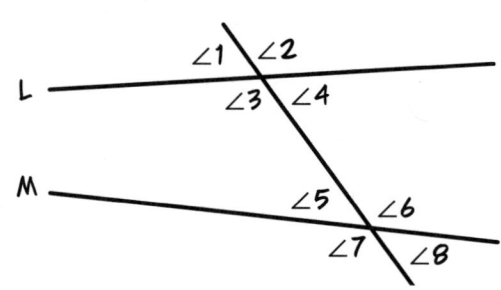

2. 왼쪽 그림에 대해서, 다음을 증명할 수 있을까?

   a. 만약 ∠2 < ∠6이면, L과 M은 만난다.

   b. 만약 ∠5 < ∠4이면, L과 M은 만난다.

   c. 만약 ∠4 + ∠6 > 180°이면, L과 M은 만난다.

   d. 만약 ∠2 + ∠8 < 180°이면, L과 M은 만난다.

3a. P가 직선 L 위에 있지 않은 점일 때, L 위의 임의의 점 Q에서 P까지 직선을 그려보자. 이렇게 할 수 있는 이유는 무슨 공리 덕분일까? ∠PQR = 47°라고 가정하자.

3b. ∠PQR을 직선 $\overline{PQ}$에 대해서 ∠PQR과 같은 방향으로 점 P에 옮겨두자. 이때 각의 나머지 한 변을 M이라 하자.

3c. M은 L과 만날까?

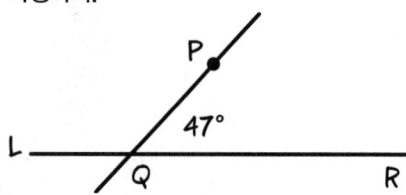

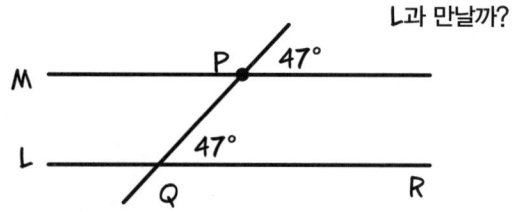

4. 직선 V와 W가 **절대 만나지 않는다**고 가정하자. 다음을 증명할 수 있을까?

   a. ∠1 = ∠3

   b. ∠6 = ∠7

   c. ∠2 + ∠3 = 180°

   d. 세 명제 모두 증명할 수 있다.

   e. 세 명제 모두 증명할 수 없다.

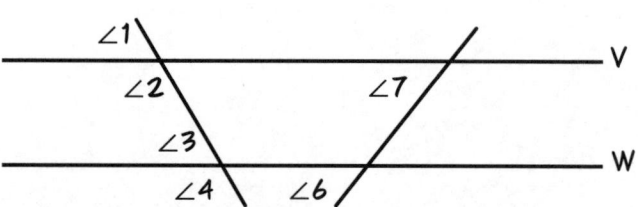

Chapter 10
평행

바로 핵심으로 들어가보자. 교차점 말이야. 우리는 유연한 표면의 가능성을 **배제**하기 위해 우리의 평면이 **평평하다**는 공리를 추가할 거야. 이제부터, 두 직선이 서로를 향해 기울어져 있으면, 둘이 반드시 만난다고 **가정할** 거야!

공리 10.

만약 횡단선이 두 직선에 대하여 크기가 **같지 않은** 동위각을 만든다면, 두 직선은 반드시 **만난다**.

이 공리를 통해 우리는 근방을 벗어나지 않고도 두 선이 교차하는지를 확인할 수 있어. 두 동위각만 비교해보면 되거든.

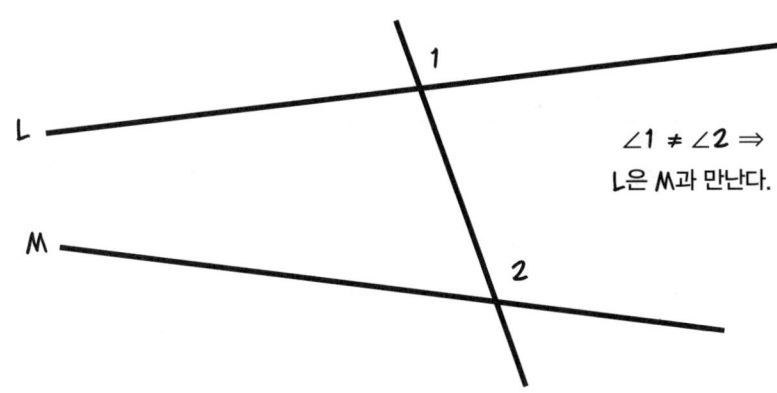

∠1 ≠ ∠2 ⇒
L은 M과 만난다.

관점을 약간 바꿔보자.
만약 P가 직선 L 위에 있지 않다면,
P를 지나는 어떤 직선들이 L과 만날까?

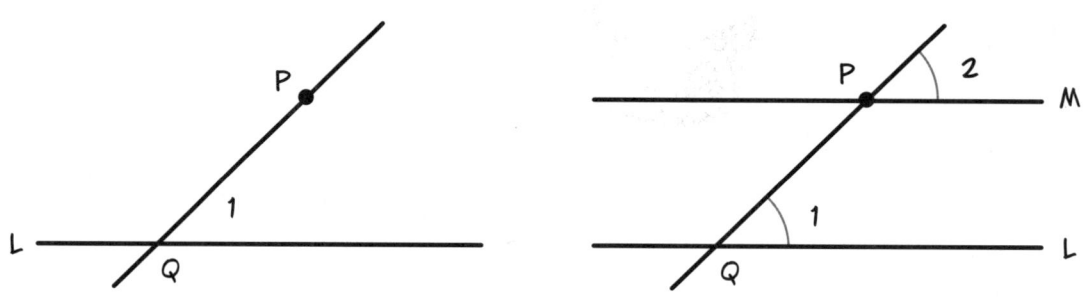

새로운 공리에 의하면 그 답은, **딱 하나만 뺀 모두**일 거야.
이를 확인하기 위해, 만나지 **않는** 선 하나를 그려보자.

먼저 L 위의 점 Q를 지나는 직선 $\overline{PQ}$를 그리고, 이로 인해 생겨난 각을 ∠1이라고 하자.

직선 PQ에 대해서 ∠1과 같은 방향에 있도록 점 P에 ∠2 = ∠1을 옮겨주고, 새로운 직선을 M이라고 하자.

정리 9-1에 의해서, L과 M은 **만나지 않을 거야.** (만약 만난다면, 두 각의 크기는 서로 달라야 하겠지.)

이제 P를 지나는 **다른 선 N**을
확인해보자. N은 PQ와 또 다른
각 ∠3을 만들어낼 거고,
다시 말해 다음을 만족할 거야.

∠1 ≠ ∠3

따라서, **공리 10**에 의해서,
N은 L과 만날 거야. 다시 말해
**M은 P를 지나며 L과 만나지 않는
유일한 직선이 되겠지.**

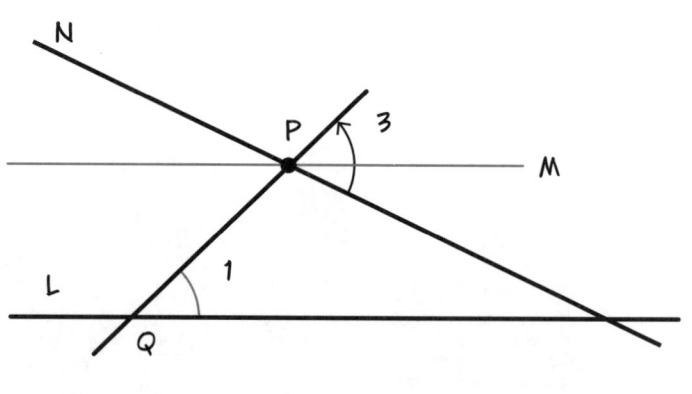

즉, 공리 10은 P를 지나는, M이 아닌 모든 직선은 L과 만난다는 사실을 암시해.

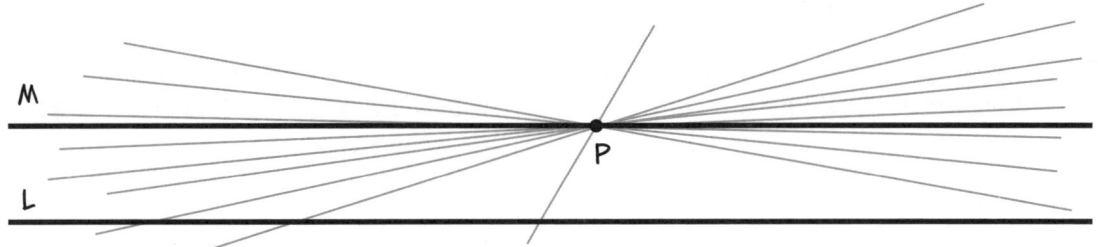

요약하면, P를 지나며 L과 만나지 않는 직선은 **오직 단 하나만** 존재한다는 거야. 그러니 이에 대한 이름을 붙여줄 필요가 있겠지.

정의. 같은 평면에 놓여 있으며 서로 만나지 않는 두 직선을 **평행**하다고 한다. "L은 M에 평행하다" 또는 "L과 M은 평행하다"와 같이 말하며, 기호상으로는 다음과 같이 표기한다.

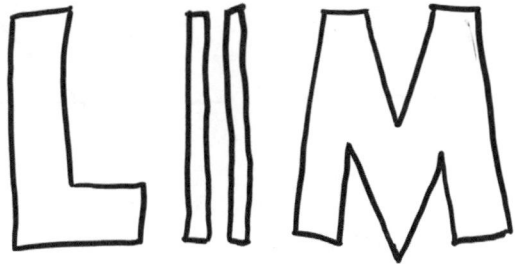

이 용어를 써서 공리 10은 이렇게 풀어 쓸 수 있다. "만약 두 직선이 평행하다면, **모든 횡단선은 서로 같은 크기의 동위각을 이룬다.**"

만약 동위각 중 단 **한 쌍**이라도 크기가 서로 다르다면, 두 직선은 무조건 교차하게 될 거야! (그리고 다른 모든 동위각들도 서로 크기가 다르게 되겠지.)

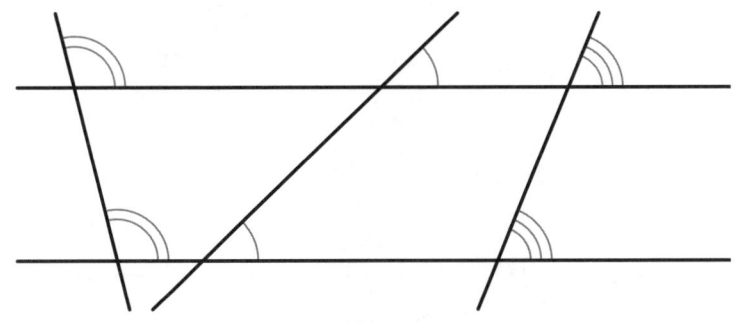

이전 두 쪽에서 설명한 추론을 통해 공리 10을 표현하는 논리적으로 동일한 여러 가지 방법이 있다는 것을 알 수 있어.

만약 두 직선이 횡단선과 서로 다른 크기의 동위각을 이룬다면, 두 직선은 만난다.

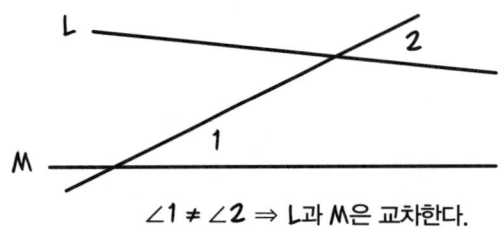

∠1 ≠ ∠2 ⇒ L과 M은 교차한다.

만약 직선 위에 있지 않은 한 점이 있을 때, 이 점을 지나는 직선들 중 단 하나를 제외한 모든 직선들은 이전 직선과 만난다.

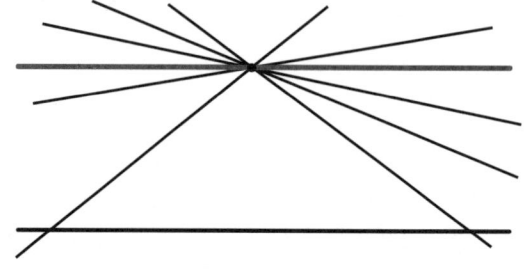

만약 직선 위에 있지 않은 한 점이 있을 때, 이 점을 지나는 직선들 중 단 하나의 직선만 이전 직선과 평행하다.

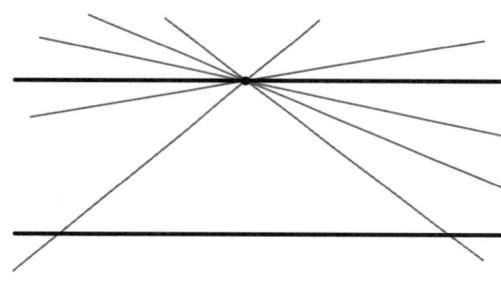

만약 두 직선이 평행하다면, 이 둘을 지나는 모든 횡단선은 서로 같은 크기의 동위각을 가진다.

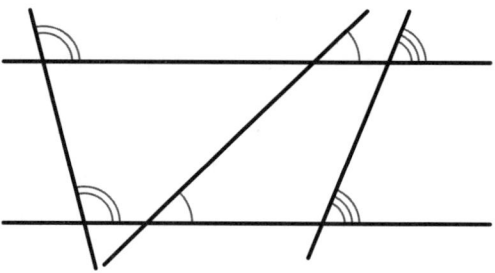

우리는 위에서 언급된 4가지 모두를 다음과 같이 부를 거야.

평행선 공리

('교차 공리'라고 불릴 수도 있겠지만, 사실 그런 경우는 거의 없어.)

평행선이 모두 관심을 독차지하는군…

예시

L∥M일 때, ∠1은 얼마일까?

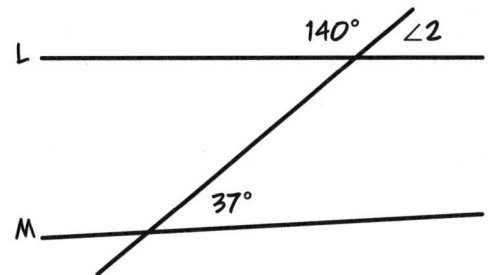

∠1 = 40°야. 평행선 공리에 의해서, 두 직선이 평행하면 동위각의 크기가 서로 같기 때문이지.

그림상의 각도들이 다음과 같이 주어져 있을 때, L과 M은 서로 만날까?

둘은 서로 만나게 될 거야. 각 140°는 ∠2와 선형 쌍을 이루므로, ∠2 = 180° − 140° = 40°인데, 이에 대한 동위각은 37°이고, 37° ≠ 40°이기 때문이지.

여기 간단하지만 유용한 결과도 있어.

정리 10-1.

평면상에 주어진 세 직선에 대해서, 만약 첫 두 직선이 세 번째 직선과 평행하다면, 이 두 직선 또한 서로 평행하다.

증명.

L∥M이고 M∥N이라고 가정하고, L∥N임을 보일 거야.

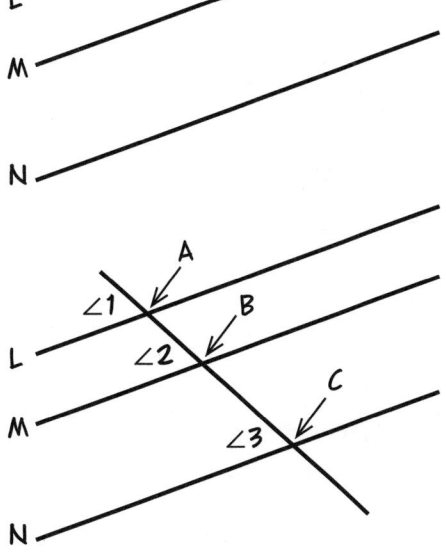

1. L 위의 점 A와 M 위의 점 B를 잡자.   (줄자 공리)

2. 점 A는 M 위에 있지 않으므로, 직선 $\overline{AB}$는 M과 같지 않다.   (공리 2)

3. M은 B를 지나며 N과 평행한 유일한 직선이고, 따라서 $\overline{AB}$는 N과 점 C에서 만난다.   (평행선 공리)

4. ∠1 = ∠2이고 ∠2 = ∠3이다.   (평행선 공리)

5. ∠1 = ∠3   (치환)

6. L∥N ■   (정리 9-1)

평행선과 수직선

평행선 공리는 수직선과 평행선이 서로 잘 어울린다는 사실을 보장해줘.

정리 10-2. 한 직선에 대한 모든 수직선들은 서로 평행하다.

증명. 모든 수직선들은 90°의 동위각을 가지고, 정리 9-1에 의해 모든 수직선은 서로 평행하다. ■

L⊥M이고 L'⊥M
⇒
L ∥ L'

정리 10-3. 만약 두 직선이 평행하다면, 이 중 하나에 대한 수직선은 나머지 직선에 대해서도 수직이다.

증명. 한 평면 위에 직선 L, L', M이 존재하고, L∥L', L⊥M이라고 가정하자. 이제 L'⊥M임을 보이자.

1. M은 L'과 평행일 수 없다. 만약 평행이라면, L과 M 모두 L'에 평행인 두 직선이 되기 때문이다. (평행선 공리)

2. L'은 M과 한 점 B에서 만나고, ∠1에 대응되는 ∠2를 가진다. (평행의 정의)

3. ∠1 = ∠2 (평행선 공리)

4. ∠2 = 90°이고 L'⊥M ■ (수직의 정의)

L∥L'이고 L⊥M
⇒
L'⊥M

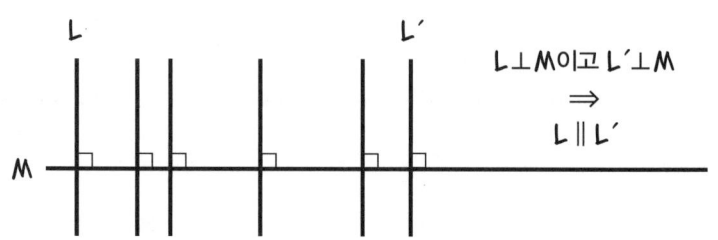

1번, 3번 과정에서 평행선 공리를 사용한 것에 주목하자!

우리는 각 명제의 대우 명제를 고려함으로써, 이 정리들을 평행 대신 **교차**에 대한 내용으로 표현할 수도 있어.
(33쪽 설명처럼)

내가 마법의 단어를 말하면, 이 토끼가 모두 걸 설명해줄 거야!

흠… 토끼가 조용한 걸 보니… 아직, 마법의 단어를 말하지 않으셨군요…

정리 **10-2**에서는: 만약 L과 L´이 서로 만나고, (서로 평행이 **아니고**) L⊥M이면, L´은 M과 수직이 **아니다**.

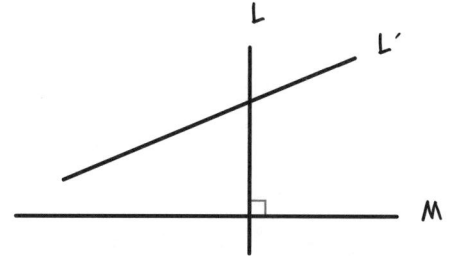

정리 **10-3**에서는: 만약 L´이 M과 수직이 **아니고** L⊥M이면, L과 L´은 서로 만난다. (서로 평행이 **아니다**.)

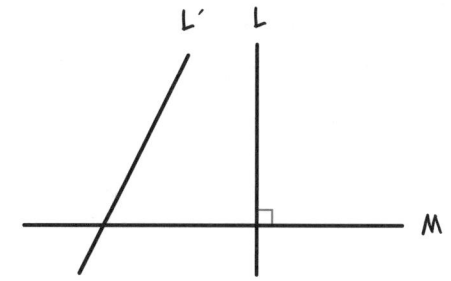

이 둘은 정리 8-1의 기반이 될 거야. 이를 다음과 같이 부르자.

정리 8-0. 삼각형의 두 변에 대한 수직선은 서로 만난다.

증명. L⊥AB이고 L´⊥BC라고 가정하자. 이제 L과 L´이 서로 교차함을 보이자.

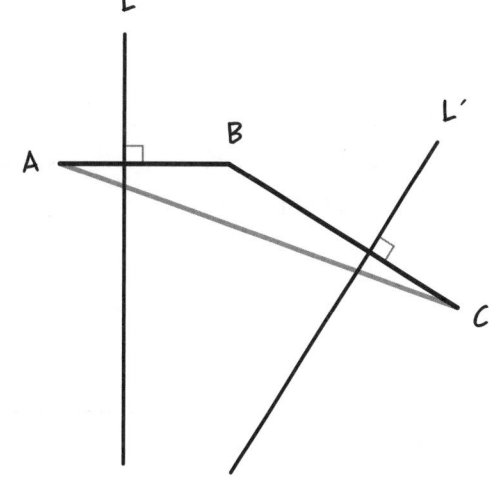

1. AB ∦ BC   (AB, BC는 180°보다 작은 각을 이루며 점 B에서 만난다)

2. AB⊥L   (가정)

3. L은 BC와 수직이 아니다.   (정리 10-2)

4. L´⊥BC   (가정)

5. L은 L´과 만난다. ∎   (정리 10-3)

이 정리를 통해, 우리는 97쪽에서 언급된 논리적 결함을 해결할 수 있어. 그때, 우리는 두 수직선이 교차하는지 확인할 수 없었지. 지금 확인할 수 있는 것처럼, 이를 증명하는 데에는 평행선 공리가 필요했던 거야!

P ⇒ Q라는 명제는 이에 대한 대우 명제 ~Q ⇒ ~P와 동치이고, 공리 10(또는 그 대우 명제)은 선이 '교차해야만 하는' 경우에 상황들을 보장해주면서 모든 작도 문제들을 유효하게 만들어주지. 이해했어?

진짜 마법의 단어네!

다른 횡단각들

앞서 언급된 것처럼, 횡단선은 총 8개의 각을 형성하지.
이 중 일부는 서로 맞꼭지각을 이루고, 일부는 선형 쌍을 형성할 거야.

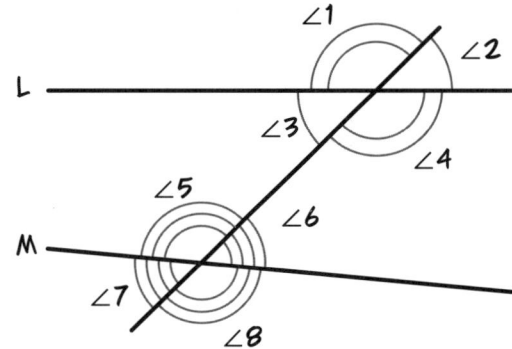

∠1 = ∠4   ∠1 + ∠2 = ∠1 + ∠3 = 180°
∠2 = ∠3   ∠2 + ∠4 = ∠3 + ∠4 = 180°
∠5 = ∠8   ∠5 + ∠6 = ∠5 + ∠7 = 180°
∠6 = ∠7   ∠6 + ∠8 = ∠7 + ∠8 = 180°

평행선 공리에 의해서, 만약 L ∥ M이라면,
∠3 = ∠7이 성립할 거야. 이에 대한
맞꼭지각과 선형 쌍들은 다음
등식들을 만족하겠지.

∠3 = ∠6
∠3 + ∠5 = 180°

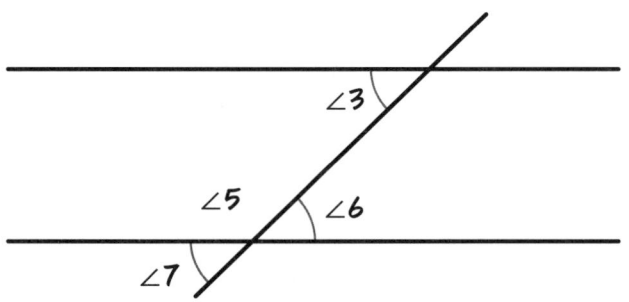

정의. 각 ∠3과 ∠6과 같은 경우를 **엇각**이라고 부르고,
각 ∠3과 ∠5와 같은 경우를 **인접내각**이라고 부른다.

우리가 앞서 확인한 것처럼,
두 직선이 평행한 것은
다음 명제들과 동치가 될 거야.

두 동위각의 크기가 같다.

두 엇각의 크기가 같다.

**두 인접내각은
서로에 대한 보각이다.**

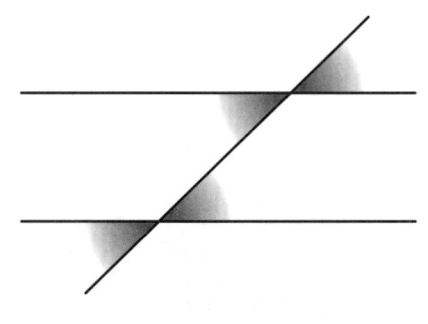

모든 ∠들은 서로 같다; 모든 ◢들은 서로 같다;
∠와 ◢의 합은 180°이다.

이제, 전혀 예상치 못했던 것을 보게 될 거야…

정리 10-4. 삼각형의 세 내각의 합은 **180°**이다.

증명.

1. 주어진 △ABC에 대해서, A를 지나며 ∠1 = ∠C를 만족하는 직선 L을 그리자. (각 옮기기)

2. L ∥ BC (정리 9-1)

3. ∠2 = ∠B (평행선 공리)

4. ∠1 + ∠3 + ∠2 = 180° (세 선형 쌍)

5. ∠B + ∠3 + ∠C = 180° ■ (치환)

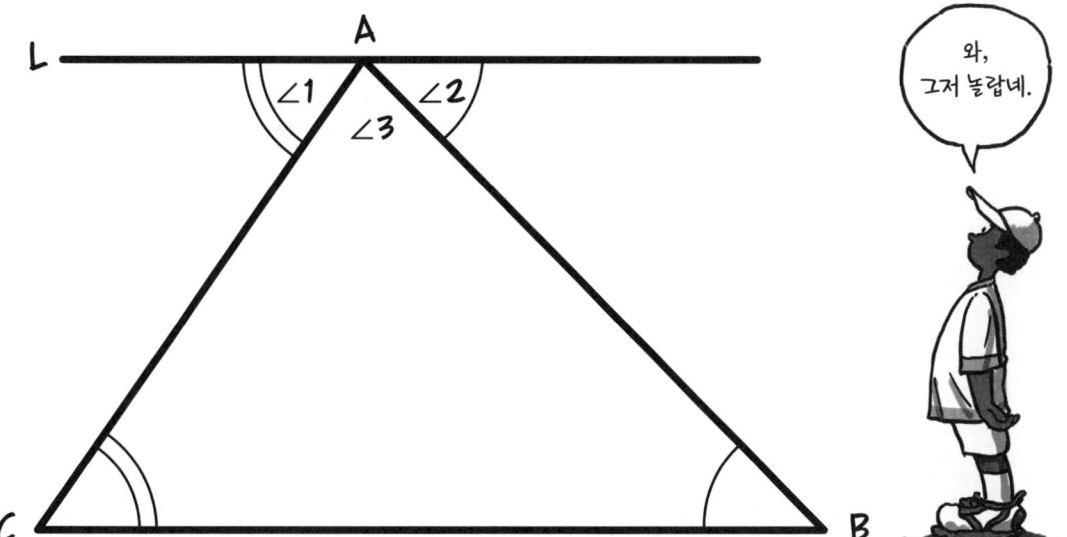

서로 만나는 두 직선에 대한 공리로부터 모든 삼각형에 적용되는 **정확한 측정결과를** 얻을 수 있다니, 놀랍지 않아?

연습문제

1a. L과 M은 서로 만날까? 만약 그렇다면, 두 직선이 교차하여 이루는 각도는 얼마일까?

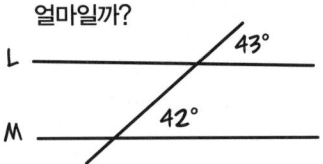

1b. 만약 L ∥ M이라면, ∠2는 얼마일까?

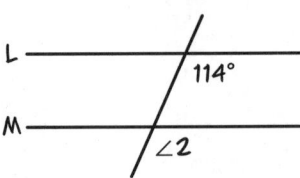

2. AB ∥ CD이고 AD ∥ BC일 때, △ABD ≅ △CDB임을 보여라.

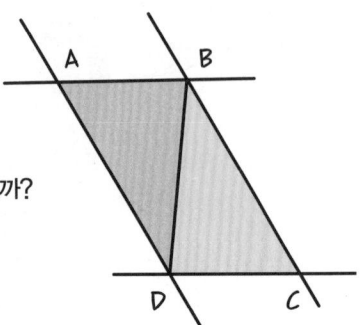

1c. L과 M이 서로 평행하지 않다면, ∠1과 ∠2 중 어느 쪽이 더 클까?

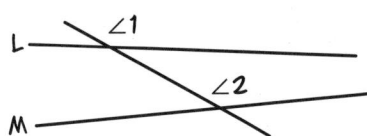

1d. 만약 L ∥ M이라면, ∠3은 얼마일까?

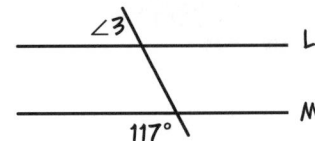

3. 각 삼각형에서 표시되지 않은 각의 크기를 구해보자.

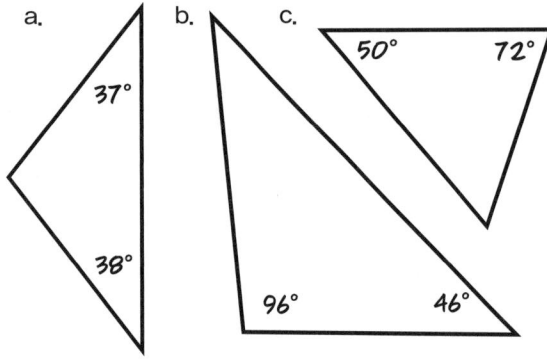

4. L, M, N이 서로 평행한 세 직선일 때,
   a. ∠9 + ∠10 = 180° + ∠2임을 보여라.
   b. 만약 ∠10 = 128°이고 ∠13 = 73°이면, 다른 각들의 크기는 얼마일까?

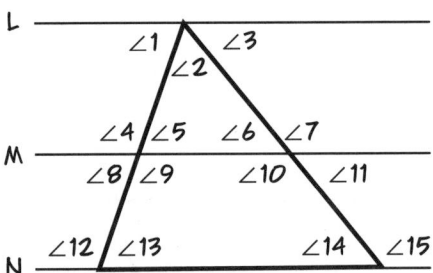

5. 삼각형의 두 각의 이등분선은 서로 교차함을 보여라.
   (힌트: AB는 A와 B의 각의 이등분선에 대한 횡단선이다.)

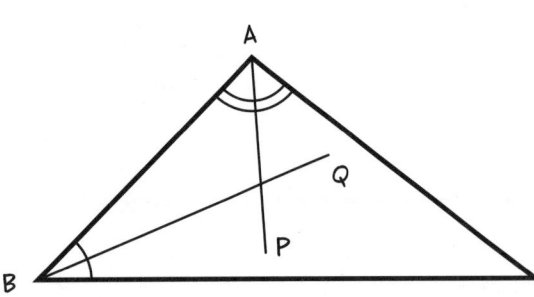

6. 왜 ∠B < ∠ADC일까?

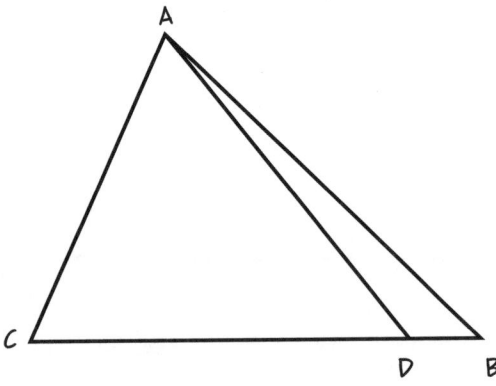

Chapter 11
평면상에서의 삼각형

평행선 공리와 *180°* 삼각형과 함께라면, 많은 것들이 쉬워지게 돼.
만약 삼각형의 두 각을 알고 있으면, 나머지 세 번째 각도도 얻을 수 있거든!

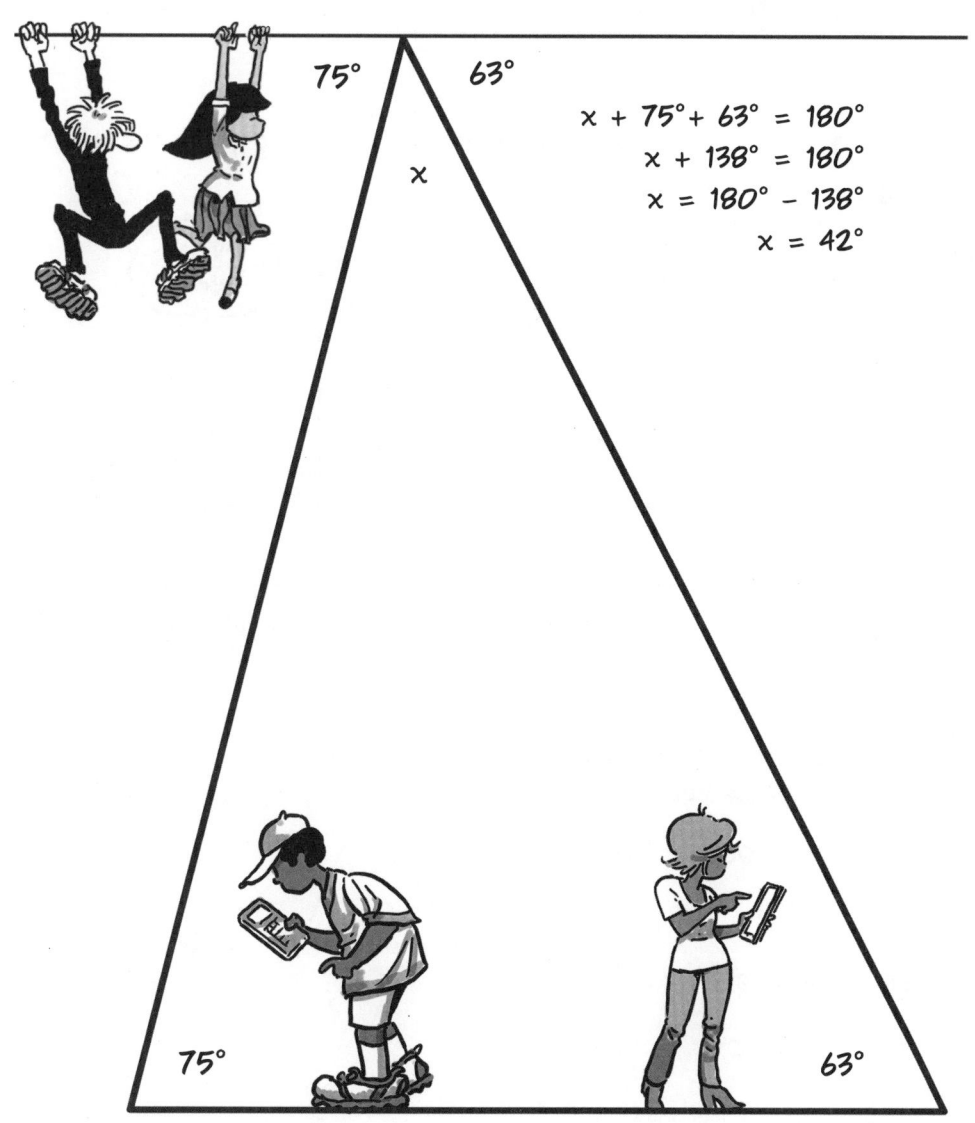

$$x + 75° + 63° = 180°$$
$$x + 138° = 180°$$
$$x = 180° - 138°$$
$$x = 42°$$

결론적으로:

정리 11-1.
삼각형의 외각은 이와 떨어져 있는 두 내각의 합과 같다.

증명.
△ABC와 그 외각 ∠ACD에 대해서, ∠ACD = ∠A + ∠B임을 증명할 거야.

1. ∠A + ∠B + ∠ACB = 180° (정리 10-4)
2. ∠A + ∠B = 180° - ∠ACB (대수)
3. ∠ACB + ∠ACD = 180° (선형 쌍)
4. ∠ACD = 180° - ∠ACB (대수)
5. ∠ACD = ∠A + ∠B ■ (치환)

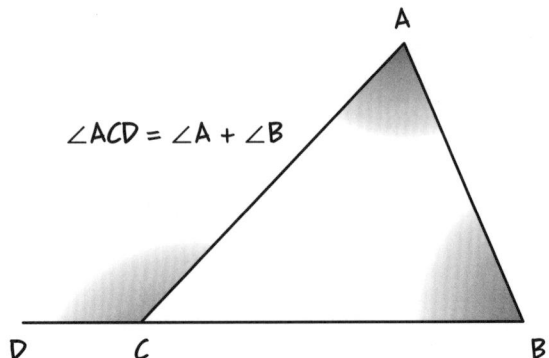

따름정리 11-1.1.
만약 삼각형의 각 중 하나가 직각이라면, 나머지 두 각은 서로 여각관계에 있다(합이 90°).

증명.
직각에 대한 외각 또한 직각이 되고, 정리 11-1에 의해서 증명이 끝난다. ■

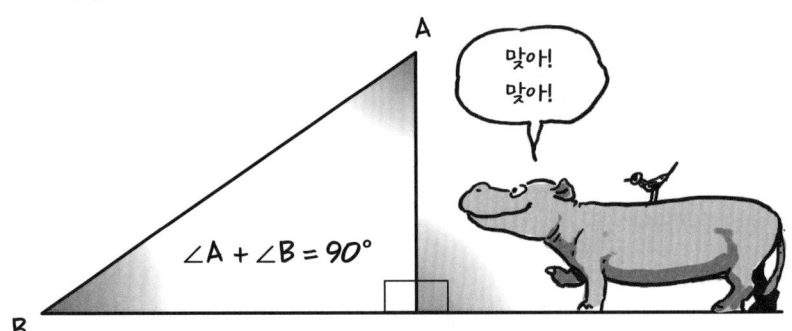

정리 11-2.
만약 두 삼각형의 두 각이 서로 같다면, 나머지 한 각 또한 서로 같다.

증명.
주어진 삼각형 △ABC와 △PQR에 대해서, ∠A = ∠P이고 ∠B = ∠Q일 때, ∠C = ∠R임을 보이자.

1. ∠A = ∠P이고 ∠B = ∠Q이다. (가정)
2. ∠A + ∠B = ∠P + ∠Q (합)
3. ∠C = 180° - (∠A + ∠B) (정리 10-4)
4.   = 180° - (∠P + ∠Q) (치환)
5.   = ∠R ■ (정리 10-4)

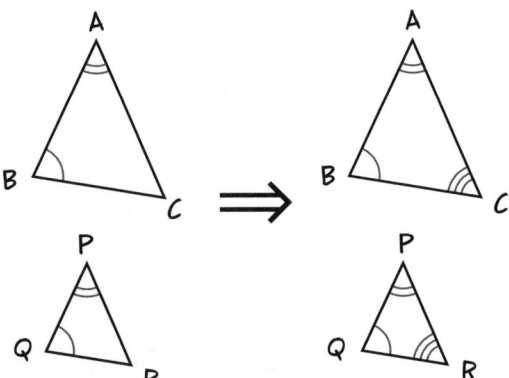

다음 결과는 정리 10-4에서 흘러나오고, 궁극적으로 평행선 공리에서 얻어지는 내용이야.

정리 11-3 (AAS).
만약 두 삼각형의 두 각이 서로 같고, **어떤 한 변**의 길이 또한 서로 같다면, 두 삼각형은 합동이다.

증명.
두 삼각형의 두 각이 서로 같으므로, 정리 11-2에 의해서 나머지 한 각 또한 서로 같다.
이제 삼각형 △ABC와 △PQR에 대해서, ∠A = ∠P이고 ∠B = ∠Q이고 BC = QR일 때, △ABC ≅ △PQR임을 보이자.

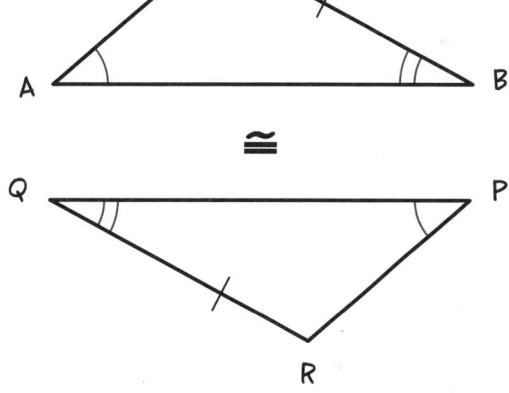

1. ∠A = ∠P, ∠B = ∠Q   (가정)
2. 그러므로 ∠C = ∠R   (정리 11-2)
3. BC = QR   (가정)
4. △ABC ≅ △PQR ∎   (ASA)

삼각형 갤러리

이제 우리는 삼각형의 세 각으로부터 삼각형의 **모양**을 구별할 수 있게 되었어.

모든 **정삼각형**—세 **변**의 길이가 모두 같은 삼각형—은 세 **각**의 크기 또한 모두 같아. 각각의 크기는 $\frac{1}{3}(180°)$ 또는 **60°**가 돼. (변의 길이와 관계 없이 그 크기는 늘 같아.)

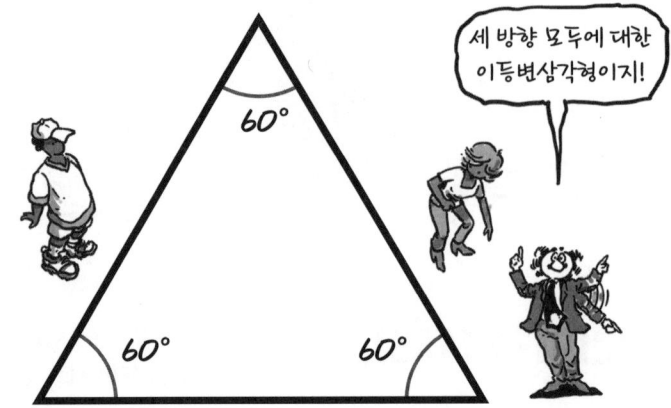

직각삼각형—세 각 중 하나가 직각인 삼각형—은 다양한 모양으로 나타나게 되지.

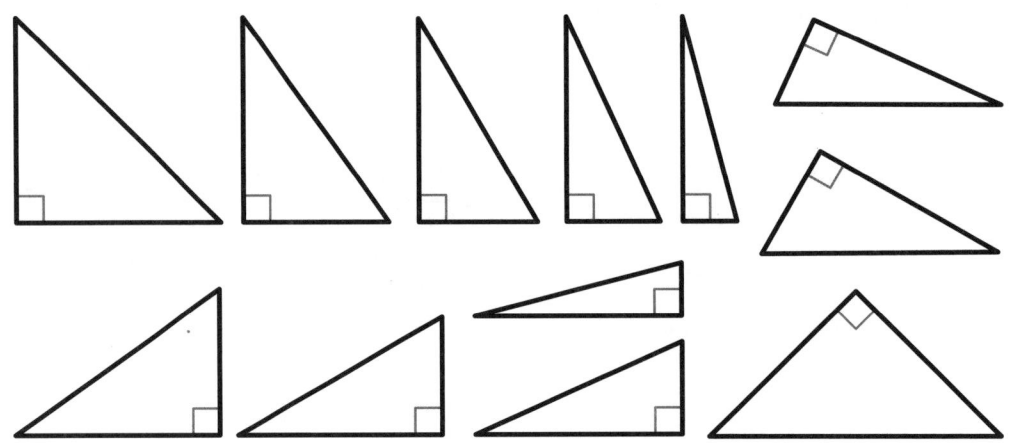

여기 특별한 녀석이 하나 있어. 정삼각형의 꼭지각을 이등분해보자. 정리 6-3에 의해서, 이 선은 반대쪽 변에 대한 수직이등분선이 될 거야.

이를 통해 **2**개의 서로 합동인 직각삼각형을 얻을 수 있고, 우리는 다음 사실을 확인할 수 있어.

정리 11-4. 30°-60° 직각삼각형이

있을 때, 가장 긴 변은 가장 짧은 변의 **2**배이다. ∎

87쪽에서 우리는 **빗변**을 직각의 맞은편에 있는, 직각삼각형의 가장 긴 변으로 정의했어.

빗변(Hypotenuse)을 영어로 HIGH–PAH–TEN–USE (하이–파–튼–유스)라고 발음해. 하마(Hippopotamus)하고는 철자도 발음도 다르다구.

직각삼각형은 특별하게도 합동 여부를 따지는 방법이 따로 있어.

정리 11-5.
만약 두 직각삼각형이 빗변의 길이가 서로 같고 다른 한 변의 길이도 서로 같다면, 두 삼각형은 합동이다.

증명.
두 삼각형 △ABC와 △PQR이 AC = PR, AB = PQ, ∠C = ∠R = 90°를 만족한다고 하자.

1. AC = PR임을 이용하여, AC로부터 △ABC의 반대방향에 △ACD≅△PRQ인 삼각형을 그린다.

2. ∠BCA = ∠DCA = 90°이므로, ∠BCA + ∠DCA = 180°가 된다. 그러면 BCD는 선분이 되고, ABCD는 삼각형이 된다.

3. AB = AD이므로, △ABD는 정의에 의해서 이등변삼각형이 된다.

4. 정리 6-1에 의해서, ∠B = ∠D가 된다.

5. AAS 합동에 의해서, △ACB≅△ACD가 된다.

6. 이제 △ACB와 △PRQ 모두 △ACD와 합동이므로, △ACB≅△PRQ를 만족한다. ∎

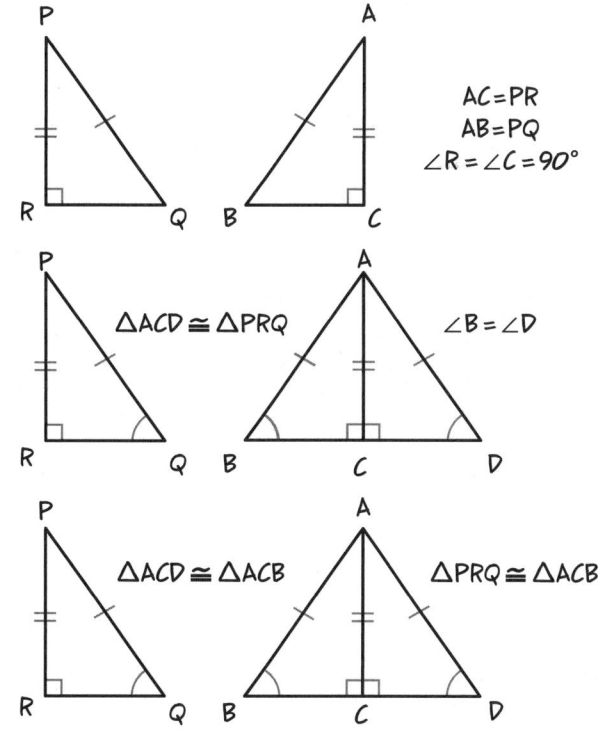

예시: 평면 거울

케빈이 거울 앞에 서 있을 때, 그는 마치 거울 속의 한 점에 서 있는 듯한 그의 모습을 보았어. 이 점은 과연 어디일까?

마치 거울이 수직선처럼 보이도록, 위에서 이 모습을 보고 있다고 생각해보자.

거울은 그 표면에서 빛을 반사시킬 거야. 이 중 반사된 일부는 케빈의 눈에 있는 K로 들어오겠지. 다행히 해롭진 않아.

모든 빛은 거울에서 반사될 때, 거울에 대한 수직선 L을 이용하여 측정한 입사각과 반사각이 서로 같다는 사실이 알려져 있어.

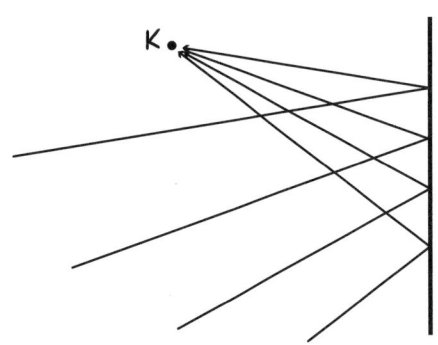
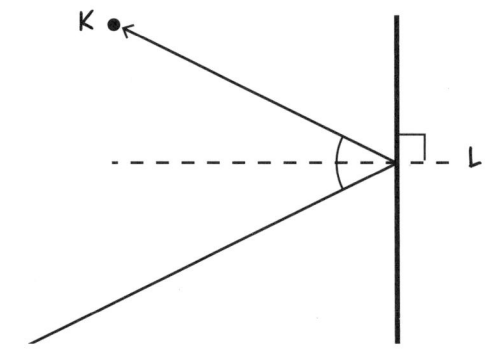

이 빛줄기는 점 P에 있는 물체에서 출발해서, 점 Q에서 거울에 반사되고, 케빈의 눈에 위치한 K로 들어오게 되겠지.

P에서 출발해서 점 R에서 거울과 수직으로 만나는 선을 그려보자. 그러면 PR은 점 P에서 거울까지의 거리가 될 거야(87쪽에서 설명된 바와 같이).

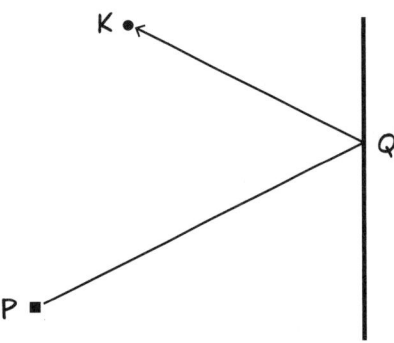
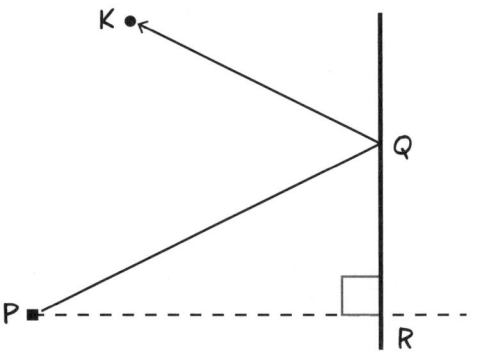

케빈의 시야에 해당하는 선 KQ를 연장하면 두 직각삼각형 △QPR과 △QSR이 만들어질 거야.

물체는 RS를 따라서 "자기 자신을 바라보고" 있을 거고, 케빈은 그 물체를 QS를 따라서 바라보고 있을 거야. 그러므로, 반사된 상은 둘의 교점 S에 놓이게 되겠지.

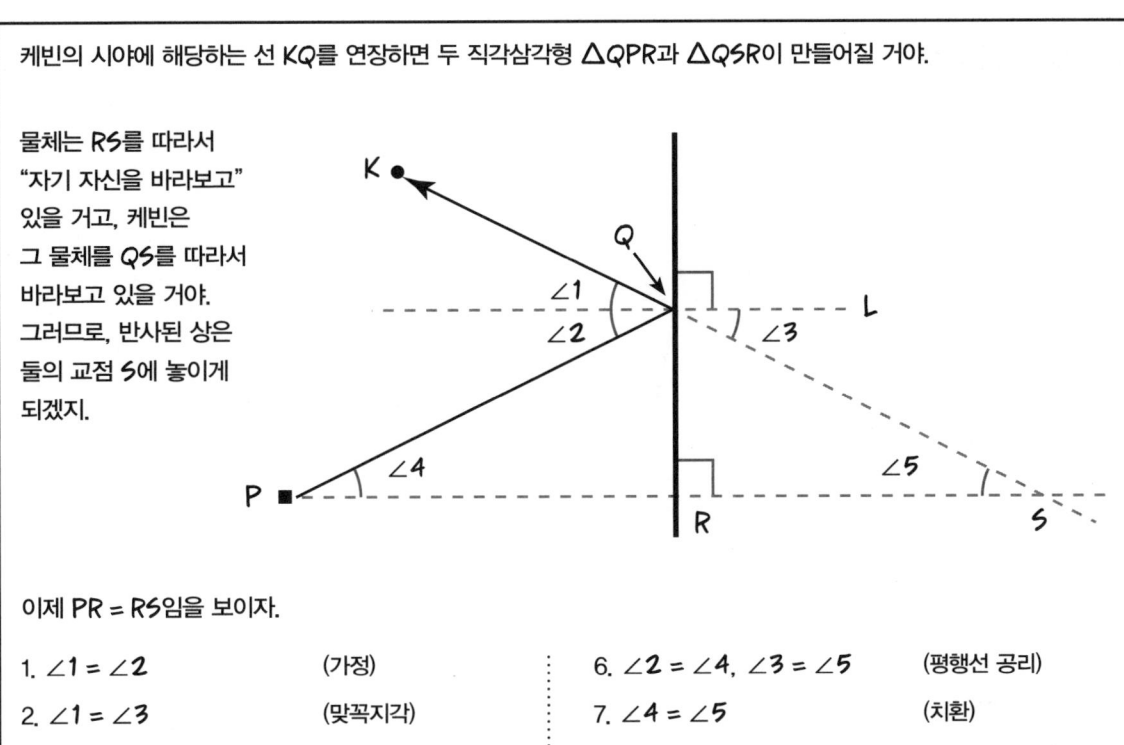

이제 PR = RS임을 보이자.

1. ∠1 = ∠2 (가정)
2. ∠1 = ∠3 (맞꼭지각)
3. ∠2 = ∠3 (치환)
4. L⊥QR, PS⊥QR (가정)
5. L ∥ PS (정리 10-2)
6. ∠2 = ∠4, ∠3 = ∠5 (평행선 공리)
7. ∠4 = ∠5 (치환)
8. QR = QR
9. △QPR ≅ △QSR (AAS)
10. PR = RS ■ (대응되는 부분)

거울 앞에 놓인 물체의 거울상은 **거울 뒤에 같은 거리만큼** 떨어져 있게 될 거야. 이 사실은 거울이 놓인 방이 두 배로 넓어 보이는 현상을 설명해주지.

연습문제

1. 주어지지 않은 나머지 한 각을 구해보자.

   a.

   b.

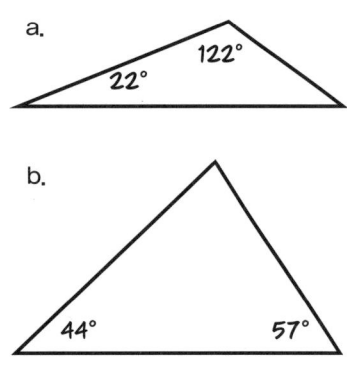

2. 다음 이등변삼각형에서 주어지지 않은 나머지 각들을 구해보자.

   a.

   b.

3. 주어지지 않은 내각들을 구해보자.

   a.

   b.

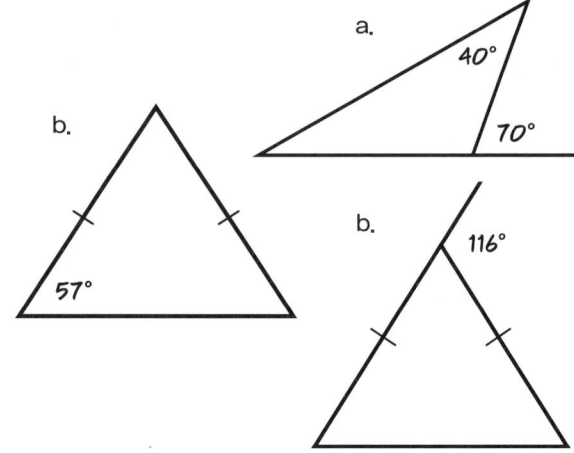

4. 삼각형의 세 외각의 합은 얼마일까?

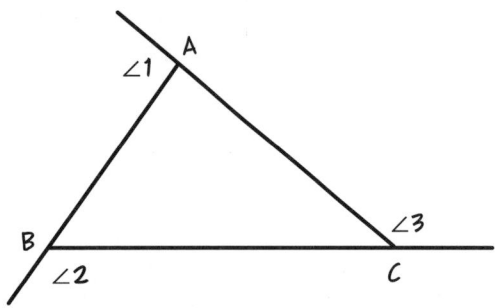

5. 왜 △ABC≅△AED일까?

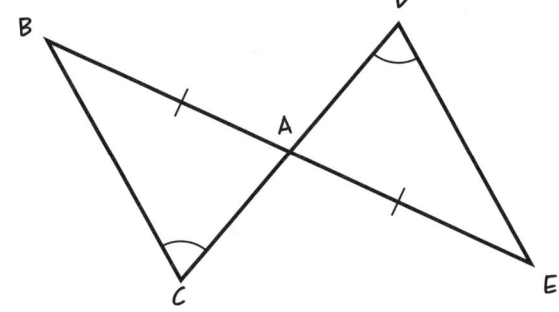

6. 거울 두 개, AB와 BC가 수직으로 놓여 있고, P에서 출발한 빛줄기가 점 Q에서 AB에 반사되어 BC를 향하고, 점 R에서 반사된 후 T를 향할 때, PQ∥RT임을 보여라.

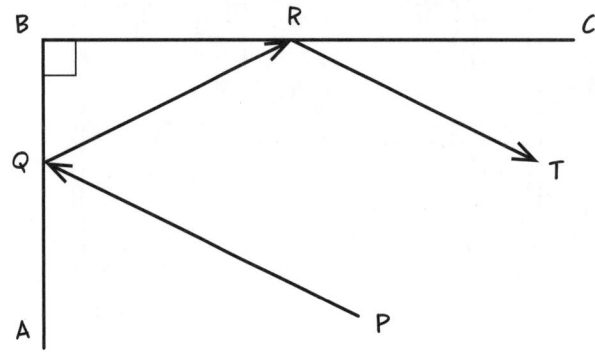

7. 잠깐만! 그 말인즉슨 직선 RT는 점 P에 절대 가까워질 수 없고, 따라서 점 P에 있는 관찰자는 BC에서 비친 **자기 자신을 거울 AB를 통해서 볼 수 없다는** 뜻 아닌가?

하지만 경험에 따르면, 우리는 한 거울에 비친 자신의 모습을 다른 거울을 통해 볼 수 있다. 이 현상을 설명할 수 있는가?

Chapter 12
변 하나 더!

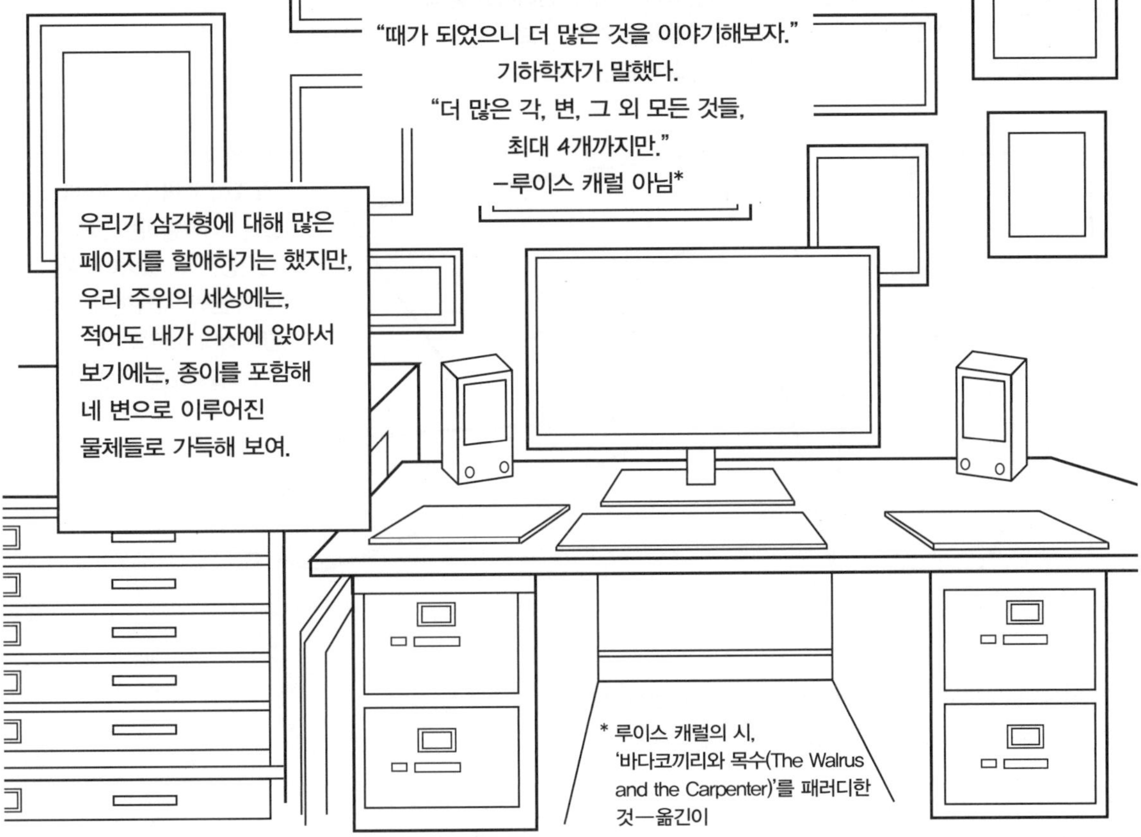

"때가 되었으니 더 많은 것을 이야기해보자."
기하학자가 말했다.
"더 많은 각, 변, 그 외 모든 것들,
최대 4개까지만."
―루이스 캐럴 아님*

우리가 삼각형에 대해 많은 페이지를 할애하기는 했지만, 우리 주위의 세상에는, 적어도 내가 의자에 앉아서 보기에는, 종이를 포함해 네 변으로 이루어진 물체들로 가득해 보여.

* 루이스 캐럴의 시, '바다코끼리와 목수(The Walrus and the Carpenter)'를 패러디한 것―옮긴이

이번 장에서는 우리의 기하학적―그리고 실용적인―지식에 새로운 변 하나를 더해 나가며, 건물의 프레임, 벽, 그리고 기타 건설 프로젝트에 대한 조언들을 제공할 거야.

상자 안에서 생각해보자구!*

* 영어로 'Think outside the box(상자 밖에서 생각하다)'가 고정관념을 넘어서 생각한다는 것에서 나온 언어유희―옮긴이

먼저, 우리가 말하는
대상이 무엇인지를
정의해야 할 필요가 있어.

정의.
사각형은 **꼭짓점**이라고 불리는 **4**개의 점과, 변이라고 불리는 **4**개의 선분으로 구성되어 있다.
각 선분들은 두 꼭짓점을 양 끝점으로 가진다. 모든 꼭짓점은 정확하게 두 개의 변에 포함되어 있고,
각 변은 꼭짓점을 제외한 부분에서는 서로 만나지 않는다.

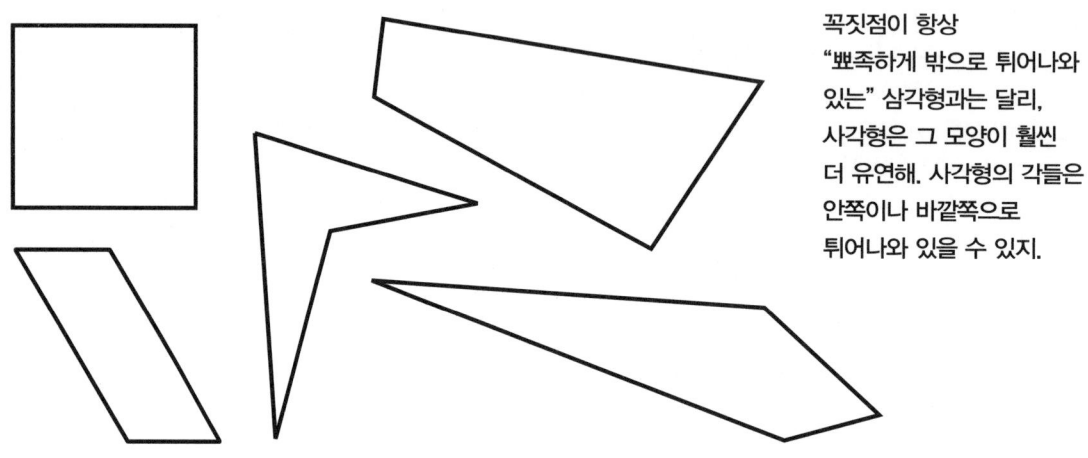

꼭짓점이 항상
"뾰족하게 밖으로 튀어나와
있는" 삼각형과는 달리,
사각형은 그 모양이 훨씬
더 유연해. 사각형의 각들은
안쪽이나 바깥쪽으로
튀어나와 있을 수 있지.

이 책에서는 대부분 밖으로 뾰족하게 튀어나온, **볼록사각형**을 다루게 될 거야.
이 경우 내각의 크기가 모두 **180°**보다 작게 되겠지.

볼록성은 도형의
내부와 외부에 대한 관점으로
이해할 수도 있어.
만약 두 점이 볼록한 도형
내부에 존재한다면,
둘을 잇는 선분 또한
도형 내부에
존재하게 되지.

* 사각형이 내부와 외부를 가진다는 사실은 고급 과정에서 증명되는 내용이야.

그림에서 **BD**와 같이, 인접하지 않은 두 꼭짓점을 연결하는 선분을 **대각선**이라고 불러. 볼록사각형에서 두 대각선은 도형 안에 있어.

대각선은 사각형을 두 개의 삼각형으로 나누지. 그러므로 사각형의 내각의 합은 두 삼각형의 각도들의 합과 같게 될 거야.

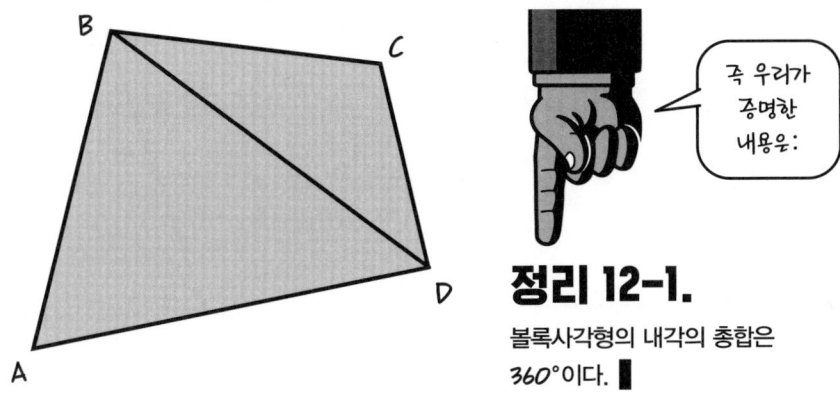

즉 우리가 증명한 내용은:

정리 12-1.

볼록사각형의 내각의 총합은 360°이다. ∎

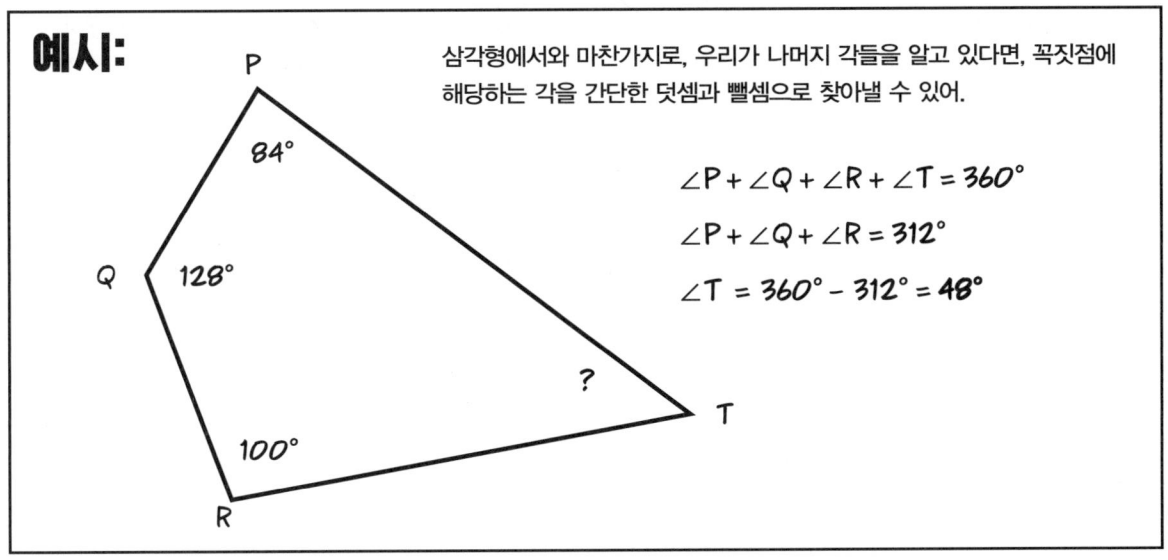

예시:

삼각형에서와 마찬가지로, 우리가 나머지 각들을 알고 있다면, 꼭짓점에 해당하는 각을 간단한 덧셈과 뺄셈으로 찾아낼 수 있어.

$\angle P + \angle Q + \angle R + \angle T = 360°$

$\angle P + \angle Q + \angle R = 312°$

$\angle T = 360° - 312° = 48°$

이 360°라는 각도 때문에 사각형의 종류는 아주 다양하게 만들어져. 삼각형과는 다르게, 사각형은 **평행한 두 변을** 가질 수 있고, 이 사실은 건설업에서 중요한 역할을 하지!

잘했어, 친구들! 이제 보험사 친구들 차례야!

두 쌍의 변이 평행하는 사각형을 만드는 건 그리 어렵지 않아. **180°**보다 작은 각을 이루는 두 선분 AB와 BC에서 시작해보자.

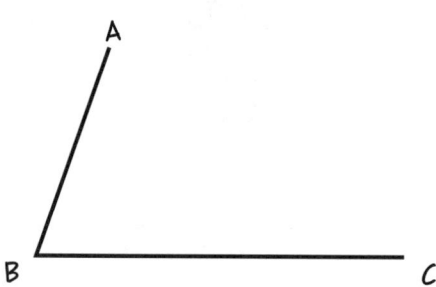

반직선 $\overrightarrow{BA}$ 위에, ∠B를 점 A에 옮겨서 반직선 $\overrightarrow{L}$을 만들면, $\overrightarrow{L}$ ∥ BC를 만족할 거야.

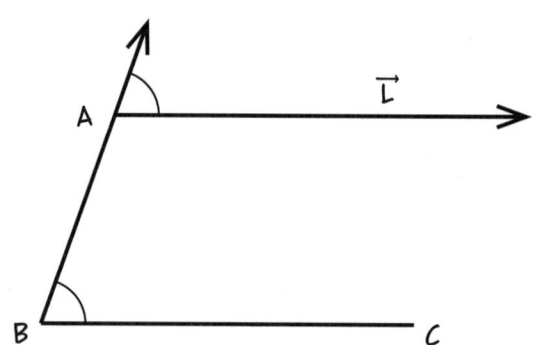

$\overrightarrow{L}$ 위의 한 점 D에서, 선분 CD를 그려서 AD ∥ BC인 사각형 **ABCD**를 얻을 수 있어. 이 도형은 **한 쌍**의 변이 평행한 사각형으로, **사다리꼴**이라고 불려.

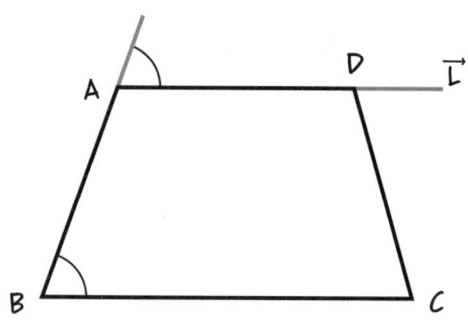

양쪽 변을 모두 평행하게 만들고 싶다면, 반직선 $\overrightarrow{BC}$를 C를 넘어 연장한 뒤, ∠B를 점 C에 옮겨서 생기는 반직선 $\overrightarrow{M}$을 만들면, $\overrightarrow{M}$ ∥ AB를 만족할 거야.

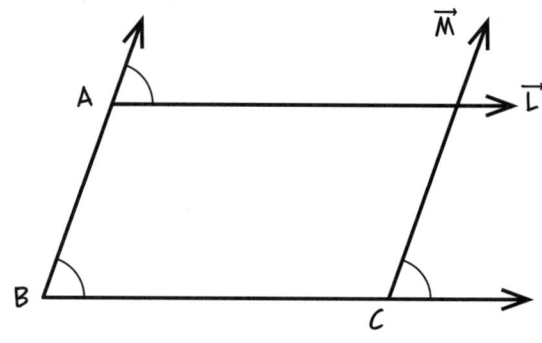

$\overrightarrow{L}$과 $\overrightarrow{M}$이 점 E에서 만난다고 하면, 사각형 **ABCE**는 두 쌍의 변이 평행하게 될 거야.
이런 사각형을 **평행사변형**이라고 해.

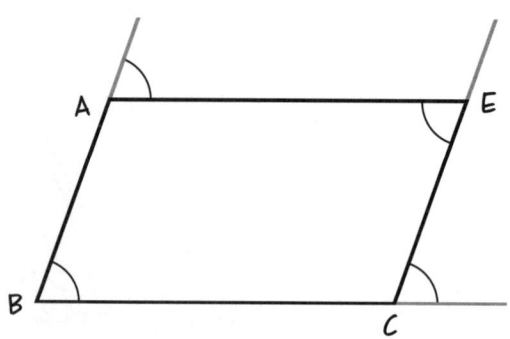

만약 ∠B가 **90°**라면, 이 평행사변형의 네 각은 모두 직각이 되고, 이런 사각형을 **직사각형**이라고 해.

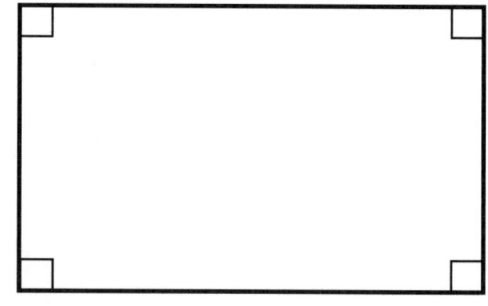

이제 다음과 같은 사실을 확인할 수 있어.

정리 12-2. 평행사변형에서 마주보는 각의 크기는 서로 같다.

증명. 각 변은 두 평행선에 대한 횡단선이므로, 사각형 내에 인접한 두 각의 합은 평행선 공리에 의해서 $180°$가 된다.

1. $\angle A + \angle B = 180°$ (AD ∥ BC이므로)
2. $\angle B + \angle C = 180°$ (AB ∥ CD이므로)
3. $\angle A - \angle C = 0°$ (빼기)
4. $\angle A = \angle C$ (대수)
5. 유사하게, $\angle B = \angle D$ ∎

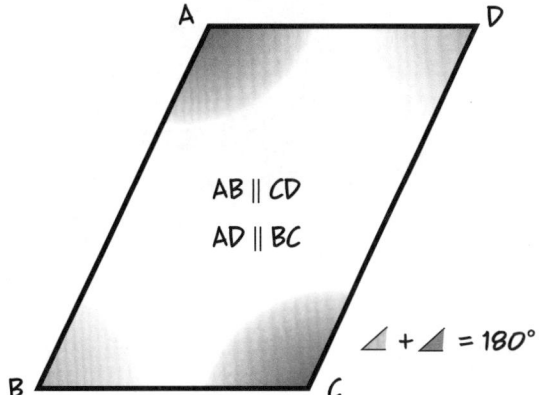

역으로:

정리 12-3. 만약 사각형의 마주보는 각의 크기가 서로 같다면, 그 사각형은 평행사변형이다.

증명. 사각형 ABCD가 주어져 있을 때, $\angle A = \angle C$, $\angle B = \angle D$

1. $\angle A + \angle B + \angle C + \angle D = 360°$ (정리 12-1)
2. $\angle A = \angle C$, $\angle B = \angle D$ (가정)
3. $\angle A + \angle B + \angle A + \angle B = 360°$ (치환)
4. $2(\angle A + \angle B) = 360°$
5. $\angle A + \angle B = 180°$
6. AD ∥ BC (정리 9-1)
7. 유사하게, $\angle A + \angle D = 180°$
8. AB ∥ CD ∎ (정리 9-1)

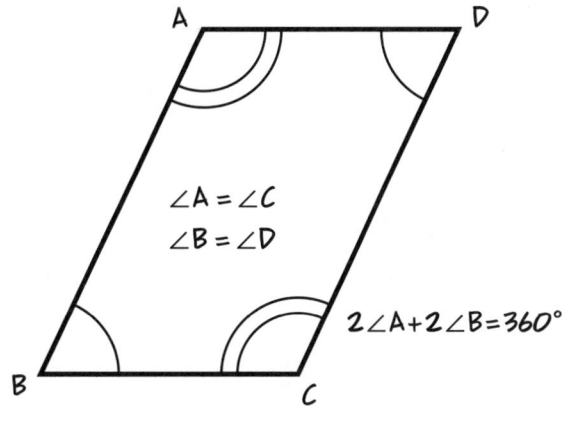

정리 12-4.
사각형의 마주보는 변의 길이가 서로 같다는 것은 사각형이 평행사변형인 것과 동치이다.

증명.
먼저 AB∥CD, AD∥BC임을 가정하자. 이제 평행사변형을 2개의 서로 합동인 삼각형으로 나눔으로써, 평행한 두 변의 길이가 각각 같음을 보이자.

1. 대각선 AC를 그리자.　　　(공리 2)
2. AD∥BC　　　(가정)
3. ∠1 = ∠2　　　(평행선 공리)
4. AB∥CD　　　(가정)
5. ∠3 = ∠4　　　(평행선 공리)
6. AC = AC
7. △ABC ≅ △CDA　　　(ASA)
8. AD = BC, AB = CD　　　(대응되는 부분)

이제 마주보는 변의 길이가 서로 같다고 가정하고, 각각이 서로 평행함을 보이자.

9. △ABC ≅ △CDA　　　(SSS)
10. ∠1 = ∠2　　　(대응되는 부분)
11. AD∥BC　　　(정리 9-1)
12. ∠3 = ∠4　　　(대응되는 부분)
13. AB∥DC　　　(정리 9-1)
14. ABCD는 평행사변형이다. ■　　　(정의)

마주보는 변이 평행한 틀을 만들려고 할 때, 동일한 길이의 변을 잘라내는 것만으로도 평행성은 보장될 거야!

그렇게 케빈은 평행사변형을 만들었어.

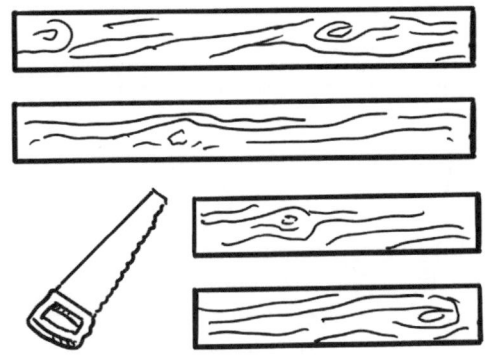

안타깝게도 평행사변형 모양은 종종 넘어지는 경우가 있어.

와장창!

그렇다면 케빈이 **직사각형** 형태의 책장을 만들어서 그 모양 그대로 유지하는 방법은 무엇일까?

뭐, 적어도 모두 게 여전히 평행하긴 하네.

정리 12-5.
평행사변형의 두 대각선의 길이가 같은 것은 평행사변형이 **직사각형**인 것과 동치이다.

증명.
주어진 평행사변형 ABCD에 대해서 두 대각선의 길이가 같다고 이렇게 가정해보자, AC = BD.

1. AB = CD, AD = BC   (정리 12-4)
2. AC = BD   (가정)
3. △ADC ≅ △BCD   (SSS)
4. ∠ADC = ∠BCD   (대응되는 부분)
5. 또한 ∠ADC = ∠ABC이고   (정리 12-2)
   ∠BCD = ∠DAB.
6. 모든 네 각의 크기가 같으므로,   (직사각형의 정의)
   ABCD는 직사각형이다.

만약 평행사변형의 두 대각선의 길이가 같다면, 인접한 각의 크기 또한 서로 같게 된다. (따라서 위의 그림은 사실 교정이 필요함.)

역으로, ABCD가 직사각형이라고 가정해보자.

1. AD = BC   (정리 12-4)
2. CD = CD
3. △ADC = △BCD = 90°   (가정)
4. △ACD ≅ △BDC   (SAS)
5. AC = BD ∎   (대응되는 부분)

직사각형은 당연하게도 같은 길이의 대각선을 가진다.

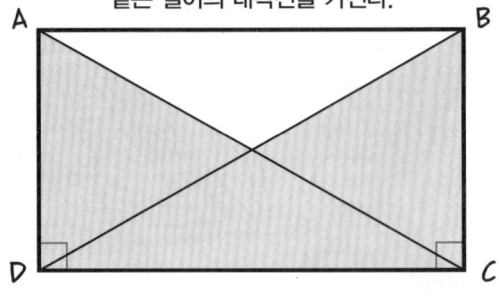

만약 평행사변형 책장이 직사각형 형태인지 확인하고 싶다면, 케빈은 두 대각선의 길이가 같은지만 확인하면 되는 거야.

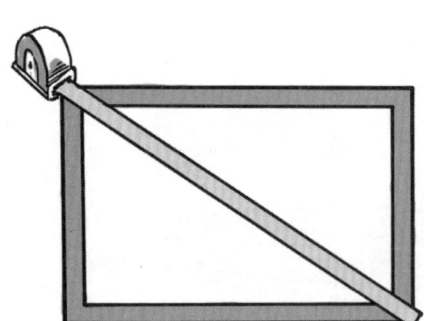

경의를 표합니다, 유클리드 선생!

평행사변형은 유연해. 마주보는 변의 길이가 같아도 모양은 다른 평행사변형을 다양하게 만들 수 있기 때문이지.
이런 성질은 사각형에서 변-변-변-변 합동 판정법이 통하지 않는다는 사실을 보여줘.
사각형 두 개의 서로 대응되는 네 변의 길이가 모두 같다 해도, 두 사각형이 합동이 아닐 수 있거든.

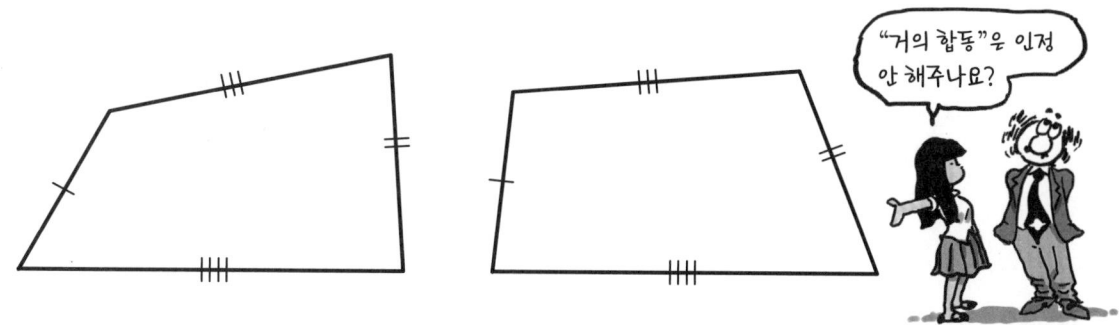

하지만 삼각형은 변-변-변 합동 판정법을 **만족해**.
세 변의 길이가 주어진 삼각형은 오직 단 한 가지 모양만 가질 수 있어. 다시 말해, 삼각형은 단단하지.

이 사실을 통해 세상 곳곳에 수많은 대각 지지대가 있는 이유를 알 수 있어.
지주와 트러스는 구조물에 삼각형 형태를 추가하는 방식으로,
구조물에 휘어짐, 변형, 붕괴에 저항하는 힘인 '전단 강도'를 높여줘.

뒷면에 합판을 덧대는 것 역시
삼각형을 만드는 방법이야.

대각선은 사각형에 대해
많은 것을 알려줘.

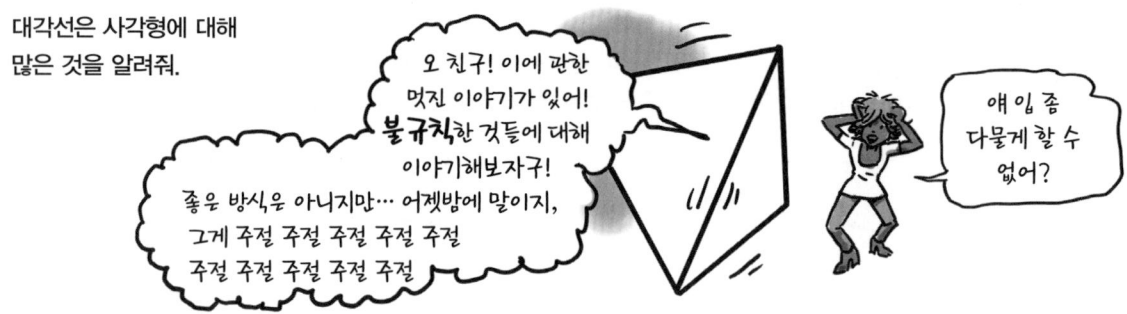

정리 12-6. 사각형의 두 대각선이 서로를 **이등분**한다는 것은 사각형이 **평행사변형**인 것과 동치이다.

증명.
두 대각선이 점 E에서 서로 만난다고 가정하자. 먼저 AE = EC이고 DE = EB이면, 사각형이 평행사변형이 됨을 보이자.

1. ∠1 = ∠2 (맞꼭지각)
2. △AED ≅ △CEB (SAS)
3. AD = BC (대응되는 부분)
4. 유사하게, △AEB ≅ △CED이므로, AB = DC가 된다. 따라서 사각형의 마주보는 변의 길이가 서로 같다.
5. ABCD는 평행사변형이다. ■ (정리 12-4)

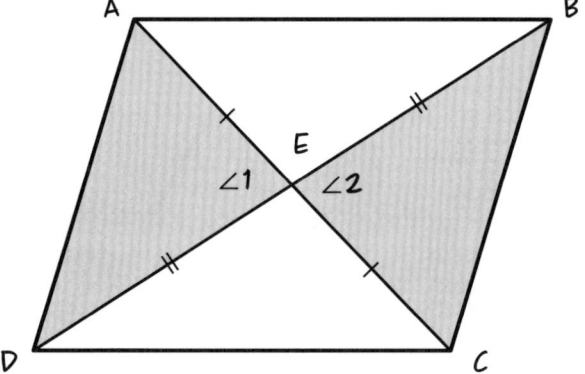

역으로,
ABCD가 평행사변형이라고 가정해보자.

1. AD ∥ BC (가정)
2. ∠3 = ∠6, ∠4 = ∠5 (평행선 공리)
3. AD = BC (정리 12-4)
4. △AED ≅ △CEB (ASA)
5. AE = EC, DE = EB이고, 따라서 두 대각선은 서로를 이등분한다. ■ (대응되는 부분)

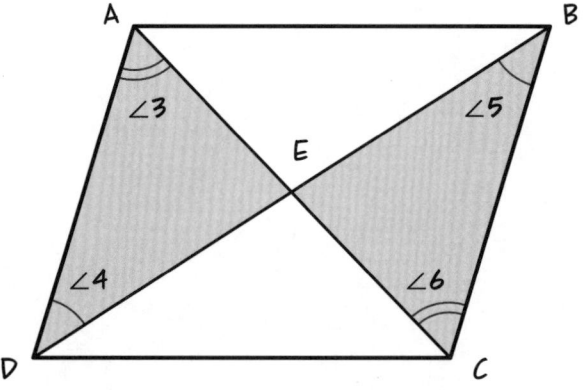

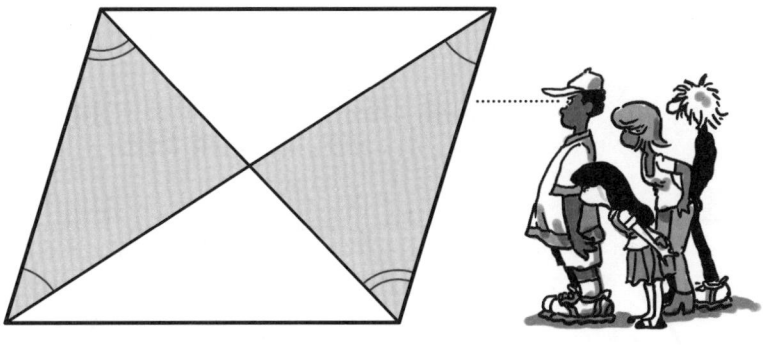

이 그림을 잠시 바라본 다음 스스로에게 질문해보자. 만약 4개의 중심각이 모두 **같다면** 어떻게 될까? **모든 4개의 삼각형이** 합동이 되지 않을까? 그렇다면 모든 4개의 변이 다 **같아지지** 않겠어?

네 변의 길이가 모두 같은 사각형을 **마름모**라고 불러. 그리고 우리가 내린 결론은,

따름정리 12-6.1.
평행사변형이 마름모가 되는 것은 평행사변형의 두 대각선이 서로 수직으로 만나는 것과 동치이다.

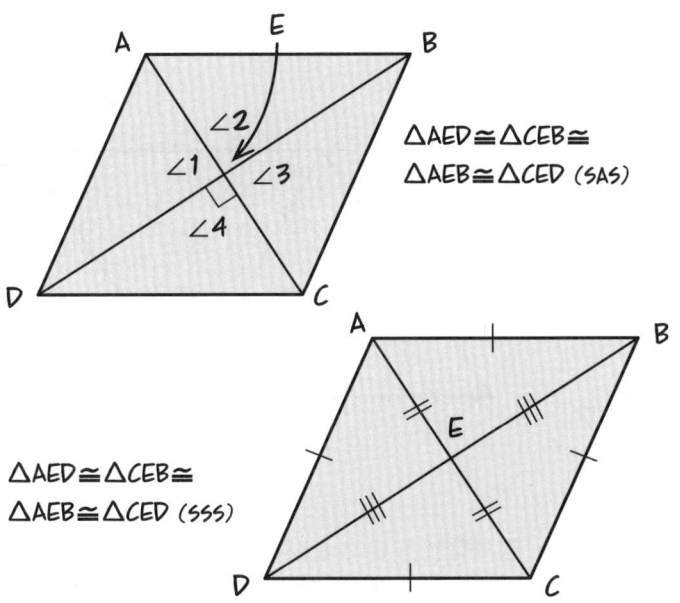

△AED ≅ △CEB ≅
△AEB ≅ △CED (SAS)

△AED ≅ △CEB ≅
△AEB ≅ △CED (SSS)

증명. 만약 두 대각선이 수직으로 만난다면,

$$\angle 1 = \angle 2 = \angle 3 = \angle 4$$

ABCD가 평행사변형이므로, AE = EC, DE = EB가 되고, 4개의 삼각형은 SAS에 의해 모두 합동이 된다. 따라서 AB = BC = DC = AD가 된다. ∎

역으로, 만약

$$AB = BC = DC = AD$$

라면, 4개의 삼각형은 SSS에 의해 모두 합동이 되고, 따라서 ∠1 = ∠2 = ∠3 = ∠4를 만족한다. 다시 말해, 4개의 각은 모두 **90°**를 이룬다. ∎

네 각이 직각인 마름모를 **정사각형**이라고 부르고, 이는 두 대각선의 길이가 **같고** 두 대각선이 서로를 **수직 이등분**하는 유일한 사각형이야.

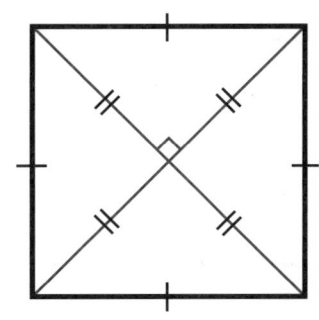

사각형 갤러리

모든 사각형의 네 각의 합은 **360°**야.

사다리꼴. 마주보는 한 쌍의 변이 서로 평행해.
∠A + ∠C = 180°, ∠B + ∠D = 180°.

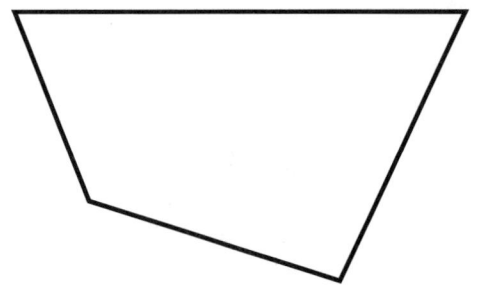

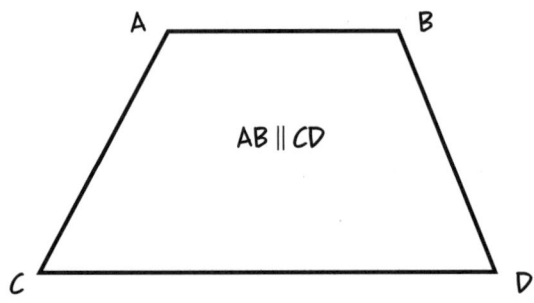

평행사변형. 마주보는 두 쌍의 변이 서로 평행해.
마주보는 변의 길이와 각의 크기가 같고,
두 대각선이 서로를 이등분하지.

마름모. 모든 변의 길이가 같아.
마주보는 변의 길이가 같으므로 평행사변형이 되고,
두 대각선이 서로 수직으로 만나지.

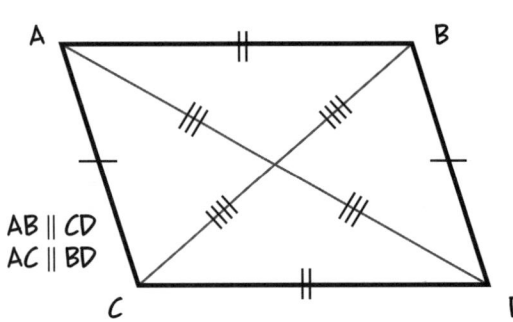

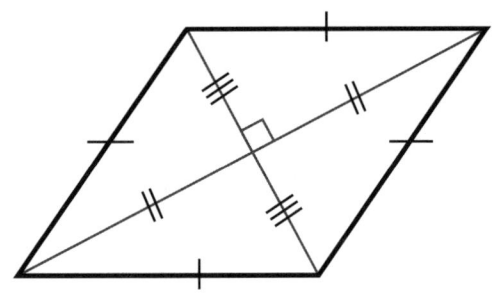

직사각형. 모든 각이 동일한 사각형이야.
마주보는 각의 크기가 같으므로 평행사변형이 되고,
두 대각선의 길이가 같지.

정사각형. 모든 변의 길이가 같고, 모든 각의 크기가
같으며, 두 대각선의 길이가 같아. 그리고 두 대각선이
서로 수직으로 만나지. 완벽한 모습이야!

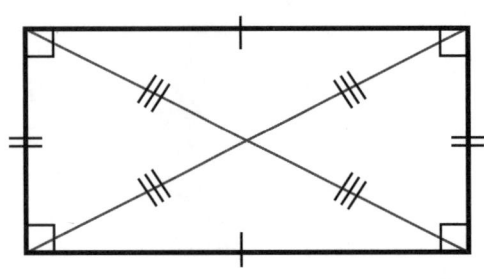

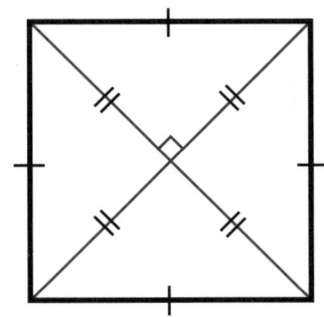

물론, 정사각형은 일부 사람들에게 부정적인 의미로 사용되기도 해.

한편, 정사각형은 우리 주위 어디서든 찾아볼 수 있어.
정사각형을 영어로 'square'라고 하는데, 이 말은 다양하게 쓰여.

목수들은 **삼각자**(Tri-square)를 사용하고, 만화가들은 **T자**(T-square)를 사용하지. 공정한 협상은 **공정 거래** (square dealing)라고 불려. (듣기로는 일부 뉴욕 부동산에서는 공정 거래를 '바보 같음'이라고 부른다고 하더군.) 그리고 사람들은 **마을 광장**(town square)에 모이고 말이야. 결국 정사각형은 그렇게 나쁘지 않다는 거지!

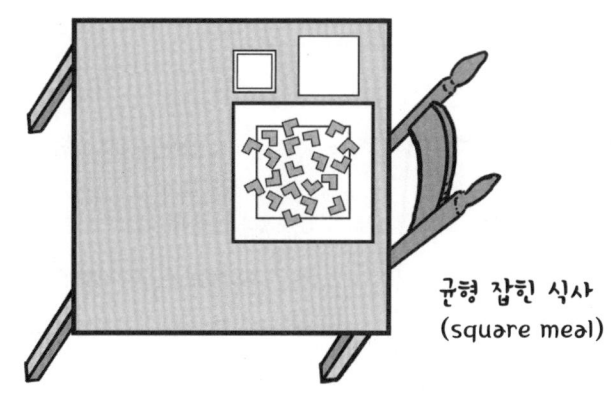

기하학에서는 정사각형을 **제곱센티미터**, **제곱인치**, **제곱피트** 및 **제곱미터**를 나타내는 데 사용하지. 우리는 **정사각형**을 사용해서 측정 개념을 길이와 각도를 넘어서 **평면의 2차원 영역**으로 확장할 거야.

연습문제

1a. ∠1 = ?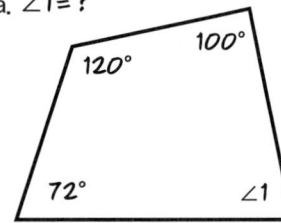

b. ∠1 + ∠2 = ?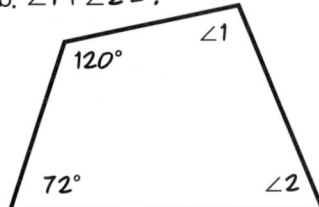

c. ∠3 = ?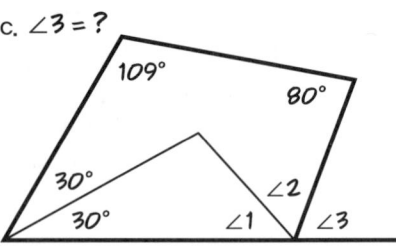

2a. 두 평행사변형은 서로 합동일까? (다시 말해, 모든 대응되는 변의 길이와 각의 크기가 같을까?) 그 이유는?

2b. 두 평행사변형은 서로 합동일까? 그 이유는?

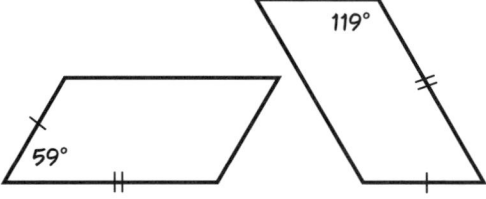

3. 그림상에서, 만약 두 평행사변형이 합동이라면, ∠1의 크기는 얼마일까?

4. 사각형 ABCD에 대해서, 두 대각선이 서로 수직으로 만나고 BD가 AC를 이등분한다고 하자.

a. 왜 △ABM ≅ △CBM일까?

b. 왜 AB = BC이고 AD = CD일까?

c. ∠BAD = ∠BCD일까?
∠ABC = ∠ADC일까?

이러한 도형을 **연**이라고 불러.

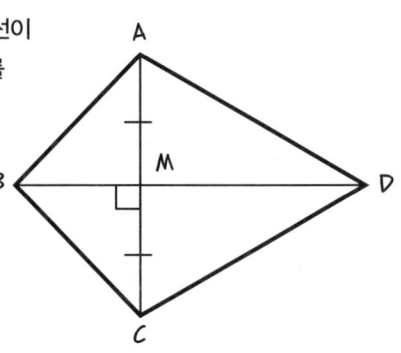

5a. 4개의 마름모가 정사각형을 둘러싸고 바람개비 모양을 이룰 때, 각 ∠1, ∠2, ∠3, ∠4의 크기는?

b. 주어진 패턴이 평면을 채우고 있음(**타일링**)을 보여라.

6. 직사각형과 평행사변형을 이용해도 5번 문제와 같은 결론을 얻을 수 있을까?

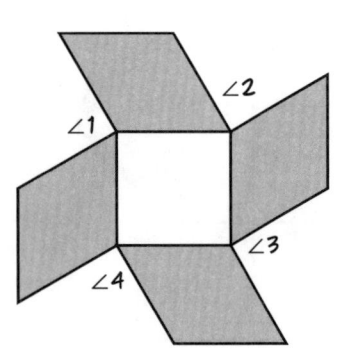
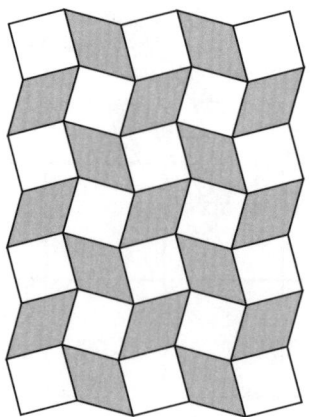
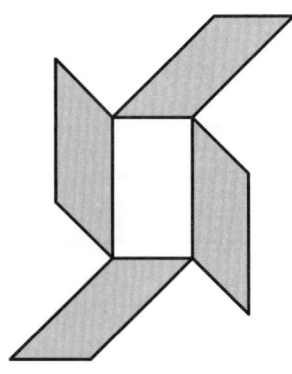

Chapter 13
넓이

사람들이 핸드폰이나 TV 크기에 대해 이야기할 때, 그게 마치 '화면 부동산'이라도 되는 듯 자랑하지.

내가 ½에이커* 모델을 샀단 말이지.

* 1에이커 = 4046.9제곱미터—옮긴이

실제 부동산, 즉 땅과 건물을 이야기하려면 이 책 처음에 언급한 이집트 기하학 문제로 되돌아가야 해. 어떻게 땅의 크기를 (또는 상상 속 평면 위의 평평한 부분을) 측정할 수 있을까?

어떤 농부가 토양, 물, 기후 등의 조건이 동일한 곳에서 같은 양의 농작물을 여러 밭에서 재배한다고 해보자. 이때 그가 농사짓는 밭들의 크기는 서로 같다고 할 수 있을 거야. 아래 그림에 보이는 직사각형 형태의 밭은 서로 모양이 다르지만 각각 **12**포기의 양배추를 키울 수 있어.

1×12

3×4

양배추의 총 개수는 한 행에 있는 양배추의 수와 행의 개수의 곱으로 얻을 수 있지.

4×3

6×2

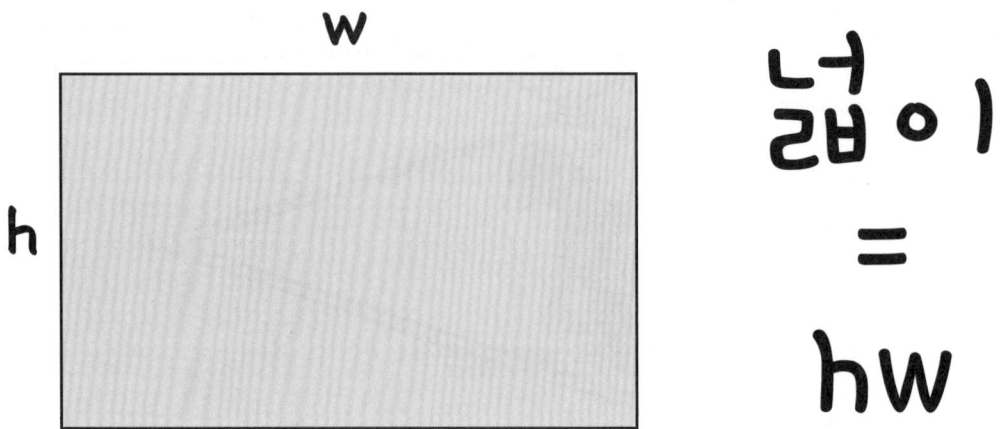

다시 말해, 직사각형의 넓이는 높이(height, '수직' 변)와 너비(width, '수평' 변)의 곱으로 구할 수 있어. 여기까진 다 예상했던 대로야!

넓이 $= hw$

실제로 농부들이 경작하는 땅은 직사각형 형태가 아닐 때도 많아.
이런 형태 역시 넓이를 가진다는 사실에 농부라면 당연히 동의할 거야.

그렇다면 영역의 넓이는 어떻게 구할 수 있을까? 직사각형의 경우는 쉬운 편이었고,
더 복잡한 모양의 경우에는, 일반적으로 영역을 더 간단한 형태의 조각들로 나눈 뒤
그 작은 면적들의 합을 구하는 방식을 사용하지.

공리 11.
평면상의 모든 "합리적인" 영역(아래 참조)은 **넓이**라고 불리는 측정치를 가진다. 영역 S의 넓이를 $\mathcal{A}(S)$와 같이 표기한다면, 넓이는 다음과 같은 성질을 가진다.

1. 모든 직사각형은 두 변의 곱을 그 면적으로 가진다.

2. 한 영역이 두 개의 다른 영역으로 이루어진 경우, 그 영역의 넓이는 두 영역의 넓이의 합으로 주어진다.

3. 합동인 영역은 같은 넓이를 가진다.

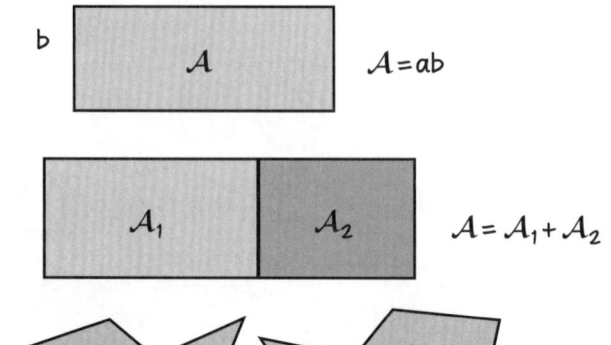

농부의 관점으로 말한다면, 밭이 두 부분으로 나누어진 경우, 두 영역 안의 양배추의 합은 전체 밭 안의 양배추의 수가 된다고 할 수 있을 거야.

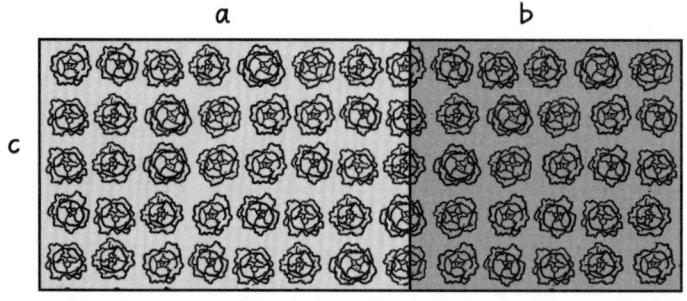

직사각형이라면 그 양은 대수학에서 배운 **분배법칙**에 해당해.

$$(a+b)c = ac + bc$$

"합리적인" 영역이라는 말은 무엇일까? 이 부분에 대해서는 일단 모호하게 남겨두고 넘어갈 거야. 지금은 그냥 유한한 개수의 삼각형을 붙여서 만든 모양이라고 생각해도 좋아.

그리고 삼각형은 넓이를 가지지!
직각삼각형부터 시작해보자.

정리 13-1.
직각삼각형의 넓이는 직각을 이루는 두 변의 길이의 곱의 절반과 같다. 만약 직각을 이루는 두 변의 길이가 각각 a와 b라고 하면, 넓이 $\mathcal{A}$는

$$\mathcal{A} = \frac{ab}{2}$$

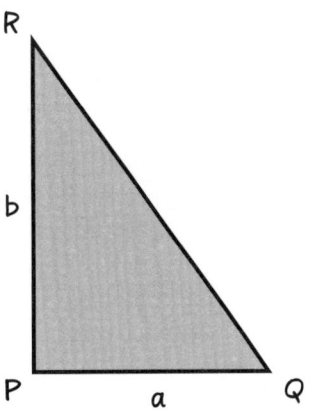

증명.
이는 직각삼각형이 직사각형의 절반이기 때문이야. 직각삼각형 △PQR이 PQ=a, PR=b를 가진다고 가정하자.

1. 두 변을 a와 b로 하는 직사각형 PQRS를 그리자.

2. $\mathcal{A}$(PQRS) = ab (공리 11.1)

3. △PQR ≅ △SRQ (SAS/SSS)

4. $\mathcal{A}$(△PQR) = $\mathcal{A}$(△SRQ) (공리 11.3)

5. $\mathcal{A}$(△PQR) + $\mathcal{A}$(△SRQ) = $\mathcal{A}$(PQRS) (공리 11.2)

6. $\mathcal{A}$(△PRQ) + $\mathcal{A}$(△SRQ) = ab (치환)

7. $2\mathcal{A}$(PQR) = ab (치환)

8. $\mathcal{A}$(△PQR) = $\frac{ab}{2}$ ■ (대수)

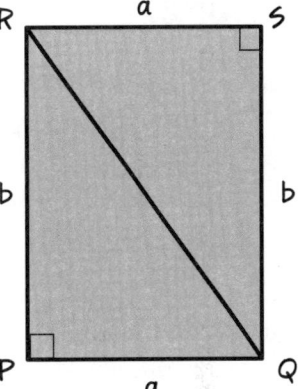

우리는 임의의 삼각형을 두 직각삼각형으로 나눠서 그 넓이를 구할 수 있어.
먼저 한 꼭짓점에서 이와 마주보는 변에 수직선을 그리자.

정의. 삼각형의 한 꼭짓점에 대해서, 이와 마주보는 변을 **밑변**이라고 하고, 그 꼭짓점에서 밑변까지의 수직 선분을 삼각형의 **높이**라고 부른다.

여기서 BC는 밑변이 되고, AD는 높이가 된다.

정리 13-2. 삼각형의 넓이는 밑변과 높이의 곱의 절반이다.

증명. △ABC가 주어져 있을 때, 높이 AD를 그리면 ∠ADB = ∠ADC = 90°이다.

이제, 정리 13-1에 의해서

$$\mathcal{A}(\triangle ABD) = \frac{(AD)(BD)}{2}$$

$$\mathcal{A}(\triangle ADC) = \frac{(AD)(DC)}{2}$$

넓이 공리에 의해, 둘의 합은 전체의 넓이와 같게 된다.

$$\mathcal{A}(\triangle ABC) = \frac{(AD)(BD)}{2} + \frac{(AD)(DC)}{2}$$

$$= \frac{(AD)(BD + DC)}{2}$$

$$= \frac{(AD)(BC)}{2} \blacksquare$$

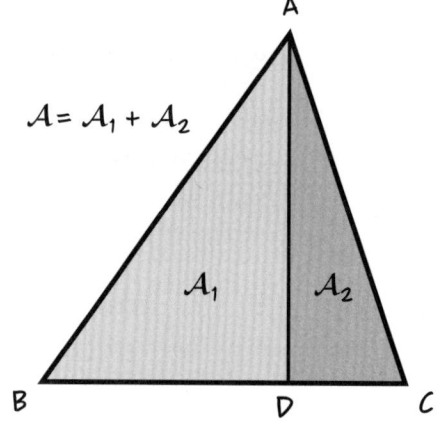

우리는 종종 h를 높이(height), b를 밑변(height)으로 표기할 거야. 그러면 삼각형의 넓이 공식은 다음과 같이 돼.

$$\mathcal{A} = \frac{bh}{2}$$

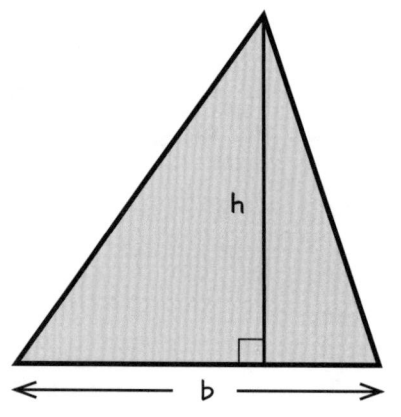

이 공식이 어떻게 작동하는지 확인하기 위해서, 세 개의 직사각형 모양의 치즈를 준비해봤어. 크기는 가로가 **5**피트, 세로가 **3**피트라고 해보자. 치즈 앞에는 세 사람이 나이프를 들고 대기 중이야.

우리는 이분들에게 한쪽 구석에서 시작해서 반대편 긴 변의 아무 점까지 간 뒤, 첫 긴 변의 다른 쪽 끝으로 돌아오도록 치즈를 잘라달라고 부탁했어.

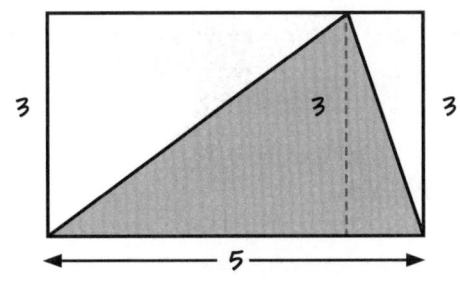

이러한 방식으로 만들어진 모든 삼각형은, 치즈가 직사각형 형태이기 때문에, 밑변이 **5**이고 높이가 **3**이 되지.

따라서 이 세 개의 삼각형은 모두 같은 넓이를 가지게 될 거야!

$$\mathcal{A} = \frac{bh}{2} = \frac{(5)(3)}{2}$$

$$= 7.5$$

이 값은 직사각형의 넓이의 절반이 되지.

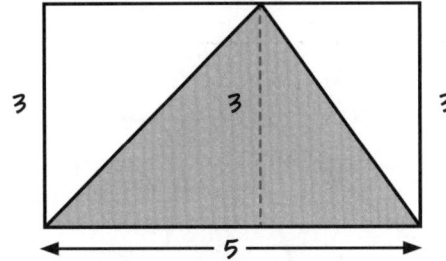

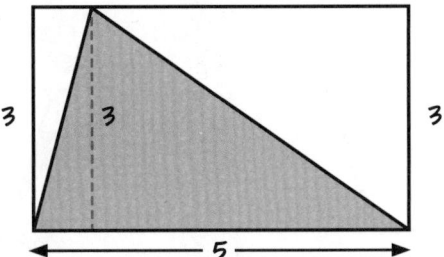

안타깝게도, 저는 유제품을 먹으면 배가 아파서요…

여전히 배가 고픈 비앙카는, 또 다른 직사각형 치즈를 가져와서 더 작은 삼각형 모양을 잘라내기 시작했어. 이 삼각형은 밑변이 **2**피트이고 그 넓이는 다음과 같아.

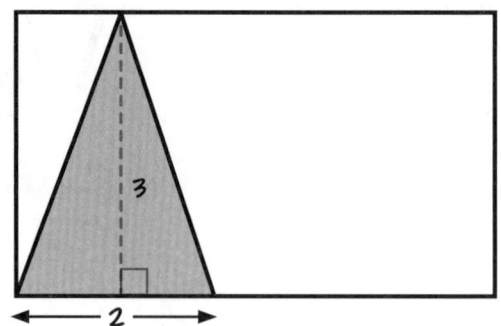

$$A = \frac{(2)(3)}{2} = 3$$

그러고 나서 비앙카는 밑변이 **2**피트인 또 다른 삼각형을 잘라냈어. 이 삼각형은 높이가 **삼각형의 바깥쪽**에 있는 것처럼 보였지.

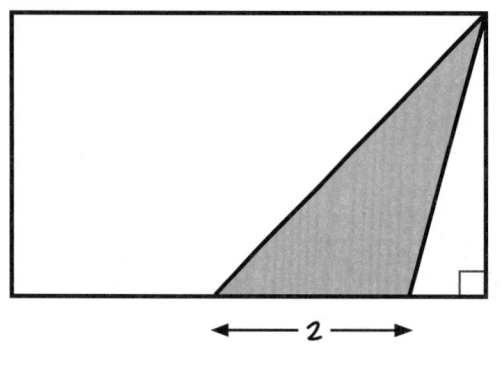

이 삼각형의 넓이 또한 다음과 같아.

$$A = \frac{(2)(3)}{2} = 3$$

왜일까?

밑변에 대한 수직선 **AD**가 삼각형의 바깥쪽에 놓인 △ABC는, 직각삼각형 △ADB와 △ACD의 **차이**와 같기 때문이야.

$$A(\triangle ABC) + A(\triangle ACD) = A(\triangle ABD)$$
$$A(\triangle ABC) = A(\triangle ABD) - A(\triangle ACD)$$
$$= \frac{(h)(BD)}{2} - \frac{(h)(CD)}{2}$$
$$= \frac{(h)(BD - CD)}{2}$$
$$= \frac{(h)(BC)}{2}$$

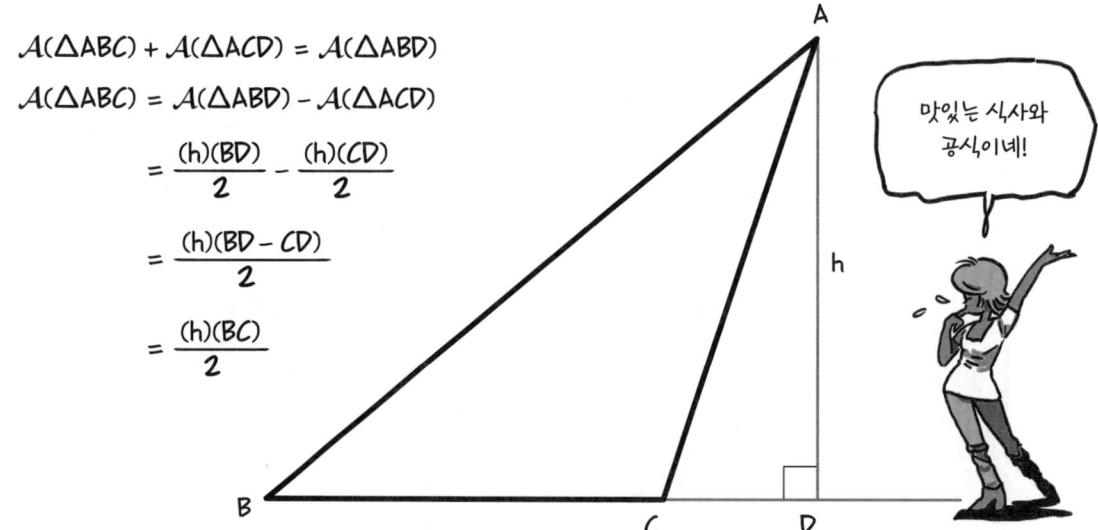

삼각형의 높이를 꼭짓점과 **밑변을 포함하는 직선** 사이의 거리로 생각한다면,
높이는 삼각형의 외부나 내부에 위치하게 될 거야.

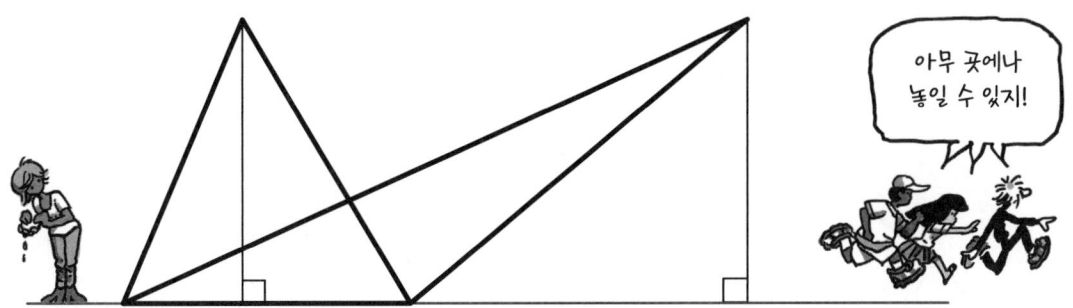

우리는 이 생각들을 다음과 같이 요약할 수 있어.

정리 13-3.
만약 두 삼각형이 밑변을 공유하고, 나머지 한 꼭짓점이 밑변과 평행한 직선 위에 있다면, 두 삼각형의 넓이는 같다.

증명.
AA´∥BC인 두 삼각형 △ABC와 △A´BC에 대해서,
$\mathcal{A}$(△ABC) = $\mathcal{A}$(△A´BC)임을 보이자.

1. 높이 AD와 A´D´를 그리자.   (94쪽의 작도법)

2. AD⊥$\overline{BC}$, A´D´⊥$\overline{BC}$ (높이의 정의)

3. AD ∥ A´D´   (정리 10-2)

4. AA´∥ DD´   (가정)

5. AA´D´D는 평행사변형이다.   (평행사변형의 정의)

6. AD = A´D´   (정리 12-4)

7. 두 삼각형의 밑변과 높이가 같으므로, 둘의 넓이는 같다. ∎

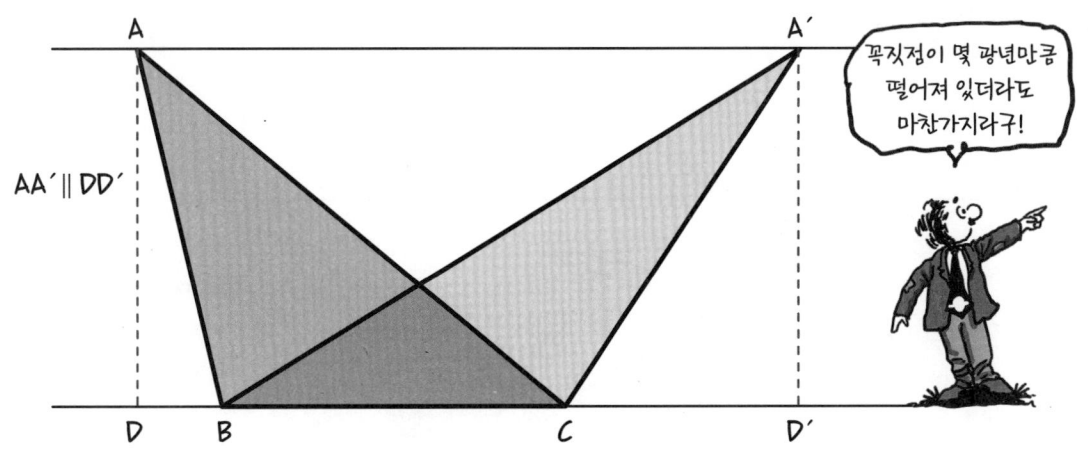

하지만 어떤 변이 '밑변'이 되어야 할까? 그리고 어떤 부분을 '높이'라고 해야 할까?

삼각형의 넓이 공식을 유도할 때, 우리는 한 변을 밑변으로 선택했어. 하지만 어떤 변이어야 할까? 그건 전혀 중요하지 않아!

$$\frac{h(BC)}{2} = \frac{k(AC)}{2}$$

왜 이 두 식이 마법처럼 같은 값을 내놓는 걸까?

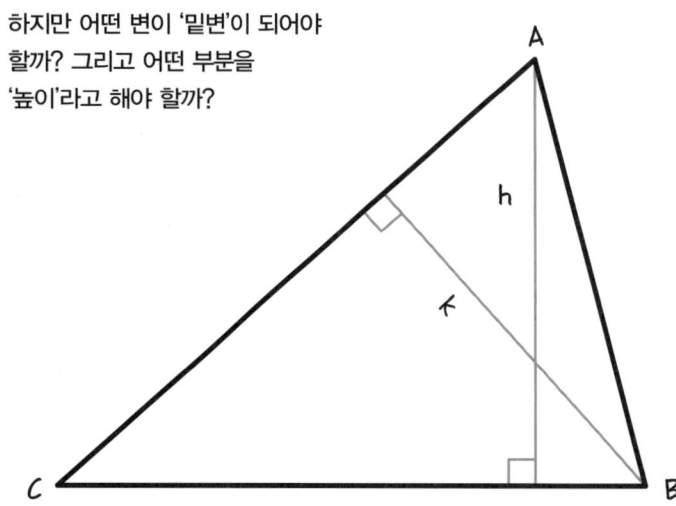

잘라내고 붙이는 방식으로 설명해보자. 삼각형이 주어졌을 때, 우리가 삼각형의 높이를 따라 자르면서 생기는 두 부분을 추가로 이어 붙여 직사각형을 만든다고 해보면, 각각의 넓이는 h×a 그리고 k×b가 될 거야. 이 직사각형들은 서로 합동인 도형들로 재배치할 수 있지.

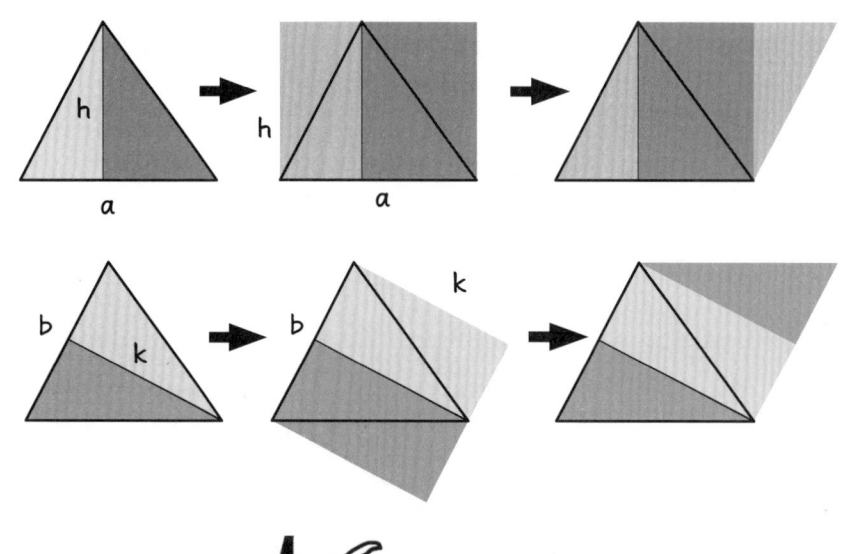

그 결과,

$$bk = ah$$

그러므로 당연하게도

$$\frac{bk}{2} = \frac{ah}{2}$$

가 된다. 따라서 a를 밑변, h를 높이로 한 결과는 b를 밑변, k를 높이로 한 결과와 같아질 거야.

알았어! 믿는다구!

사각형의 넓이

임의의 사각형의 넓이는 얼마일까? 변과 각을 이용한 무시무시한 공식이 있지만, 여기서는 논하지 **않을** 거야.

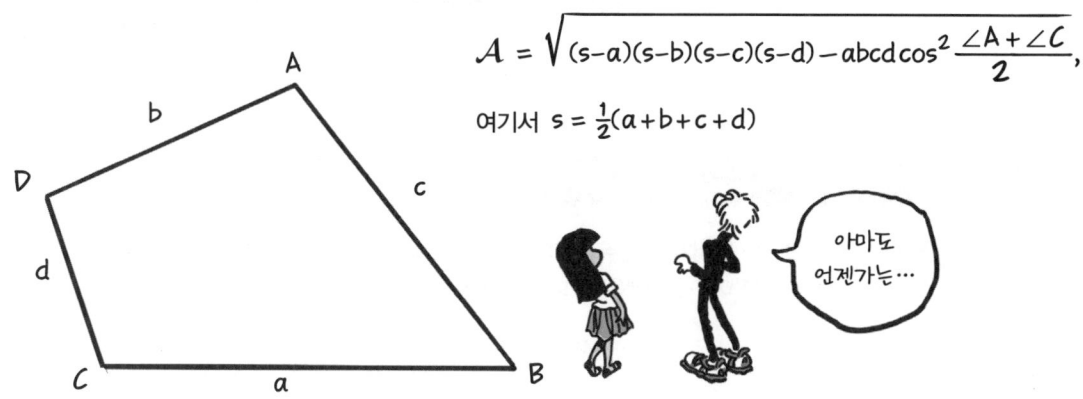

$$\mathcal{A} = \sqrt{(s-a)(s-b)(s-c)(s-d) - abcd\cos^2\frac{\angle A + \angle C}{2}},$$

여기서 $s = \frac{1}{2}(a+b+c+d)$

물론, 우린 항상 사각형을 두 개의 삼각형으로 나누고, 각각의 넓이를 구한 다음 그 값을 더할 수 있어.

다행히도 우리가 **12**장에서 본 특별한 사각형들의 넓이는 쉽게 구할 수가 있어.

한 쌍의 변이 평행한 사각형이 있다면, 이때 평행한 두 변 사이의 거리를 **높이**라고 해.

사다리꼴과 평행사변형

사다리꼴에서, 대각선은 사다리꼴을 **높이가 같은** 두 개의 삼각형으로 나눠.
(밑변이 서로 평행하기 때문에, 높이를 이루는 선분은 둘 모두에 대해 수직이야.)

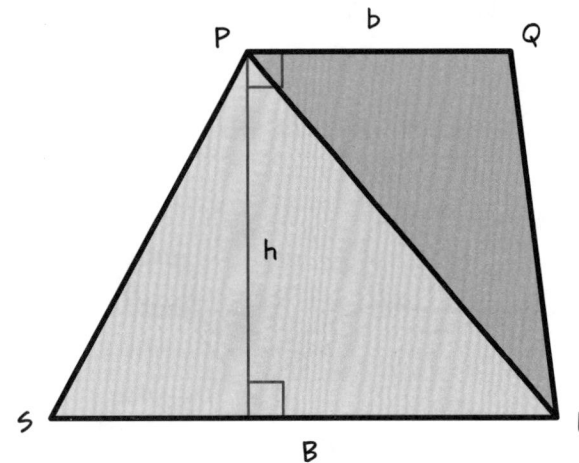

평행한 두 변의 길이가 b와 B이고, 높이가 h일 때, 사다리꼴의 넓이는 두 삼각형의 넓이의 합으로 구할 수 있어.

$$\mathcal{A}(PQRS) = \mathcal{A}(\triangle PQR) + \mathcal{A}(\triangle PRS)$$
$$= \frac{hb}{2} + \frac{hB}{2}$$
$$= h\frac{B+b}{2}$$

결국 **두 밑변의 평균**과 높이의 곱으로 나타낼 수 있지.

평행사변형에 대한 공식은 이보다 더 간단해.

정리 13-4. 밑변이 b이고 높이가 h인 평행사변형의 넓이는 **hb**이다.

증명. 평행사변형은 사다리꼴의 특별한 경우이므로,

$$\mathcal{A} = h\frac{b+b}{2}$$
$$= h\frac{2b}{2}$$
$$= hb \blacksquare$$

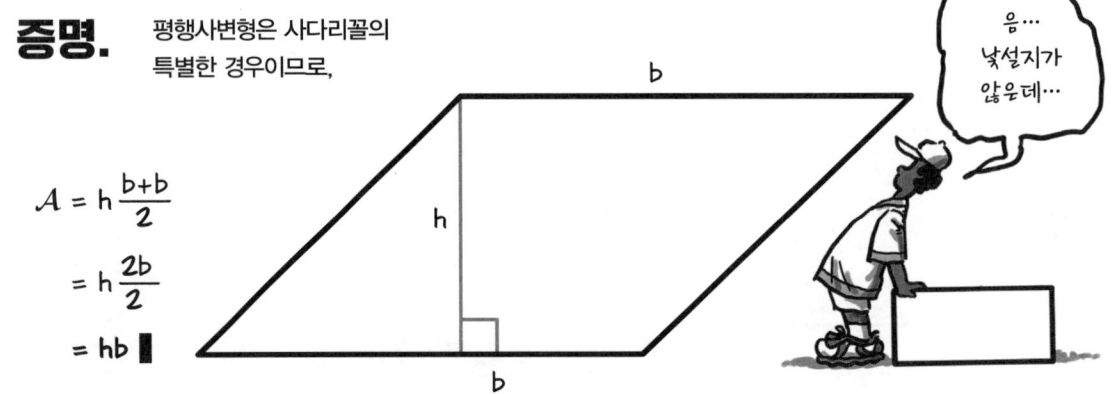

평행사변형의 넓이 공식은 직사각형의 경우와 같아. 바로 밑변×높이.
유일한 차이점은 직사각형의 높이는 나머지 한 변의 길이라는 거야.

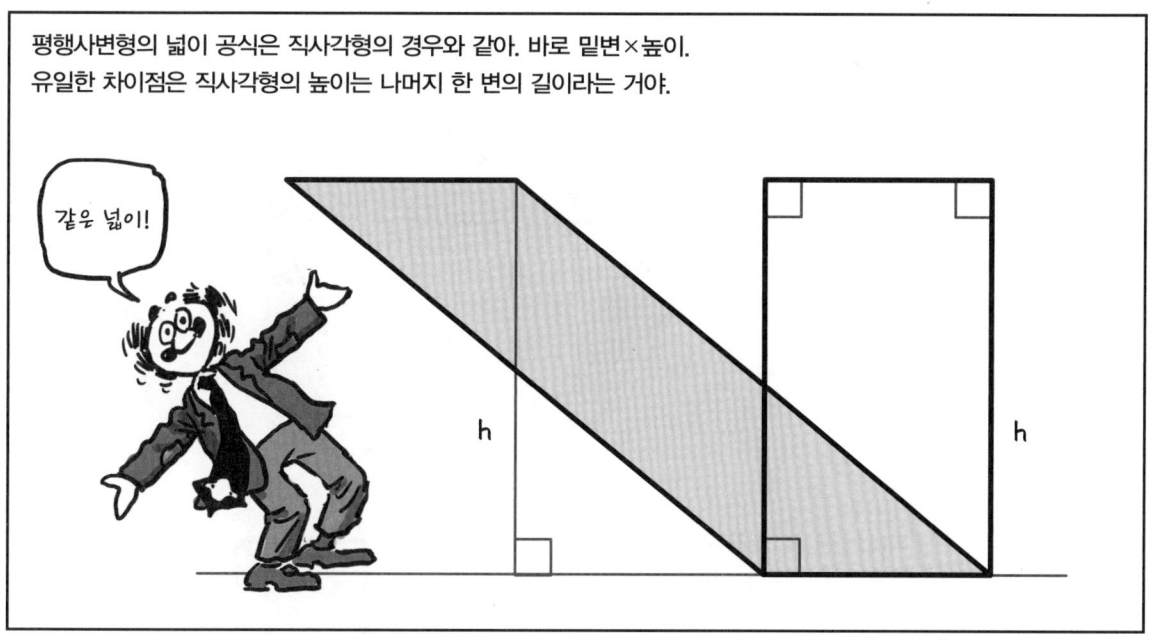

사실, 어떤 평행사변형이든 한쪽 끝에서 직각삼각형을 잘라내서 다른 쪽에 붙여주면
직사각형으로 모양을 변형할 수 있어.

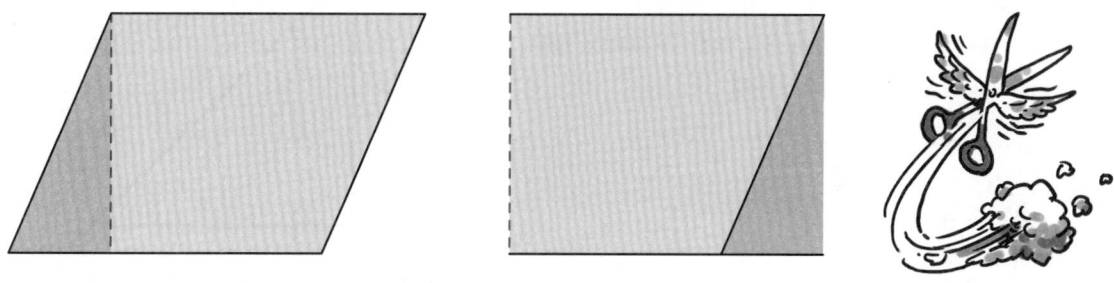

삼각형과 마찬가지로, 같은 밑변을 가지는 두 평행사변형은 밑변과 마주보는 변이 같은 선상에 위치할 경우
같은 넓이를 가지게 돼. (평행사변형이므로, 이 선은 밑변에 대해서 평행해야 하지!) 또 그 공식이야?

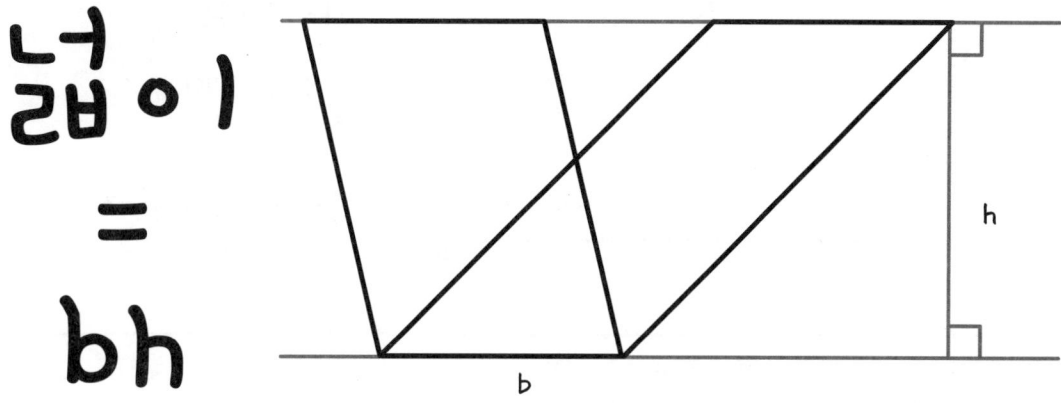

넓이 = bh

두 경사 사이에 지어진 댐이 구체적인 예가 될 거야. 주어진 측정값들을 이용해서, 우리는 사다리꼴 모양의 면적을 구할 수 있지.*

$$\mathcal{A} = \tfrac{1}{2}h(B+b)$$
$$= \tfrac{1}{2}(32m)(45m + 28m)$$
$$= (16m)(73m)$$
$$= 1{,}168 m^2$$

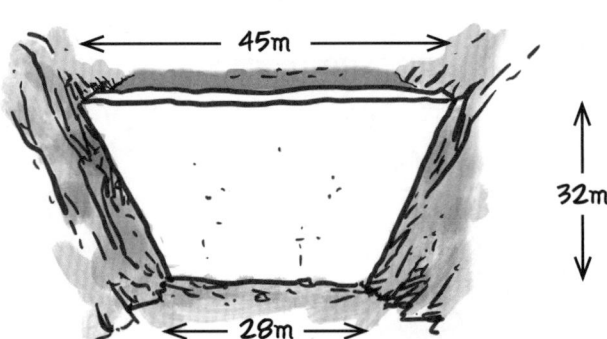

여기서 넓이의 단위는 미터×미터로, **제곱미터(m^2)**야. 만약 길이가 인치, 피트처럼 다른 단위로 측정되었다면, 넓이의 단위는 제곱인치, 제곱피트가 될 거야.

단위넓이는 한 변의 길이 단위가 1인 정사각형의 면적을 의미해.

이제 면적을 이용해서 길이를 구해보자. 한 변의 길이가 1인 직각이등변삼각형의 빗변의 길이는 얼마일까? 먼저 삼각형의 넓이가 $\mathcal{A} = \tfrac{1}{2}bh = \tfrac{1}{2}(1)(1) = \tfrac{1}{2}$이라는 점을 염두해두고, x를 빗변의 길이라고 하자.

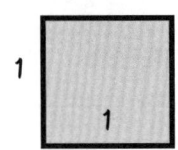

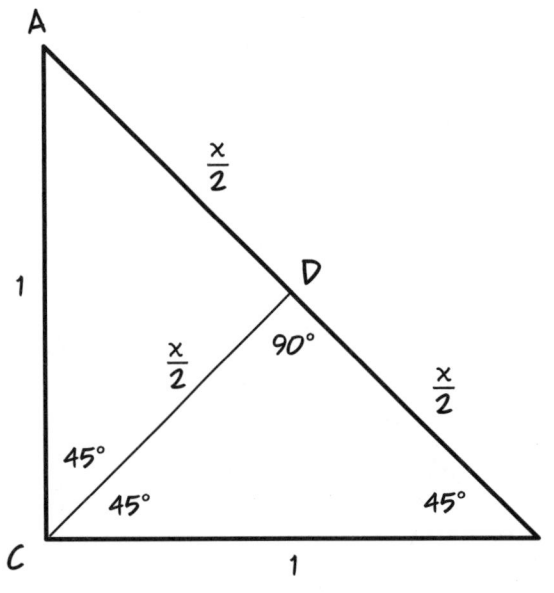

각 C의 이등분선이 AB와 점 D에서 만난다고 하면,
CD⊥AB이고 DB = $\tfrac{x}{2}$가 될 거야. (그 이유는?)
또한 CD = $\tfrac{x}{2}$가 되지. (그 이유는?) 그러므로

$$\mathcal{A} = \left(\tfrac{x}{2}\right)\left(\tfrac{x}{2}\right) = \tfrac{x^2}{4}$$

두 식에서 나온 삼각형의 넓이가 서로 같으므로

$\tfrac{x^2}{4} = \tfrac{1}{2}$, 따라서 $x^2 = 2$이고

$$x = \sqrt{2}$$

* 실제로 댐은 더 많은 힘을 견디기 위해서 휘어진 형태로 만들어져.

이 장의 모든 넓이 공식은 영역의 **높이**에 의존해.

아마 이제는 주어진 삼각형에서 어떻게 높이를 찾을 수 있는지 궁금할 거야.

94쪽에서 설명한 것처럼, 우린 한 점에서 마주보는 변에 내린 수직선으로 높이를 **작도**할 수 있지.

하지만 그 **길이**는 얼마일까? 이 **값**을 알아낼 수 있을까? 이에 대한 답은, 직접 측정하지 않고서는 **알 수 없지**.

이 시점에서, 아직 삼각형에 대해 풀어야 할 미스터리가 많이 남아 있어. 예를 들어, 두 변과 그 사이의 각이 주어져 있을 때, 나머지 변과 각의 크기를 구할 수 있어야 하지 않겠어? 하지만 **어떻게**?

해답의 열쇠는 다음 장에서 언급할, **평면 기하학의 가장 중요한 정리**에서 찾을 수 있어.

연습문제

1. 넓이를 구해보자.

a.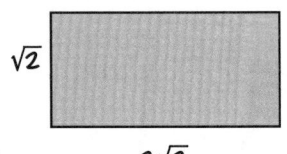

b.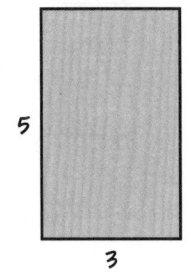

c., d., e.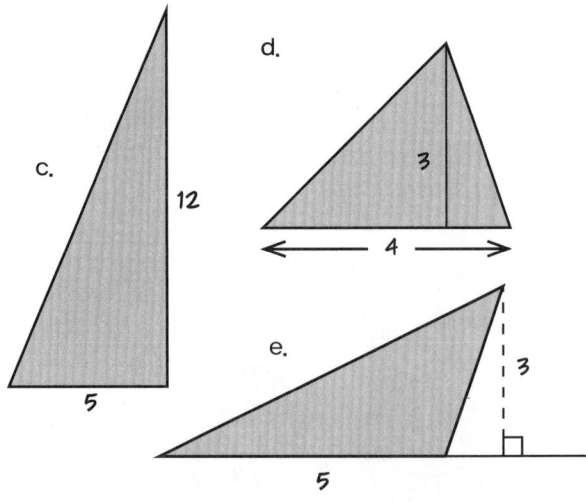

2a. 평행사변형 ABCD의 넓이가 22.548이고 AE = 5.637일 때, DC의 길이는 얼마일까?

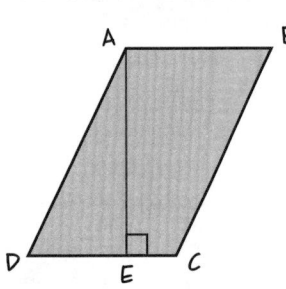

2b. 이등변삼각형 △PQR에 대해서, 만약 PS = 6이고 RS = 1이면, 이 삼각형의 넓이 $\mathcal{A}(\triangle PQR)$은 얼마일까?

3. 만약 그림의 왼쪽에 있는 직사각형의 넓이가 4,676,004라면, 오른쪽에 있는 평행사변형의 넓이는 얼마일까?

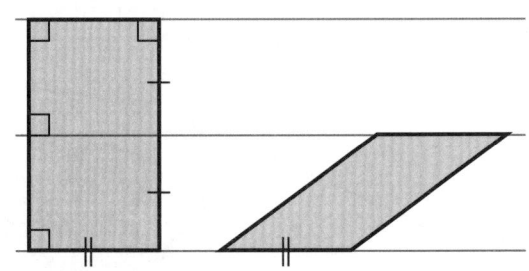

4a. 만약 AP가 A에서 출발한 중선일 때(즉 BP = PC), 다음 식이 성립함을 보여라.

$$\mathcal{A}(\triangle ABP) = \mathcal{A}(\triangle APC)$$

4b. 만약 M이 중선 위의 점일 때, 다음 식이 성립함을 보여라.

$$\mathcal{A}(\triangle AMB) = \mathcal{A}(\triangle AMC)$$

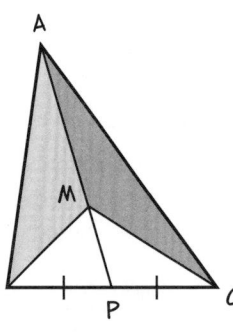

4c. 만약 중선 CQ가 AP와 점 M에서 만날 때, 다음 식이 성립함을 보여라.

$$\mathcal{A}(\triangle AMC) = \mathcal{A}(\triangle BMC) = \mathcal{A}(\triangle AMB)$$

세 중선은 모두 M을 통과할까?

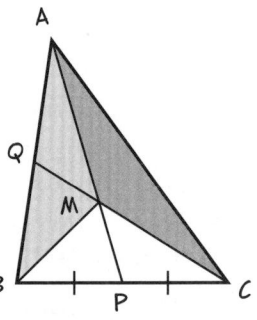

5. 평행사변형의 대각선이 P에서 서로 만날 때, P를 통과하는 임의의 직선은 평행사변형을 넓이가 같은 두 조각으로 나눔을 보여라. (힌트: 합동을 이용해보자.)

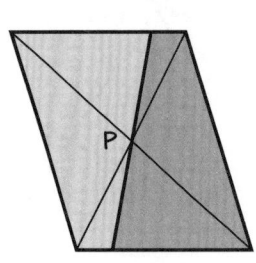

6. 이 그림을 통해 밑에 주어진 무한 합의 값을 구할 수 있을까?

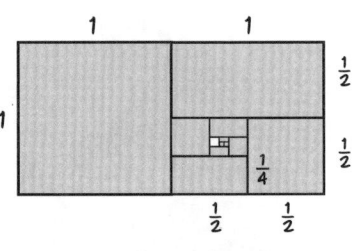

$$1 + \frac{1}{2} + \frac{1}{4} + \frac{1}{8} + \frac{1}{16} + \frac{1}{32} + \frac{1}{64} + \frac{1}{128} + \cdots$$

Chapter 14
피타고라스 정리

케빈은 친구 에이스와 놀고 있었어. 케빈은 에이스의 집을 나와서 남쪽으로 네 블록을 걸은 뒤 코코콘도를 끼고 서쪽으로 돈 다음, 세 블록을 걸어서 베티의 바비큐 장소에 도착했어. 한편 까마귀는 직선경로로 이동했지.

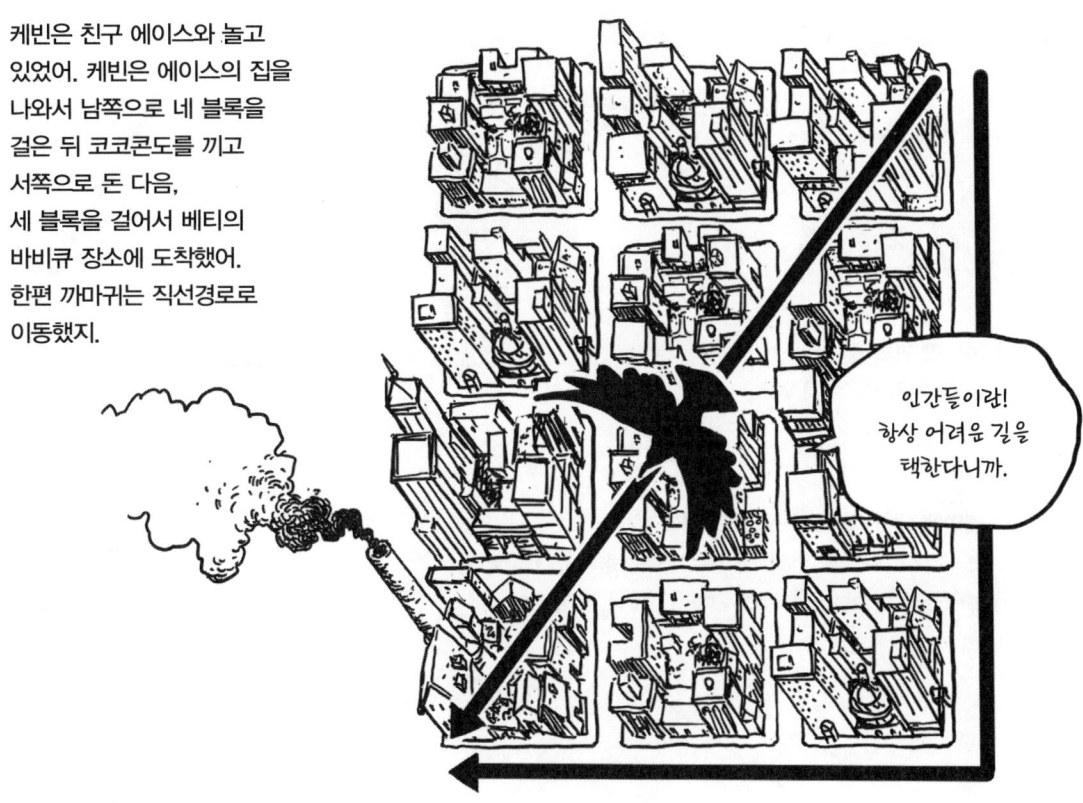

까마귀가 날아간 거리는 얼마가 될까? 만약 건물들이 길을 가로막지 않는다면, 에이스와 베티 사이의 직선거리는 얼마가 될까? 직각삼각형에서 직각을 이루는 두 변의 길이를 알고 있을 때, **빗변**의 길이는 얼마가 될까?

그 답은 간단하고, 놀랍고, 엄청나게 유명한 **피타고라스 정리**야.

정리 14-1.
직각삼각형에서 빗변의 길이를 c, 나머지 두 변의 길이를 a와 b라 할 때,

$$a^2 + b^2 = c^2$$

또는, 양변에 제곱근을 취하면

$$c = \sqrt{a^2 + b^2}$$

이 공식을 통해 **빗변**의 길이는 나머지 두 **변**으로 표현할 수가 있어.

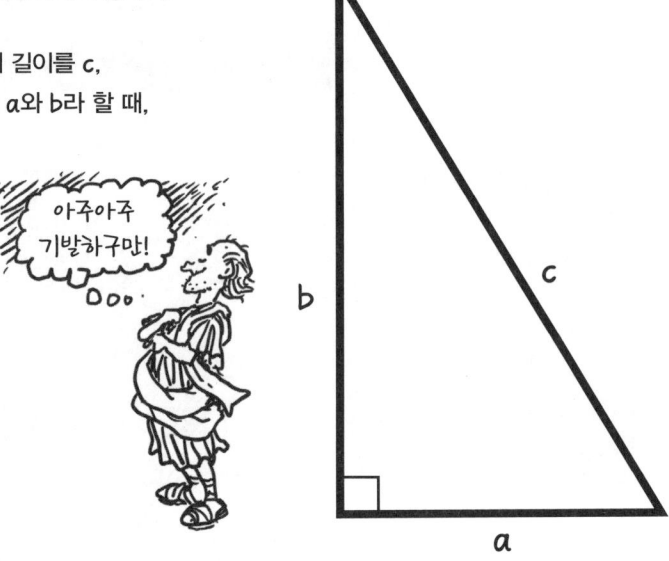

이 공식은 **넓이**에 대한 내용도 포함하고 있어.
a^2, b^2, c^2은 각각 a, b, c를 변의 길이로 가지는 정사각형의 넓이, 다시 말해 **삼각형의 변들을 포함하는 정사각형들을** 의미해.

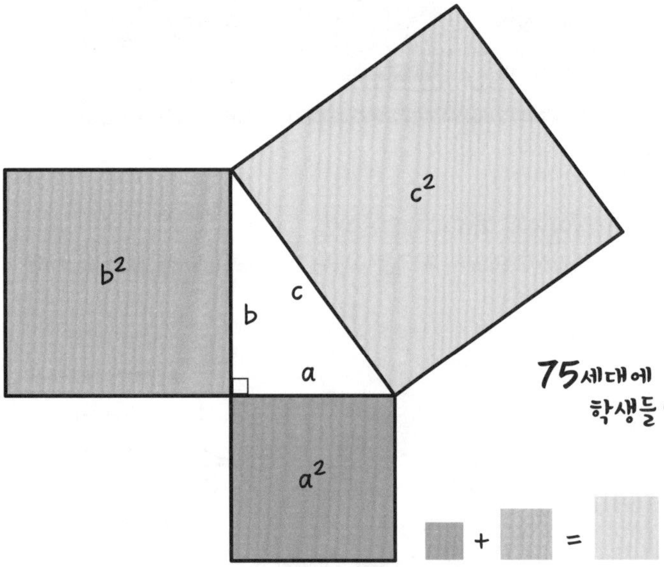

빗변에 대한 정사각형의 넓이는 다른 두 변에 대한 정사각형의 넓이의 합과 같다. 와우!

75세대에 걸친 학생들 →

유클리드는 자신만의 추론을 거쳐 피타고라스의 정리에 대한 끔찍하게 복잡한 증명을 고안해냈어. 증명 속의 그림은 그 이후로 무시무시한 상징이 되었지만, 우리가 여기서 그걸 사용할 일은 없을 거야.

이 우아한 공식은 전 세계(그 너머일까? 누가 알겠어?) 수학자들에게 영감을 주었고, 이 공식을 **증명**하는 방법만 해도 **100가지**가 훌쩍 넘어. 이 책에서는 딱 네 가지(!) 증명만 소개할 거야. 넓이를 기반으로 한 첫 번째 증명은 중앙아시아와 중국에서 알려졌는데, 그 기원이 어디인지는 불확실해.

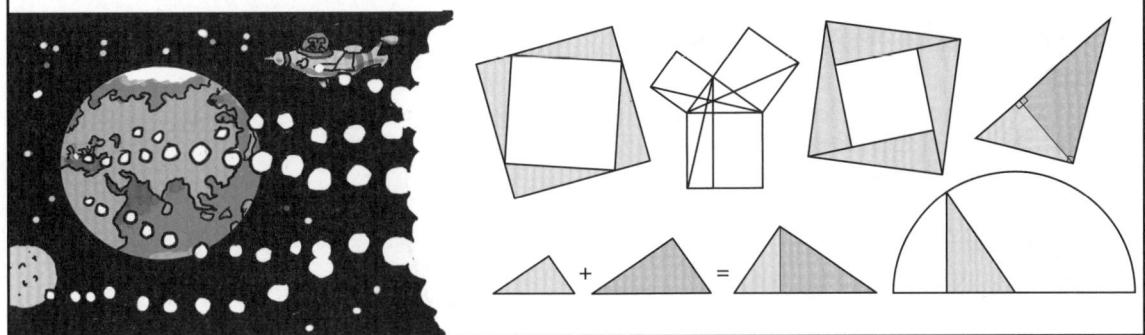

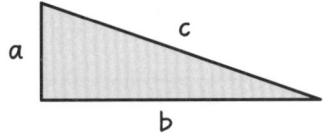

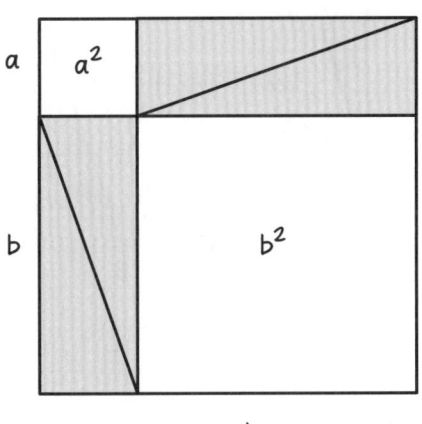

증명 #1의 기본 아이디어:

직각삼각형에서 출발해서, 이 삼각형의 4개의 사본을 왼쪽 그림과 같이 두 가지 방법으로 배열해보자.

두 정사각형 모두 한 변의 길이가 $a+b$이므로, 둘은 넓이가 같을 거야. 따라서

$$a^2 + b^2 + (삼각형\ 4개)$$
$$= c^2 + (삼각형\ 4개)$$

양변에서 삼각형 4개의 넓이를 빼면 다음 결과를 얻게 돼.

$$a^2 + b^2 = c^2$$

다시 말해, 두 그림의 흰색 영역은 서로 같아.

세부적인 내용을 담은 정확한 증명은 다음 페이지에서 다룰 거야.

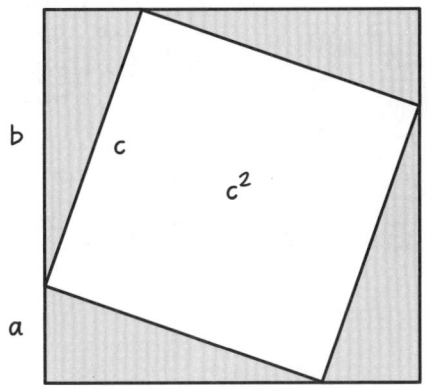

증명. 직각삼각형 △ABC가 주어져 있고, 각 변의 길이가 a, b, c라고 하자. 여기서 ∠C는 직각이고, c는 빗변이라고 하자.*
이 삼각형의 넓이 $A(\triangle ABC)$는 $ab/2$이다.

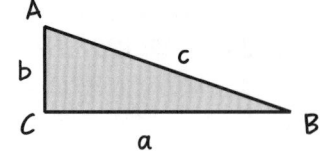

1. 빗변 AB를 한 변으로 하는 정사각형 ABDE를 작도하자.

2. 정사각형의 나머지 변에 대해서, 그림과 같이 △ABC와 합동인 삼각형을 작도하자.

3. 대응되는 부분이므로,
   ∠F = ∠G = ∠H = ∠C = 90°이다.

4. 대응되는 부분이므로, ∠1 = ∠4이다.

5. ∠1 + ∠2 = 90°이다(직각삼각형 안의 두 예각은 서로 여각관계에 있다).

6. ∠2 + ∠4 = 90° (치환).

7. ∠3 = 90° (ABDE는 정사각형이다.)

8. ∠2 + ∠3 + ∠4 = 180°

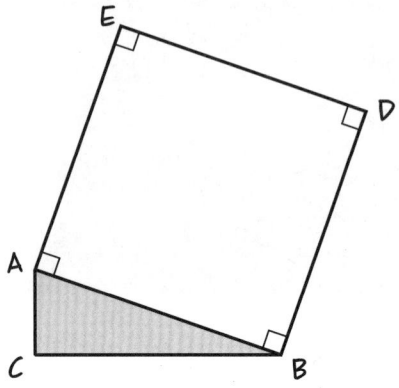

9. F-A-C이다. 다시 말해서, FAC는 한 선분 위에 있다.

10. FC = $a + b$ (줄자 공리).

11. 유사하게, CH, HG, FG의 길이 또한 $a + b$가 되고, 따라서 사각형 CFGH는 한 변의 길이가 $a + b$인 정사각형이 된다.

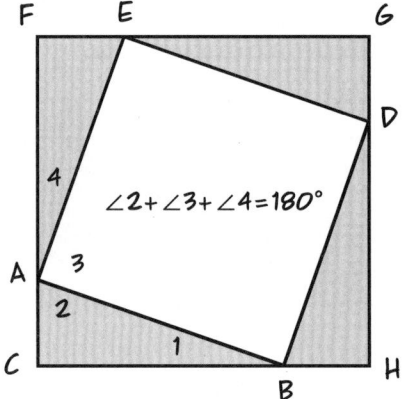

12. $A(CFGH) = A(ABDE) + 4 A(\triangle ABC)$
    (넓이 공리)이고, 따라서

$$(a+b)^2 = c^2 + 4\left(\frac{ab}{2}\right)$$

$$a^2 + 2ab + b^2 = c^2 + 2ab$$

$$a^2 + b^2 = c^2 \blacksquare$$

---

* 보통 삼각형의 변은 마주보는 꼭짓점의 대문자에 해당하는 소문자로 표기해. 따라서 변 c는 꼭짓점 C와 마주보고 있고, 다른 변들도 마찬가지야.

이제, 우리는 이 장의 첫 질문에 대답할 수 있어. 두 변의 길이가 **3**과 **4**인 직각삼각형의 빗변의 길이는 얼마일까? 까마귀는 얼마나 멀리 날아갔을까?

피타고라스 정리에 의해서,

$$c^2 = a^2 + b^2$$
$$= 3^2 + 4^2 = 9 + 16$$
$$= 25$$
$$c = \sqrt{25}$$
$$= 5$$

이 도형은 세 변의 길이가 모두 정수인 몇 안 되는 직각삼각형 중 하나야.
그 밖에 정수로 이루어진 직각삼각형 세 변의 길이의 쌍으로는

5, 12, 13
7, 24, 25
8, 15, 17
9, 40, 41

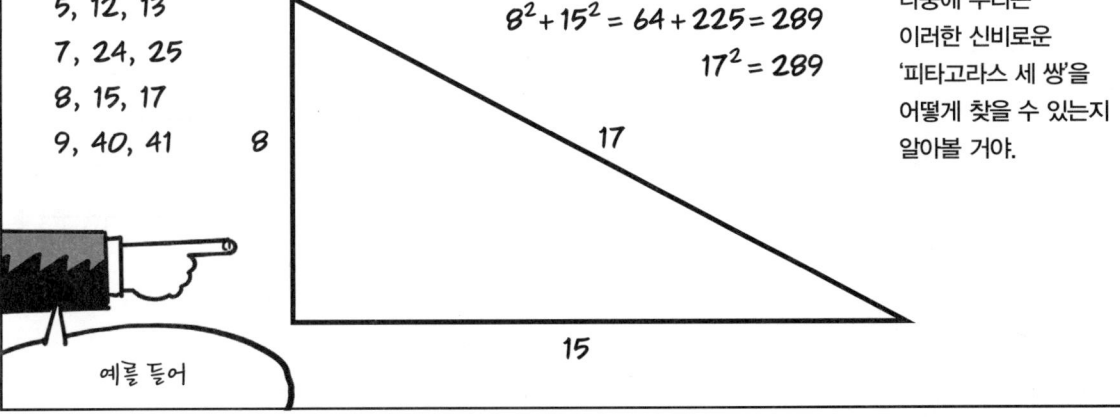

$$8^2 + 15^2 = 64 + 225 = 289$$
$$17^2 = 289$$

나중에 우리는 이러한 신비로운 '피타고라스 세 쌍'을 어떻게 찾을 수 있는지 알아볼 거야.

예를 들어

하지만 대부분의 경우, 두 변의 길이가 정수일 때 빗변은 무리수 값을 가져.

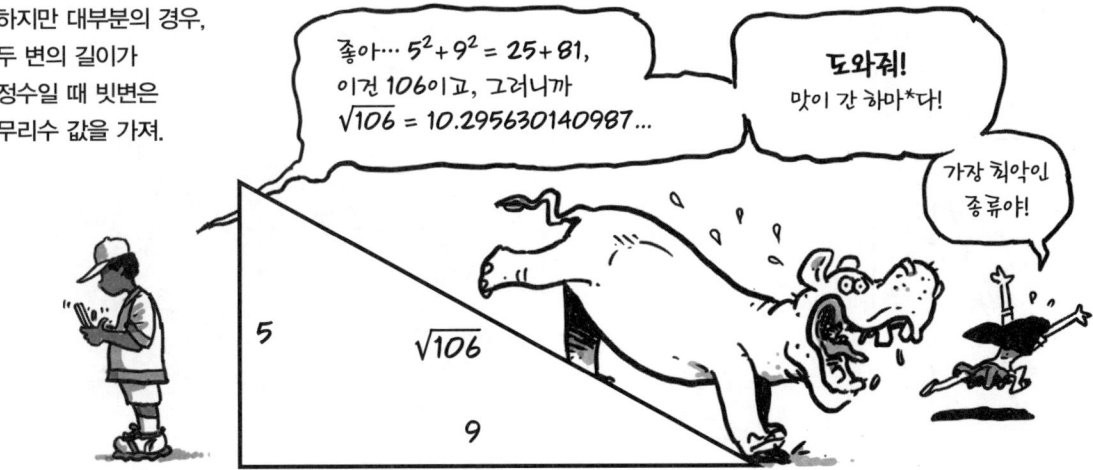

좋아… $5^2 + 9^2 = 25 + 81$, 이건 106이고, 그러니까 $\sqrt{106} = 10.295630140987...$

도와줘!
맛이 간 하마*다!

가장 최악인 종류야!

* 원서의 표현은 irrational hippoptamus, 무리수가 irrational number(이 말은 '비율이 없는 수', '비이성적인 수'로 해석된다)라는 것, 빗변(hypotenuse)이 하마를 뜻하는 영어 단어와 비슷한 것에서 착안한 언어유희—옮긴이

일상 속 피타고라스 정리

모모네 가족은
집 꼭대기에서
지붕을 다시 짓고,
창문을 바꾸는 일 따위의
집 수리를 하고 있어.

여기서 피타고라스의
문제가 몇 가지 생겨나지.

단위가 미터인 다음 치수들에 대해서, 지붕의 면적은 얼마일까? 창문을 무시하면, 지붕은 두 개의 직사각형으로 이루어져 있어.

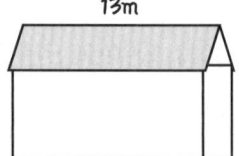 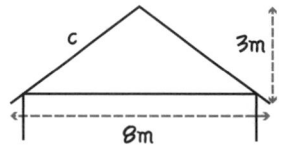

$c^2 = 3^2 + (\frac{1}{2} \cdot 8)^2 = 9 + 16 = 25$

$c = \sqrt{25} = 5m$

지붕의 넓이:

$2c(13) = (10m)(13m) = \mathbf{130\,m^2}$

창문이 다음과 같이 생겼을 때, 필요한 유리판의 크기는 얼마일까? (단위는 미터)

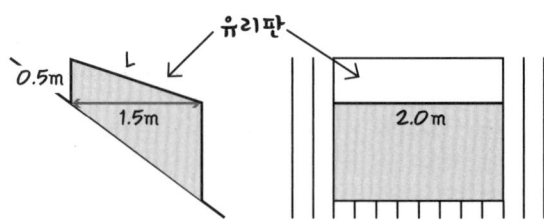

$L^2 = (0.5)^2 + (1.5)^2 = 2.5$

$L = \sqrt{2.5} \approx 1.58m$

유리판의 크기는 대략 $2m \times 1.58m$.

홈통이 지면에서 6m 떨어져 있고, 사다리의 길이가 6.5m일 때, 사다리의 아랫부분은 집으로부터 얼마나 떨어져 있을까?

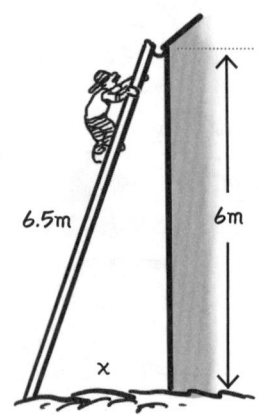

$x^2 + 6^2 = (6.5)^2$

$x^2 = (6.5)^2 - 6^2$

$= 42.25 - 36$

$= 6.25$

$x = \sqrt{6.25} = \mathbf{2.5m}$

피타고라스 정리를 모르는 건축업자는 실직한 건축업자들뿐일 거야.

160

몇 가지 특별한 삼각형

지난 장에서, 우리는 45°-45° 직각이등변삼각형의 빗변의 길이를 찾으려고 열심히 노력했어. 이제는 손짓 한 번이면 충분해.

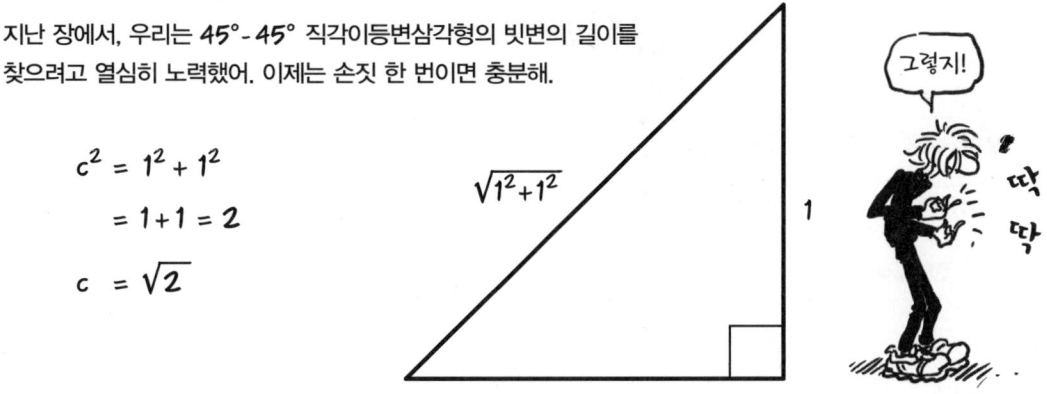

$$c^2 = 1^2 + 1^2$$
$$= 1 + 1 = 2$$
$$c = \sqrt{2}$$

다른 깔끔한 사례는 **30°-60°** 직각삼각형에서 확인할 수 있어. 이 삼각형의 가장 짧은 변의 길이는 빗변의 절반이니까(120쪽 참조), 이제 우리는 나머지 한 변의 길이도 찾을 수 있어. s를 가장 짧은 변, 2s를 빗변, 그리고 x를 아직은 모르는 나머지 한 변의 길이라고 하자. 그러면,

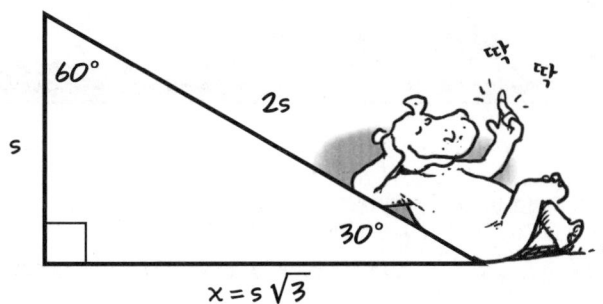

$$s^2 + x^2 = (2s)^2$$
$$x^2 = 4s^2 - s^2 = 3s^2$$
$$x = s\sqrt{3}$$

나머지 한 변의 길이는 가장 짧은 변의 길이의 $\sqrt{3}$배가 나와.

정삼각형의 높이는 삼각형을 두 개의 **30°-60°-90°** 직각삼각형으로 나눠. 만약 한 변의 길이가 s라면, 정삼각형의 **높이** h의 값은 $(s/2)\sqrt{3}$이 돼.

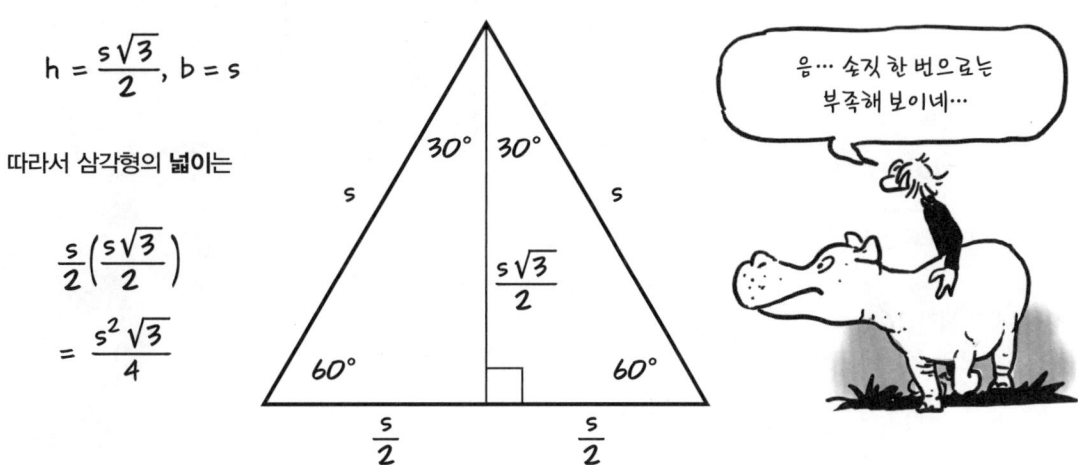

$$h = \frac{s\sqrt{3}}{2},\ b = s$$

따라서 삼각형의 **넓이**는

$$\frac{s}{2}\left(\frac{s\sqrt{3}}{2}\right)$$
$$= \frac{s^2\sqrt{3}}{4}$$

케빈의 산책 경로에서 언급한 **3-4-5** 삼각형으로 돌아와서, 빗변이 아닌 두 변의 길이가 **두 배**인(6과 8) 또 다른 직각삼각형을 그려보자. 빗변의 길이는 얼마일까?

피타고라스 정리에 의해서

$$x = \sqrt{6^2+8^2} = \sqrt{36+64}$$
$$= \sqrt{100}$$
$$= 10 \text{ (5의 2배)}$$

모든 세 변의 길이가 두 배가 될 거야.

보글보글, 보글보글, 만약 두 변의 길이가 두 배가 된다면, 우리의 달콤한 피타고라스 주스가 빗변도 두 배로 만들 거야…

이건 모든 직각삼각형과 모든 배수에 대해서 작동해.

따름정리 14-1.1.
주어진 양수 r, a, b에 대해서, 만약 직각삼각형의 직각을 이루는 두 변이 ra, rb라 할 때, 그 빗변은 $r\sqrt{a^2+b^2}$이 된다. 즉 직각을 이루는 두 변이 a, b인 직각삼각형의 빗변의 길이에 r을 곱한 값이다.

증명.
간단한 계산으로 증명된다.

$$c^2 = (ra)^2 + (rb)^2$$
$$= r^2a^2 + r^2b^2$$
$$= r^2(a^2+b^2)$$
$$c = r(\sqrt{a^2+b^2})$$

만약 우리가 직각삼각형의 두 변에 어떤 계수를 곱하면, 나머지 한 변에도 **같은 계수가** 곱해지게 돼.

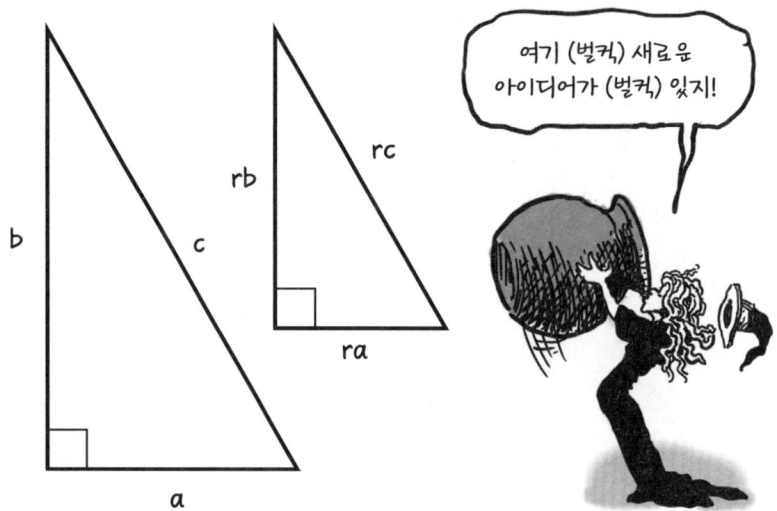

여기 (벌컥) 새로운 아이디어가 (벌컥) 있지!

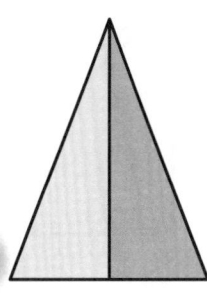

연습문제

1. 다음 직각삼각형에서, 값이 주어지지 않은 변의 길이를 구해보자.

a.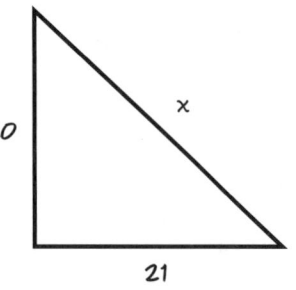
b.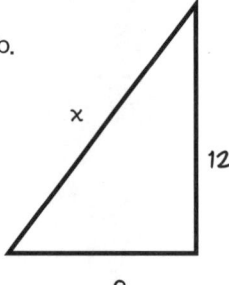
c.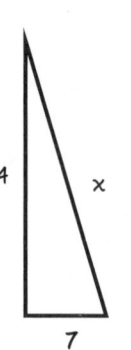
d.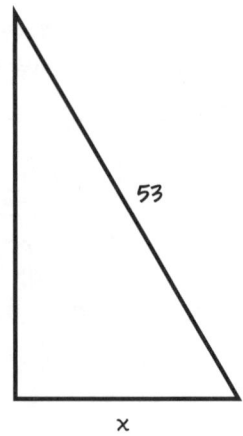

2. 값이 주어지지 않은 변의 길이를 구해보자.

a.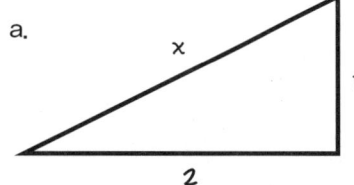
b.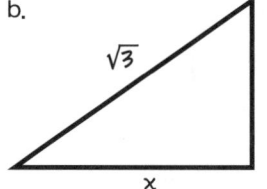
c.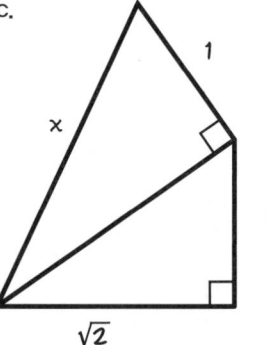

3. 유클리드의 악명 높은 그림에서, 다음을 보여라.

△ADC ≅ △BDE

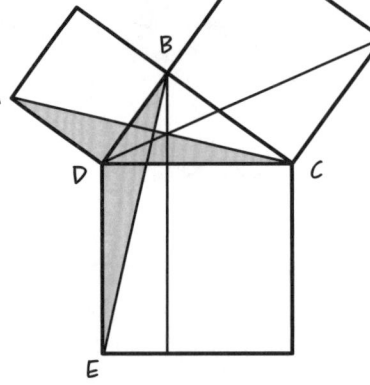

4. 다음 사다리꼴의 넓이는 얼마일까?

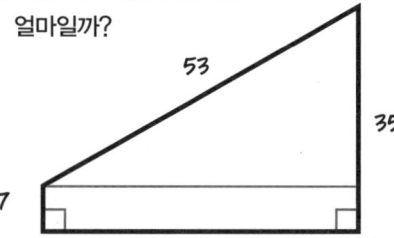

5. 두 평행사변형은 같은 평행선상에 윗변과 아랫변이 위치해 있다. 둘 다 넓이가 **32**라면, r로 표시된 변의 길이는 얼마일까?

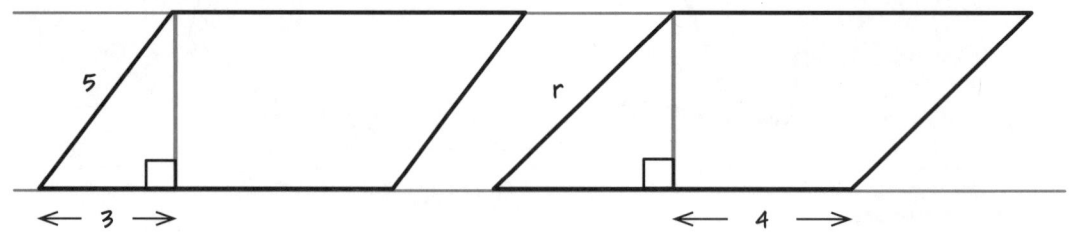

Chapter 15
닮음

선분을 더하고, 빼고, 곱한 뒤에는 무엇이 남을까?

두 가지가 같은 모양을 가지지만
다른 크기를 가진다는 것은
무슨 의미일까?
사진을 확대할 때를 생각해보자.

확대된 사진에서, 모든 **각도**는 원본 사진에서의 각도랑 같아.
한 이미지에서 두 선분이 만나는 각도는 다른 이미지에서도 서로 같지.

그렇지 않다면, 사진관에서
누군가 실수한 거야!

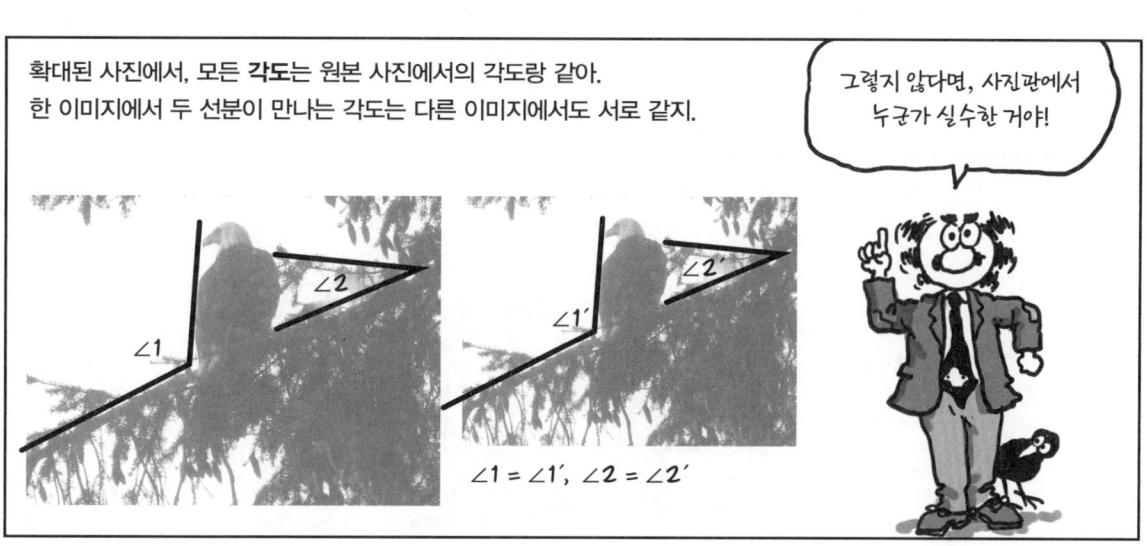

$\angle 1 = \angle 1', \angle 2 = \angle 2'$

또한:

확대된 사진에서, 수평 및 수직 거리는 **동일하게** 늘어날 거야. 두 배(2x) 확대된 사진에서는 이미지 전체의 높이와 너비 모두 두 배가 되지.

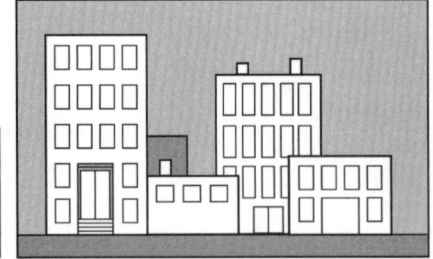

따름정리 14-1.1에 의하면, 이는 **모든** 길이가 두 배가 된다는 것을 의미해. 원본 이미지의 모든 선분은 수평 및 수직인 변을 가지는 직각삼각형의 빗변으로 주어지고, 이 삼각형의 모든 변들은 두 배로 확대되기 때문이지.

이것은 단순히 2가 아닌 모든 배율에 대해서 명백하게 성립할 거야. 세 배 확대된 사진에서는 모든 길이가 세 배로 늘어나게 되겠지.

직사각형을 양의 배율 t로 확대하는 것은 모든 변의 길이가 원래 직사각형의 t배가 되는 새로운 직사각형을 만드는 거야.

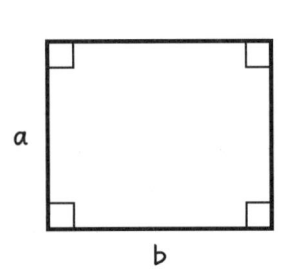 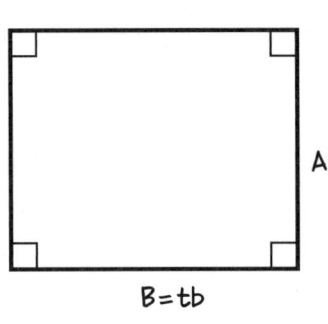

만약 처음 두 변의 길이를 a와 b라고 하고, 확대된 직사각형의 두 변의 길이를 A와 B라고 한다면,

$$A = ta, \quad B = tb \quad \text{그러므로}$$

$$t = \frac{A}{a}, \quad t = \frac{B}{b}$$

따라서,

$$\frac{A}{a} = \frac{B}{b}$$

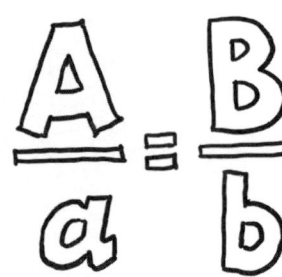

이게 우리가 **이 장 전체**에서 다루게 될 등식이야!

두 분수 또는 비율 사이의 등식을 이렇게 불러.

비례식.

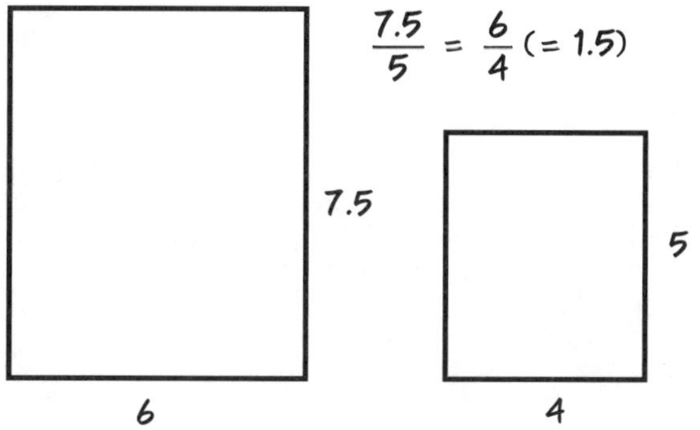

$$\frac{7.5}{5} = \frac{6}{4} (= 1.5)$$

여기서 우리는 분자(7.5와 6)와 분모(5와 4)가 서로 **비례**한다 또는 같은 **비율**을 가진다고 말해.
"**7.5**에 대한 **5**의 비율은 **6**에 대한 **4**의 비율과 같다."

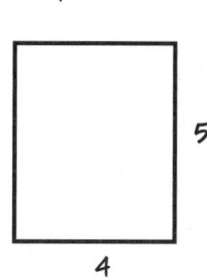

선분을 나누는 선분? 잠깐… 뭐라고?

좀 어렵게 들리지? 맞아. 선분을 나누는 것은 더하거나(끝을 맞추어 나열하기) 곱하는 것(두 변으로 직사각형을 만든 뒤 넓이를 구하기)에 비해 훨씬 어려운 작업이야.

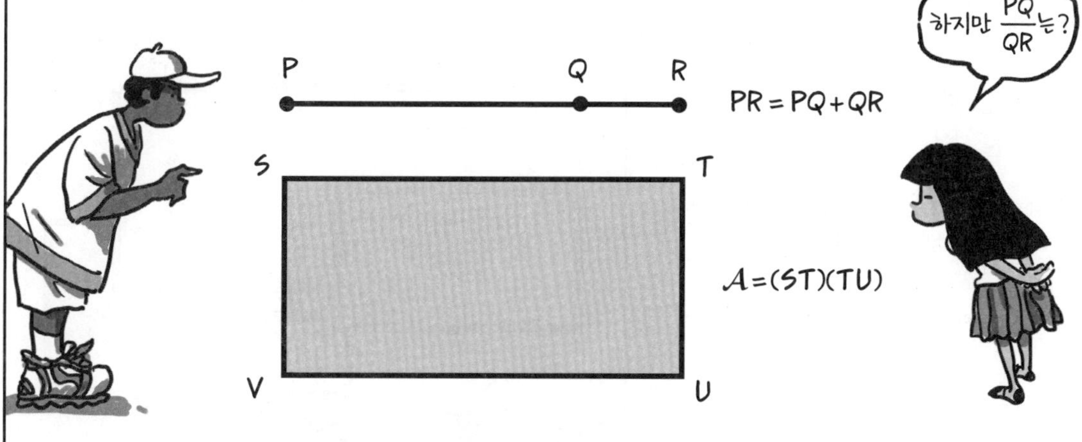

하지만 $\frac{PQ}{QR}$는?

PR = PQ + QR

$\mathcal{A}$ = (ST)(TU)

이 개념에 좀 더 익숙해지기 위해, 방정식을 집어삼키는 기계에다 기름칠을 한 다음 몇 가지 비례식을 그 안에 넣어볼 거야.

그나저나, 그 모자는 어디서 났어?

결과는 여기에

두 직사각형이 서로 비례하는 변 a, b, A, B를 가지고, A = ta, B = tb라고 하자. (t > 0)

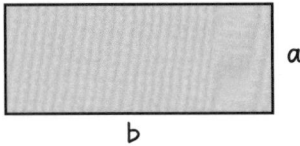

그러면

$$\frac{A}{a} = \frac{B}{b} \ (=t)$$

하지만 또한

$$\frac{B}{A} = \frac{tb}{ta} = \frac{b}{a}$$

다시 말해, 한 비례식은 다른 비례식을 함의해. 우리는 또 다음이 성립함을 확인했어.

$$\frac{B}{A} = \frac{b}{a}$$

뭔가 새로운 걸 찾았어! A/a는 배율이었는데, b/a는 무엇일까?

가로의 세로에 대한 비율인 두 분수 b/a와 B/A는 직사각형의 가로세로비라고 말해.

아마 TV, 스마트폰, 컴퓨터 화면에서 이 용어를 들어봤을 거야. 서로 크기는 다르더라도, 화면들의 가로세로비는 16:9인 경우가 많아. 다시 말해 폭을 높이로 나눈 값이 모두 16/9라는 의미지.

비례하는 직사각형은 서로 동일한 가로세로비를 가진다는 걸 우리는 막 확인했잖아.

$$\frac{A}{a} = \frac{B}{b}$$
$$\Leftrightarrow$$
$$\frac{b}{a} = \frac{B}{A}$$

때때로 a와 b는 직사각형의 변이 아니라,
선분의 부분으로 주어질 수도 있어.
여기서 점 Q는 PR을 나누고,
이로부터 비율을 얻을 수 있지.

예를 들어 $a = 6$이고
$b = 2$라면 두 부분의
비율은 $3:1$이 될 거야.

$$\frac{PQ}{QR} = \frac{6}{2} = \frac{3}{1}$$

두 개의 다른 선분은 같은 비율로
나누어질 수도 있지.

 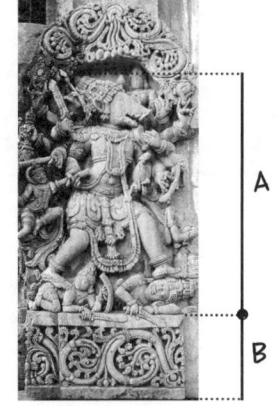

즉

$$\frac{A}{a} = \frac{B}{b}$$ (각 부분의 비율이 서로 같다.)

또는

$$\frac{A}{B} = \frac{a}{b}$$ (각 선분의 부분들이 서로 동일한 내부 관계를 가지고 있다.)

약간의 계산을 하면 기억할 가치가 있는 두 가지 결과를 추가로 얻을 수 있어.

a, b, A, B가 모두 0이 아니고, $a/b = A/B$라고 가정하자. 그러면

$$\frac{b}{a} = \frac{B}{A} \qquad (1)$$

$x = y$이면 $1/x = 1/y$이므로, 이 결과는 꽤 자명한 편이야. 더 어려운 버전은

$$\frac{a}{a+b} = \frac{A}{A+B} \qquad (2)$$

왜냐하면

$$\frac{b}{a} + 1 = \frac{B}{A} + 1$$

$$\frac{b}{a} + \frac{a}{a} = \frac{B}{A} + \frac{A}{A}$$

$$\frac{a+b}{a} = \frac{A+B}{A}$$

$$\frac{a}{a+b} = \frac{A}{A+B} \quad (1)\text{에 의해서}$$

등식 (2) 또한 그렇게까지 신비롭지는 않아.
만약 두 선분이 3:1의 비율을 가진다면,
각각은 전체에 대해서 3/4과 1/4의 비율을
가지게 됨을 알 수 있지. (3+1 = 4)

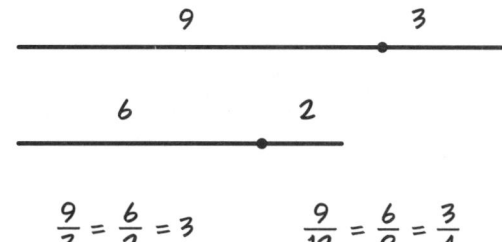

$$\frac{9}{3} = \frac{6}{2} = 3 \qquad \frac{9}{12} = \frac{6}{8} = \frac{3}{4}$$

비례관계에 있는 두 그림은 모든 위치에서 **같은 각도를** 가진다는 사실을 다시 떠올려보자. (165쪽)

우린 이런 질문을 해볼 수 있어. 만약 대응되는 각 **꼭짓점**의 각도만 같다면 어떻게 될까? 이 조건만 있다면 자동으로 변들의 길이는 서로 비례관계에 있게 될까?

답은: 사각형에선, **그렇지 않아**. 예를 들어, 두 직사각형은 가로세로비와 무관하게 모든 꼭짓점 각도가 $90°$로 똑같잖아.

아, 하지만 삼각형의 경우에는 달라. 다음 몇 쪽을 할애해서, 우린 **대응되는 각 꼭짓점의 각도가 같은 삼각형들에서는 자동으로 변들의 길이가 서로 비례한다**는 사실을 보일 거야.

$$\frac{BP}{BA} = \frac{BQ}{BC}$$

이 논증은 다음의 '소정리' 또는 **보조정리**에서 출발해.

보조정리 15-1.
주어진 △ABC에서, A와 B 사이에 P가 있고 A와 C 사이에 Q가 있을 때, 만약 PQ∥BC라면, △BPQ와 △CQP의 넓이는 **같다**.

증명.
1. △BPQ와 △CQP는 모두 PQ를 밑변으로 가지고 $\overline{BC}$상에 꼭짓점을 가진다.   (정의)

2. PQ∥BC   (주어짐)

3. $\mathcal{A}(\triangle BPQ) = \mathcal{A}(\triangle CQP)$ ■   (정리 13-3)

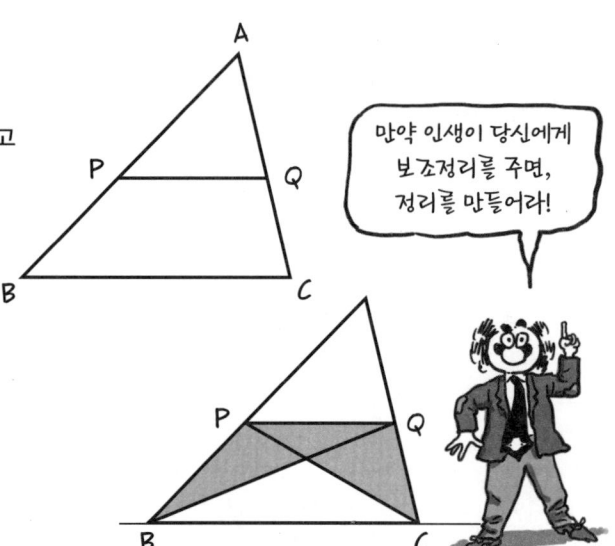

만약 인생이 당신에게 보조정리를 주면, 정리를 만들어라!

정리 15-1.
(측면 분할 정리). 만약 밑변과 평행한 선분이 삼각형의 나머지 두 변과 서로 다른 두 점에서 각각 만난다면, 이 점은 각 변을 같은 길이 비율로 나눈다.

$PQ \parallel BC$
$\Rightarrow$
$\dfrac{AP}{PB} = \dfrac{AQ}{QC}$

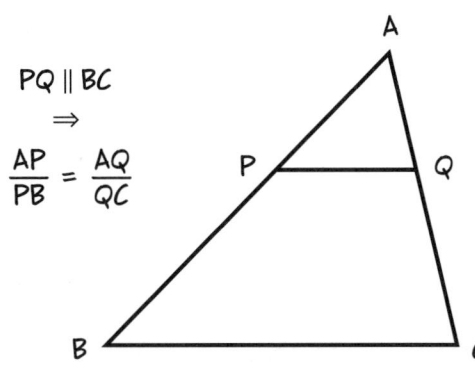

증명.
우린 (3번 단계에서) 선분의 부분 사이의 길이 비율이 두 영역 사이의 **넓이** 비율과 같음을 보일 거야.

h를 선분 AB와 Q 사이의 거리라고 하자.

1. 선분 BQ를 그리자. 여기서 h가 두 삼각형 △APQ와 △BPQ에 대한 높이임을 확인하자. 그러면 각각의 넓이는…

2. $\mathcal{A}(\triangle APQ) = \frac{1}{2}h(AP)$
   $\mathcal{A}(\triangle BPQ) = \frac{1}{2}h(PB)$

3. 그러므로 $\dfrac{\mathcal{A}(\triangle APQ)}{\mathcal{A}(\triangle BPQ)} = \dfrac{AP}{PB}$

4. 이제 선분 PC를 그리고, k가 AC와 P 사이의 거리라고 하자.

5. 위에서와 마찬가지로, 우리는 다음을 확인할 수 있다.

   $\dfrac{\mathcal{A}(\triangle APQ)}{\mathcal{A}(\triangle CPQ)} = \dfrac{AQ}{QC}$

6. 하지만 보조정리 15-1에 의해 $\mathcal{A}(\triangle PBQ) = \mathcal{A}(\triangle PQC)$가 성립하고, 따라서

   $\dfrac{AP}{PB} = \dfrac{\mathcal{A}(\triangle APQ)}{\mathcal{A}(\triangle PQB)} = \dfrac{\mathcal{A}(\triangle APQ)}{\mathcal{A}(\triangle PQC)} = \dfrac{AQ}{QC}$ ∎

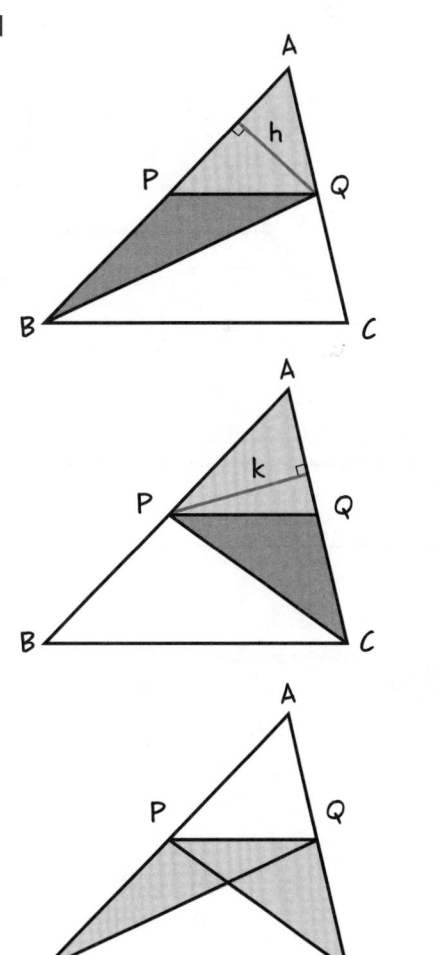

이제 169쪽의 식 (2)를 다시 확인해보면, 이 식은 만약 두 **부분**이 서로 비례관계에 있다면, 각 부분은 **전체**와도 비례관계에 있다고 말하고 있어.

$$\frac{a}{b} = \frac{a'}{b'}$$
$$\Leftrightarrow$$
$$\frac{a}{a+b} = \frac{a'}{a'+b'}$$

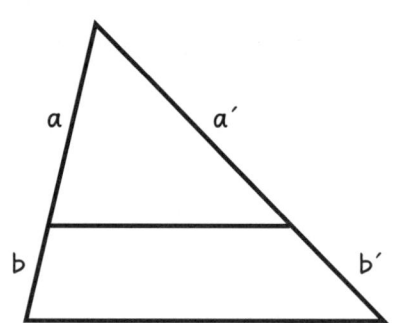

그러므로:

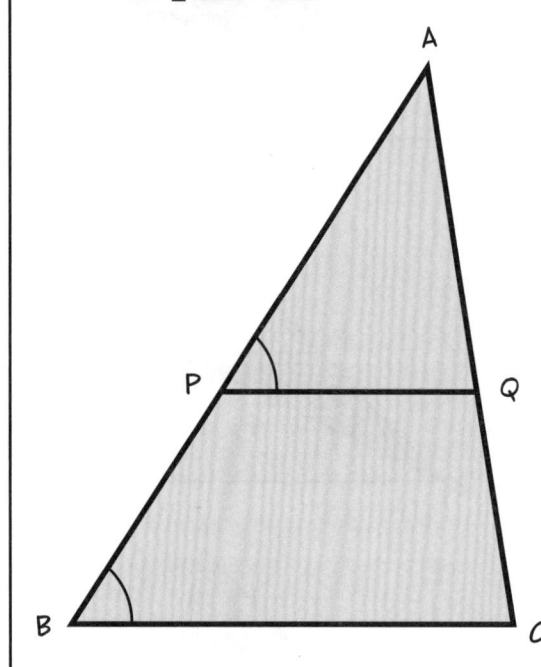

따름정리 15-1.1.
만약 P와 Q가 △ABC의 서로 다른 두 변에 각각 위치해 있고, PQ∥BC라면,

$$\frac{AP}{AB} = \frac{AQ}{AC}$$

증명.
P가 AB 위에 있고, Q가 AC 위에 있다고 가정하자. PQ∥BC이므로, 정리 15-1을 사용할 수 있다.

1. $\dfrac{AP}{PB} = \dfrac{AQ}{QC}$ (정리 15-1)

2. $\dfrac{AP}{AP+PB} = \dfrac{AQ}{AQ+QC}$ (169쪽의 식 (2))

3. $\dfrac{AP}{AB} = \dfrac{AQ}{AC}$ ■ (줄자 공리)

 결론은: 만약 PQ∥BC라면, 평행선 공리에 의해 **동위각의 크기**가 서로 같아. 측면 분할 정리는 **같은 각도**와 **길이의 비례관계** 사이를 연결해주지.

$$\angle APQ = \angle B \Rightarrow \frac{AP}{AB} = \frac{AQ}{AC}$$

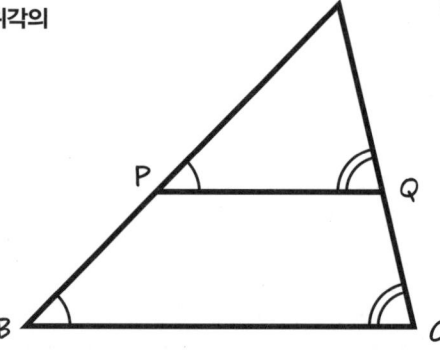

이 따름정리에 의해 다음의 멋진
작도
를 해나가면
선분을 n등분 할 수 있어.
즉 **선분을 길이가 같은 부분들로 나눌 수 있지.**
설명을 위해, 먼저 주어진 선분 AB를 세 등분 해보자.

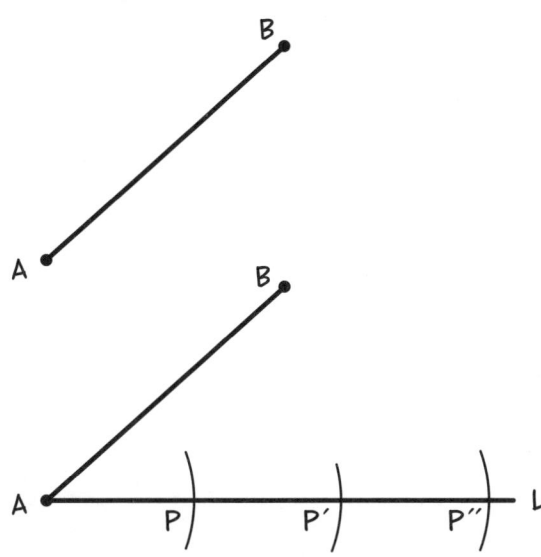

1. $\overline{AB}$가 아닌 A를 지나는 직선 L을 그리자.

2. L 위에 세 점 P, P′, P″을 A로부터 같은 간격으로 표시하자. 즉, AP = PP′ = P′P″이 성립되게 하자. (어떤 간격으로 표시하든 상관없어!)

3. P″B를 그리자.

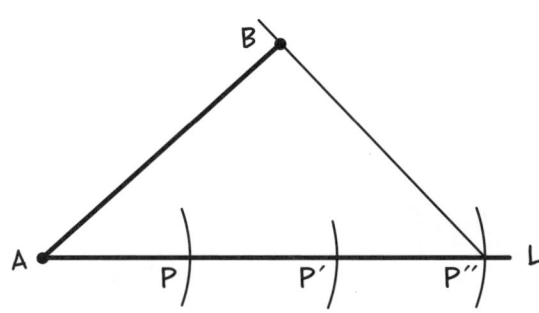

4. P″B와 평행하고 P, P′을 지나는 두 직선을 각각 그리고, 이 직선들이 AB와 만나는 점을 Q와 Q′이라고 하자. 이 점들이 바로 세 등분 하는 점이 될 거야!

왜? 비례관계 때문이지!

따름정리 15-1.1에 의해서

$$\frac{AQ}{AB} = \frac{AP}{AP''} = \frac{1}{3}$$

$$\frac{AQ'}{AB} = \frac{AP'}{AP''} = \frac{2}{3}$$

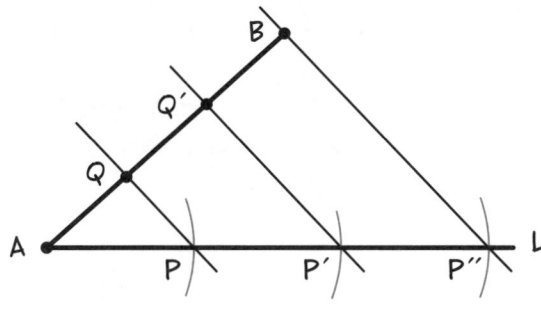

따라서 Q와 Q′은 A에서 B까지의 거리의 $\frac{1}{3}$과 $\frac{2}{3}$에 해당하는 점이 되지.

두 도형의 모양이 같은 것을
설명하는 단어가 있어. 바로

닮음

정의. 만약 삼각형의 대응되는 **각의 크기가 같고** 대응되는 **변**의 길이가 서로 **비례관계**에 있게 하는 꼭짓점 사이의 대응이 존재한다면, 두 삼각형은 서로 닮음이다.

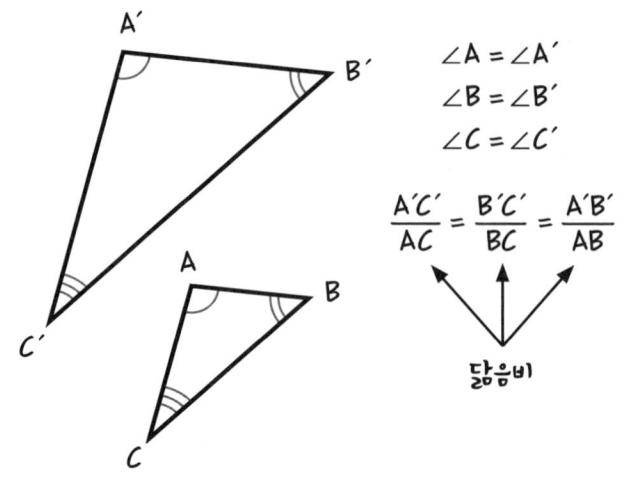

닮음 기호로는 ∼를 사용해. 합동을 나타내는 기호 ≅에서 등식을 의미하는 부분을 제외한 거지.
닮음을 나타낼 때는 다음과 같이 써.

닮음을 증명하기 위해선 많은 각도와 변들을 확인해야 하는 것처럼 보일 거야. 하지만 (합동에서와 마찬가지로) 시간을 절약하는 몇 가지 지름길이 있고, 우리는 시간을 아끼는 걸 좋아하지.

이게 시간을 절약해주는 정리 중 하나야.

정리 15-2.
만약 두 삼각형의 대응되는 **두 각**이 서로 같다면, 두 삼각형은 서로 닮음이다.

증명.
$\angle A = \angle A'$, $\angle B = \angle B'$이고, $A'B' < AB$라고 가정해보자. 즉 프라임(′) 삼각형이 작다고 가정해보자. 이제 $\triangle A'B'C'$의 사본을 $\triangle ABC$의 한 꼭짓점에 '집어넣을' 거야.

1. AB에, $AP = A'B'$이 되는 점 P를 표시하자.

2. $PQ \parallel BC$가 되도록 그리자.

3. $\angle B = \angle APQ$ (평행선 공리)

4. $\angle B' = \angle APQ$ (치환)

5. $\angle A = \angle A'$ (가정)

6. $\triangle APQ \cong \triangle A'B'C'$ (ASA)

7. $AQ = A'C'$ (대응되는 부분)

8. $\dfrac{AP}{AB} = \dfrac{AQ}{AC}$ (따름정리 15-1.1)

9. $\dfrac{A'B'}{AB} = \dfrac{A'C'}{AC}$ (치환)

이렇게 두 변을 처리하고 난 뒤, 두 각의 크기가 서로 같다는 점에서 $\angle C = \angle C'$인 것도 확인하자.

10. 꼭짓점 C에 대해서 같은 과정을 반복하자. ($CE = B'C'$이 되도록 점 E를 표시하자. $DE \parallel AB$가 되도록 그리면, $\angle CED = \angle B = \angle B'$이고, 따라서 $\triangle DEC \cong \triangle A'B'C'$이다). 그러면 같은 논리로,

11. $\dfrac{B'C'}{BC} = \dfrac{A'C'}{AC}$

9와 11을 합치면

12. $\dfrac{A'B'}{AB} = \dfrac{A'C'}{AC} = \dfrac{B'C'}{BC}$

따라서 세 각도가 동일하고 모든 변의 길이가 비례관계에 있으므로, 두 삼각형은 서로 닮음이다. ■

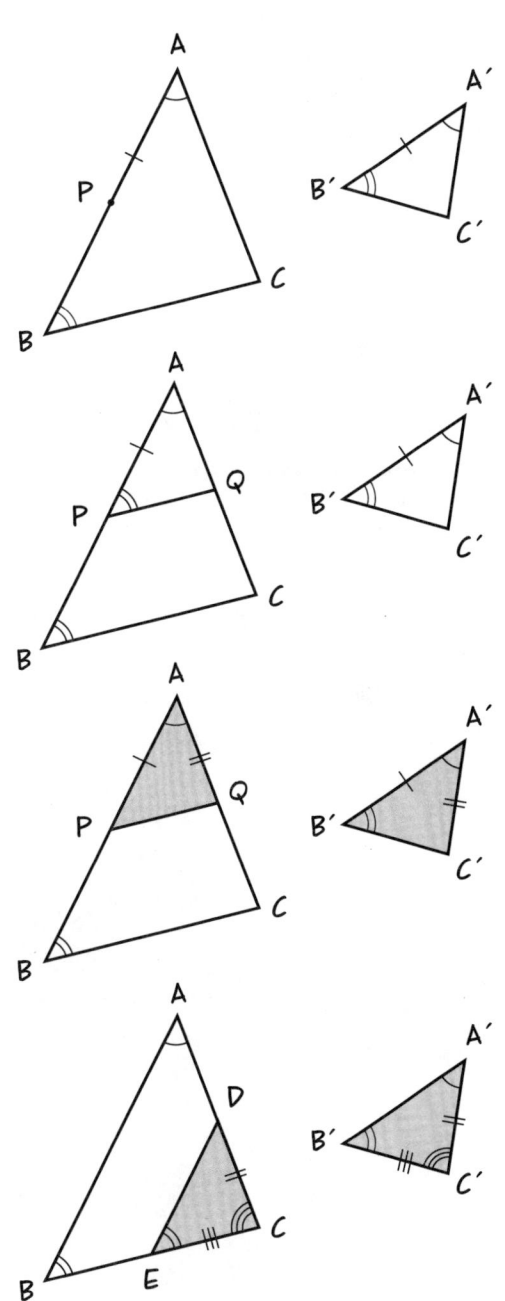

현실에서의 적용이라면서요?

공룡 키 구하기

태양과 지구는 아주 멀리 떨어져 있기 때문에, 태양빛은 지구에 '거의' 평행하게 들어올 거야.

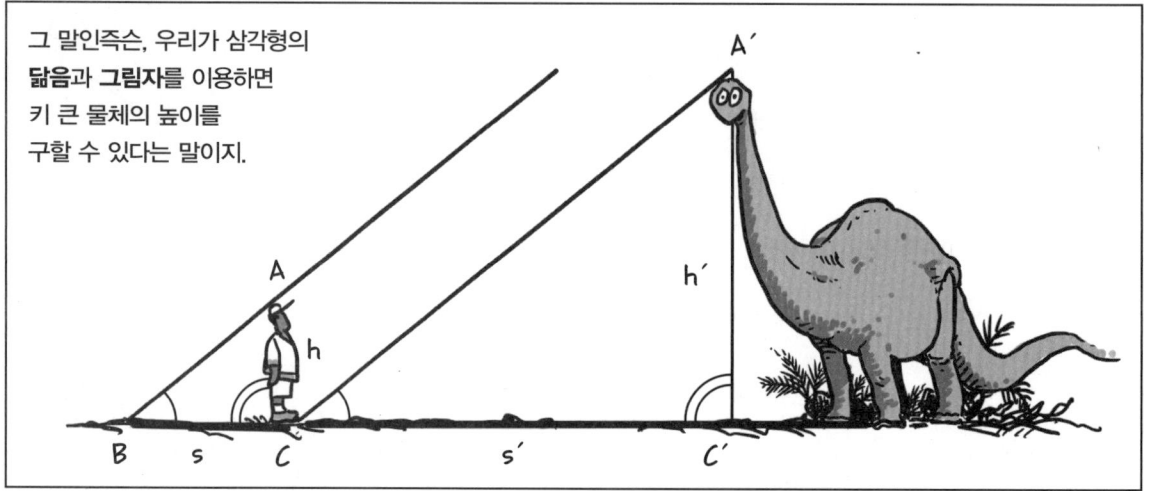

그 말인즉슨, 우리가 삼각형의 **닮음**과 **그림자**를 이용하면 키 큰 물체의 높이를 구할 수 있다는 말이지.

지면이 평평하다고 가정하면, 빗변이 서로 평행하므로 $\angle ABC = \angle A'C'C'$을 만족하고, $AC \parallel A'C'$이므로, $\angle ACB = \angle A'C'C$가 성립할 거야. 따라서 두 각이 서로 같기 때문에, 정리 15-2에 의해서 $\triangle ABC \sim \triangle A'C'C'$이 되지. 따라서

$$\frac{h'}{h} = \frac{s'}{s}$$

$$h' = \frac{h}{s}s'$$

그리고 여기서 s, s', 그리고 h는 비교적 쉽게 측정할 수 있지.

예를 들어, $h = 180\,cm$, $s = 270\,cm$, $s' = 930\,cm$라면,

$$h' = \frac{(180\,cm)(930\,cm)}{270\,cm}$$

$$= 620\,cm$$

$$= \mathbf{6.2\,m}$$

어… 누가 공룡 그림자를 측정하고 싶겠어요?

오… 맞아…

자기 그림자에 놀랐지만, 그림자는 계속 따라다니는 법…

저기 봐요.

두 각 판정법에 따른 두 가지 결과를 보자.

따름정리 15-2.1. 만약 두 삼각형이 세 번째 삼각형과 서로 닮음이라면, 두 삼각형 또한 서로 닮음이다.

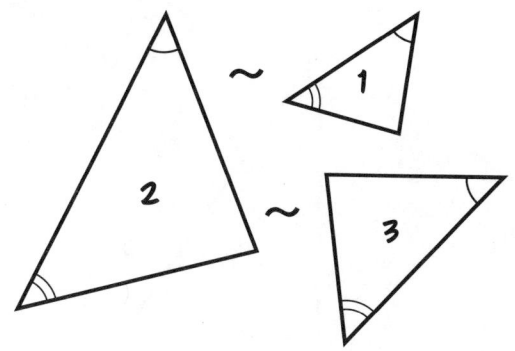

증명. △1~△2이고 △2~△3이라고 가정하자. 그러면 △1의 모든 각도는 △2와 같고, 이는 △3의 모든 각도와도 서로 같다. 따라서 △1의 모든 각도는 △3의 모든 각도와 같게 되고, 정리 15-2에 의해 두 삼각형은 서로 닮음이다. ■

그리고 (더 놀랍게도)

정리 15-3. 직각삼각형에서, 직각에서 빗변까지 내린 높이는 삼각형을 **원본과 닮음**인 두 조각으로 나눈다.

$\angle ACB = \angle CDB = 90°$
$\Rightarrow$
$\triangle ABC \sim \triangle ACD \sim \triangle CBD$

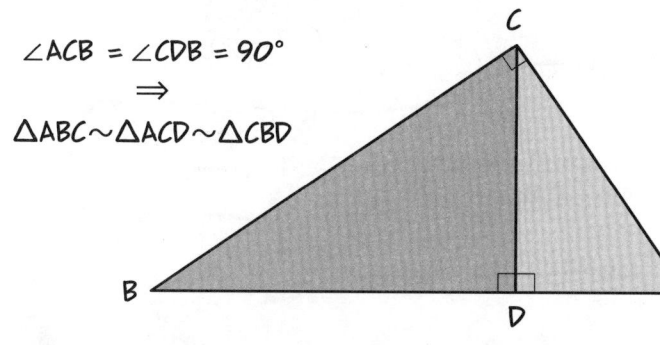

그 끝은 어딜까?

증명. 이는 정리 15-2와 따름정리 15-2.1로부터 나온다.

1. $\angle A = \angle A$ (자명)

2. $\angle ACB = \angle ADC = 90°$ (가정)

3. $\triangle ACD \sim \triangle ABC$ (두 각이 서로 같음)

4. 유사하게, $\triangle ABC \sim \triangle CBD$

5. 그러므로, $\triangle ACD \sim \triangle CBD$ ■ (둘 다 ~△ABC)

직각삼각형 안의 이러한 닮음 관계를 통해 우리에게 익숙한 정리를 새로운 관점으로 볼 수 있어.

피타고라스 정리의 증명 #2

그림에서처럼 직각삼각형에 변과 꼭짓점을 표시하자.

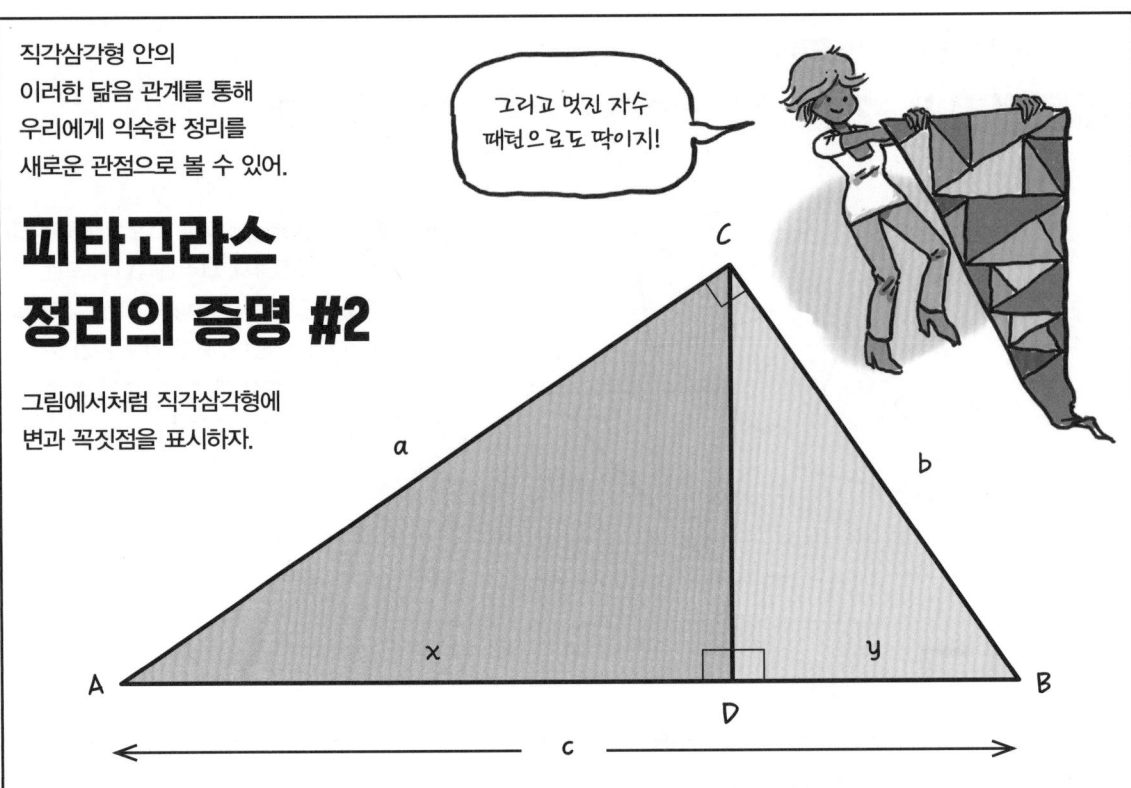

1. 정리 15-3에 의해서, △ABC~△ACD~△CBD이고, 따라서

$$\frac{y}{b} = \frac{b}{c}, \quad \frac{x}{a} = \frac{a}{c}$$

2. 그러면

$$cx = a^2 \quad cy = b^2$$

3. 둘을 서로 더하면,

$$cx + cy = a^2 + b^2$$
$$c(x+y) = a^2 + b^2$$

4. 그런데 x + y = c이므로, 따라서

$$c^2 = a^2 + b^2 \blacksquare$$

두 각이 서로 같은
두 삼각형은
서로 비례관계에 있는
변들을 가지지.
반대로 생각하면 어떨까?
몇 개의 변이 서로
비례관계에 있어야
두 삼각형은
서로 닮음이 될까?

정리 15-4.

(SAS 닮음) 주어진 두 삼각형에 대해서, 만약 두 변의 길이가 서로 비례관계에 있고 **또한** 그 사이의 각이 서로 같다면, 두 삼각형은 닮음이다.

증명. $\angle A = \angle A'$이고, $\dfrac{A'B'}{AB} = \dfrac{A'C'}{AC}$이라고 가정하고, $\triangle ABC \sim \triangle A'B'C'$임을 보이자.

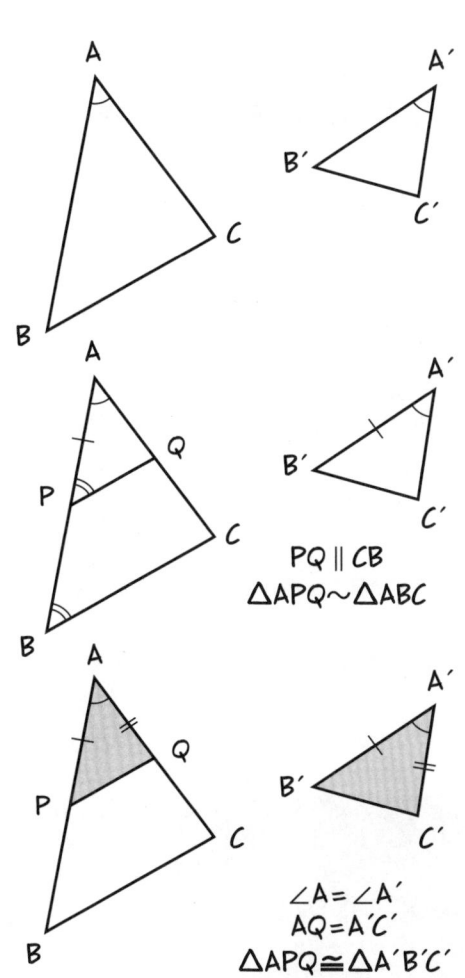

1. $AP = A'B'$이 되는 점 P를 AB 위에 잡자. (줄자 공리)

2. $PQ \parallel BC$가 되도록 PQ를 그리자. (108쪽에서의 작도)

3. $\angle B = \angle APQ$ (평행선 공리)

4. $\angle A = \angle A$ (자명)

5. $\triangle APQ \sim \triangle ABC$ (정리 15-2)

6. $\dfrac{AQ}{AC} = \dfrac{AP}{AB}$ (닮음)

7. $\dfrac{AQ}{AC} = \dfrac{A'B'}{AB}$ (치환)

8. 그런데 $\dfrac{A'B'}{AB} = \dfrac{A'C'}{AC}$ (가정)

9. $\dfrac{AQ}{AC} = \dfrac{A'C'}{AC}$ (치환)

10. $AQ = A'C'$ (대수)

11. $\triangle APQ \cong \triangle A'B'C'$ (SAS)

12. $\triangle A'B'C' \sim \triangle ABC$ ■ (둘 다 $\sim \triangle APQ$)

시간을 아껴주는 또 다른 정리를 소개할게.

정리 15-5.

(SSS 닮음). 만약 두 삼각형의 세 변의 길이가 **모두** 서로 비례관계에 있다면, 두 삼각형은 닮음이다.

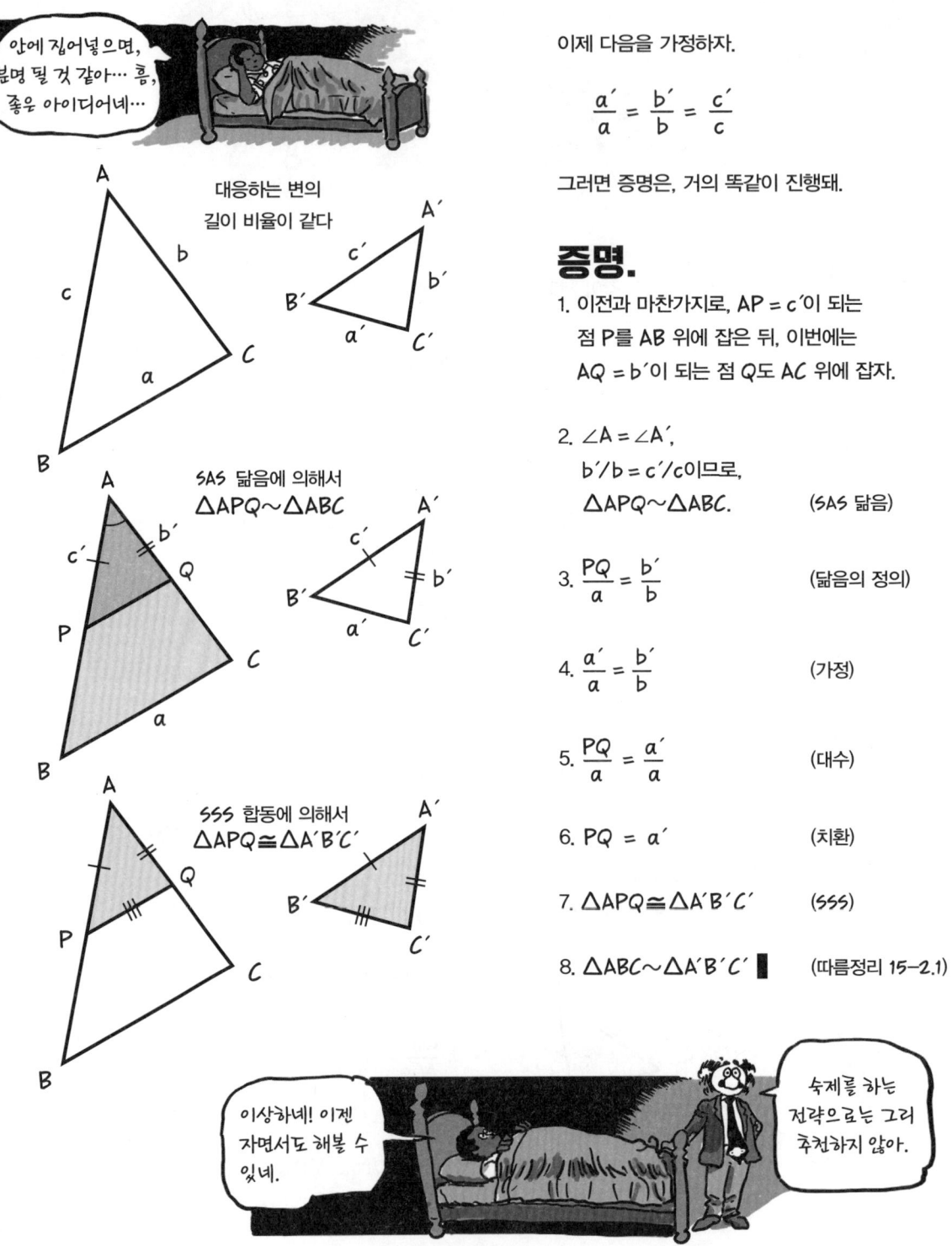

이제 다음을 가정하자.

$$\frac{a'}{a} = \frac{b'}{b} = \frac{c'}{c}$$

그러면 증명은, 거의 똑같이 진행돼.

증명.

1. 이전과 마찬가지로, AP = c'이 되는 점 P를 AB 위에 잡은 뒤, 이번에는 AQ = b'이 되는 점 Q도 AC 위에 잡자.

2. ∠A = ∠A',
   b'/b = c'/c이므로,
   △APQ∼△ABC.   (SAS 닮음)

3. $\frac{PQ}{a} = \frac{b'}{b}$ (닮음의 정의)

4. $\frac{a'}{a} = \frac{b'}{b}$ (가정)

5. $\frac{PQ}{a} = \frac{a'}{a}$ (대수)

6. PQ = a'   (치환)

7. △APQ≅△A'B'C'   (SSS)

8. △ABC∼△A'B'C'   (따름정리 15-2.1)

앞의 두 정리는 지난 장 끝에 언급한 토론에서 빛을 발하게 돼.

거기서 우리는 3-4-5 직각삼각형이 6-8-10 직각삼각형으로 확대되는 것을 확인했지. 이제 우리는 이 두 삼각형이 서로 **닮음**이라는 사실을 알고 있어.

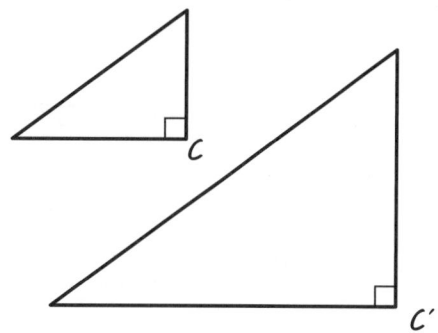

$\frac{6}{3} = \frac{8}{4}$ 그리고 $\angle C = \angle C'$ (SAS 닮음)

$\frac{6}{3} = \frac{8}{4} = \frac{10}{5}$ (SSS 닮음)

이는 **모든** 대응되는 각이 서로 같아야 한다는 것을 의미하지. $\angle A = \angle A'$, $\angle B = \angle B'$. 확인한 것처럼, 작은 삼각형은 큰 삼각형의 모퉁이에 딱 맞게 들어갈 거야.

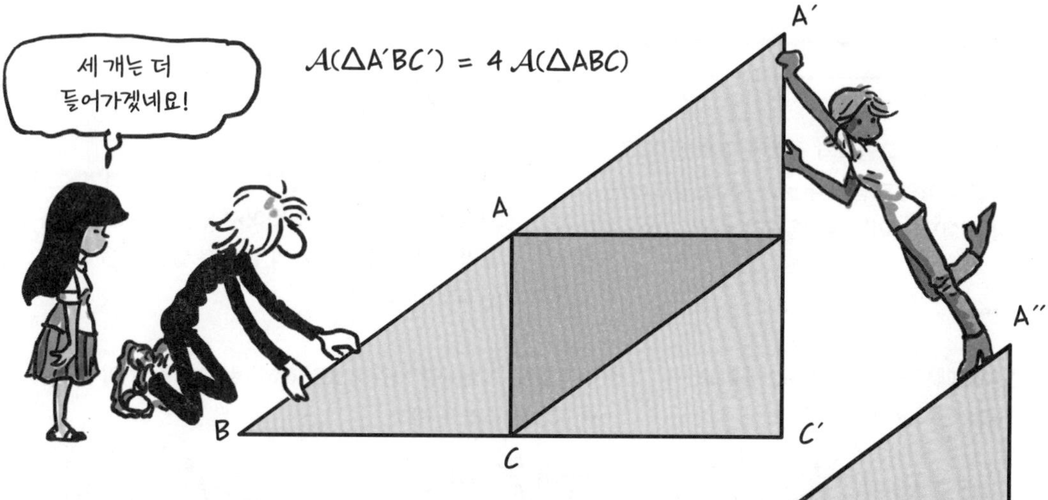

세 개는 더 들어가겠네요!

$A(\triangle A'BC') = 4\, A(\triangle ABC)$

$\triangle ABC$의 변을 세 배로 늘리면 원본의 **9배** 크기의 삼각형이 만들어질 거야. 이게 우리에게 **넓이**에 대해 알려주고 있는 건 무엇일까?

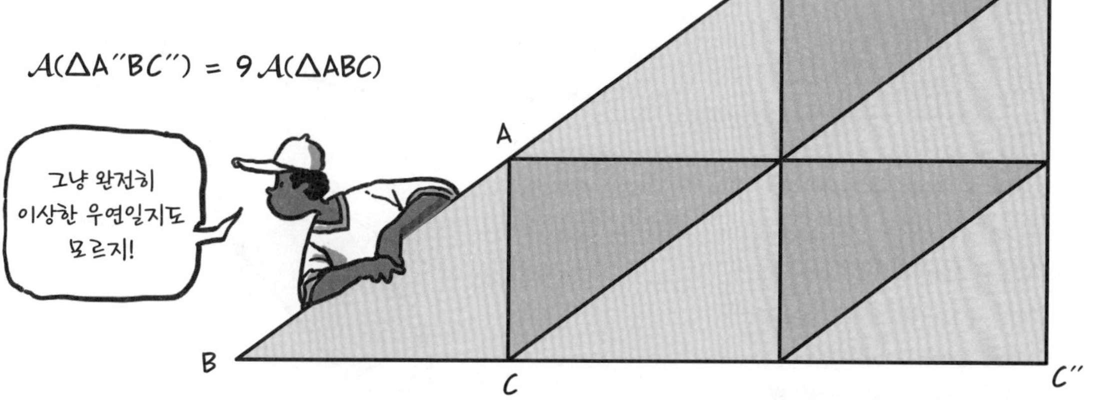

$A(\triangle A''BC'') = 9\, A(\triangle ABC)$

그냥 완전히 이상한 우연일지도 모르지!

연습문제

1. x를 구하라.

   a. $\dfrac{x}{5} = \dfrac{8}{10}$

   b. $\dfrac{7}{x} = \dfrac{21}{9}$

   c. $\dfrac{3}{x} = \dfrac{x}{27}$

2. 두 삼각형은 닮음일까?

   a.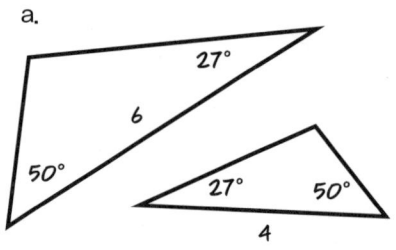

   b.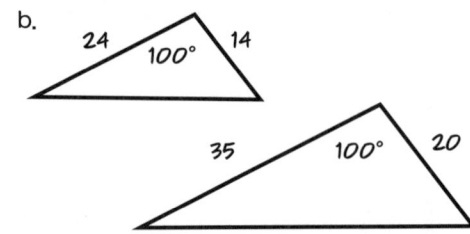

3. 기하학을 공부하는 어떤 학생이 20피트 높이의 기둥 꼭대기에 높이를 모르는 조각상을 올려놓았다고 하자.

   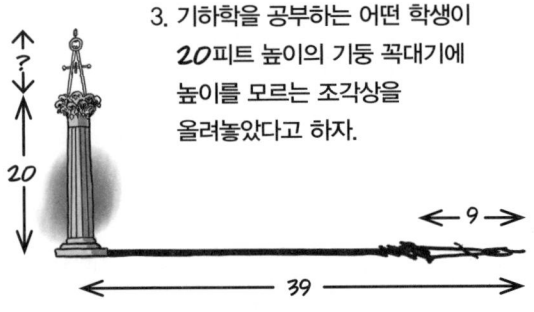

   오후 한때, 전체 그림자의 길이가 39피트이고, 여기서 조각상의 그림자 부분이 9피트라고 하면, 조각상의 실제 높이는 얼마일까?

4. 케빈은 1인치씩 떨어져 있는 평행선들을 그렸다. 그는 이제 양 끝의 간격이 **5/4**인치가 될 때까지 자를 회전시켰다.

   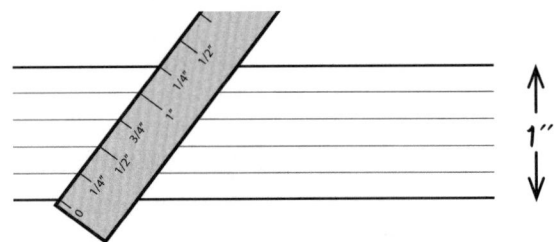

   만약 케빈이 그림과 같이 평행선을 그렸다면, 그 평행선들은 서로 동일한 거리만큼 떨어져 있을까? 그 거리는 얼마일까? 만약 케빈이 3/7인치씩 떨어져 있는 선을 만들고 싶다면 어떻게 해야 할까?

5. △ABC에서 A-P-B, A-Q-C이고, 다음을 만족한다고 하자.

   $$\dfrac{AP}{AB} = \dfrac{AQ}{AC}$$

   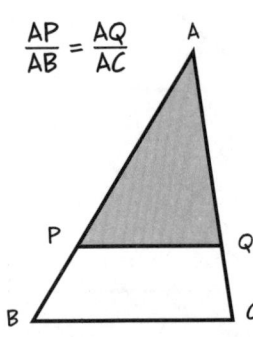

   a. △APQ∼△ABC일까? 그 이유는?
   b. ∠APQ = ∠ABC일까? 그 이유는?
   c. PQ ∥ BC일까? 그 이유는?
   d. 측면 분할 정리의 역도 참일까?

6. 아무렇게나 주어진 사각형 ABCD에 대해서, 각 변의 **중점**이 P, Q, R, S라고 하자.

   a. $\dfrac{AP}{AB} = \dfrac{AS}{AD}$일까?
   b. PS ∥ BD일까?
   c. QR ∥ BD일까?
   d. PS ∥ QR일까?
   e. PQ ∥ RS일까?
   f. PQRS는 어떤 종류의 사각형일까?

   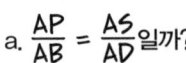
   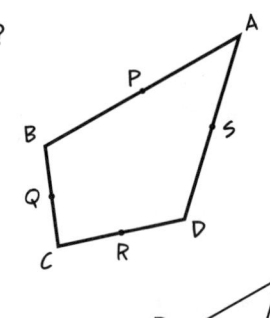

7. 왜 ASA 닮음 정리는 없을까?

   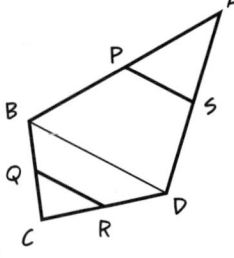

Chapter 16
넓이의 확대
더 멋진 닮음 이야기

정사각형의 한 변을 두 배로 늘리면 넓이는 4배로 커지지. 한 변을 3배로 늘리면 넓이는 $9(=3^2)$배로 커지고 말이야. 한 변을 n배로 늘리면 넓이는 n^2배로 커지게 되지.

$$(ns)(ns) = n^2 s^2$$

직사각형을 양수인 비율 t로 확대하면, 해당 직사각형의 면적은 t^2배로 커지게 되지.

$$(ta)(tb) = t^2 ab$$

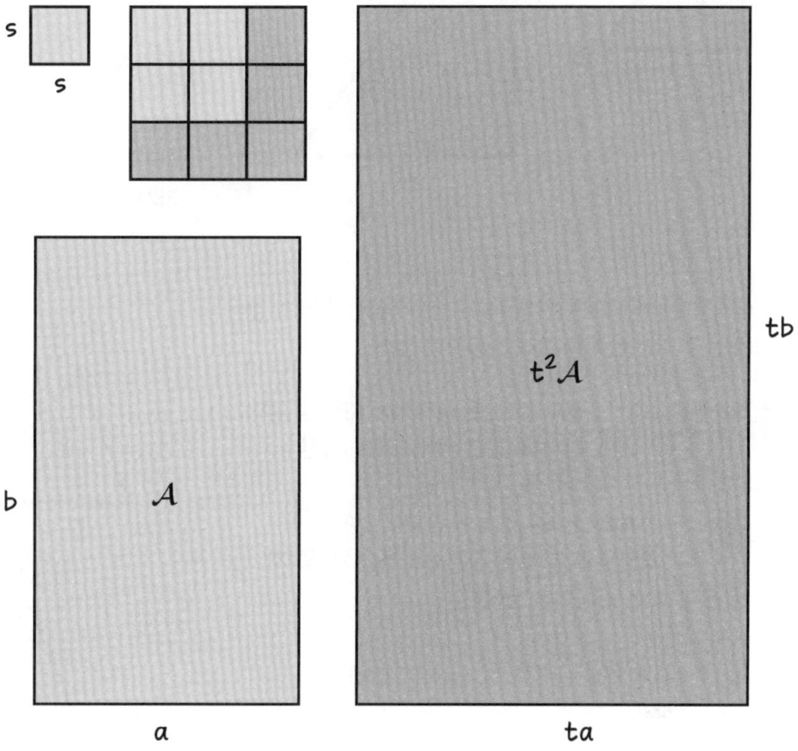

만약 삼각형이 같은 방식으로 확대되지 않는다면 이상한 일일 거야. 모든 삼각형은 결국 직사각형의 절반이니 말이지.

그럼 삼각형은요?

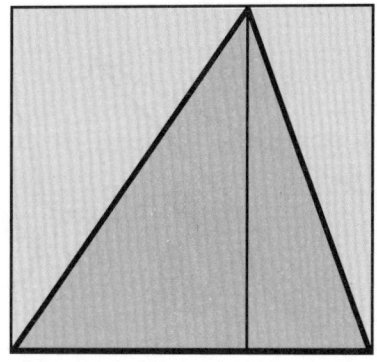

그럼 지금 말씀하시는 게, 음…

바로 그거야!

직각삼각형의 경우에는 쉬워. 왜냐하면 두 변이 높이로 주어지기 때문이야. △ABC∼△A′B′C′이고 ∠C = ∠C′ = 90°라고 하고, $\mathcal{A}(\triangle ABC)$를 $\mathcal{A}$, $\mathcal{A}(\triangle A'B'C')$을 $\mathcal{A}'$으로 줄여서 표기한다면, 우리는

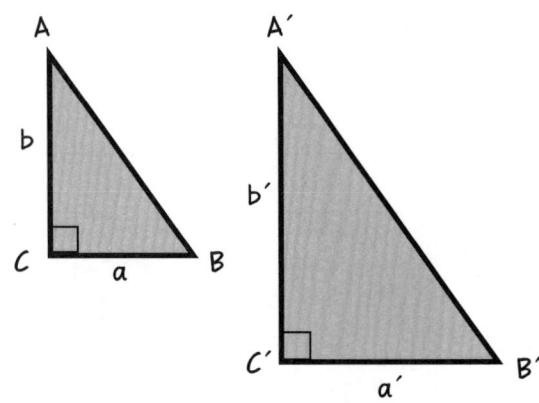

$\mathcal{A} = \frac{1}{2}ab \qquad \mathcal{A}' = \frac{1}{2}a'b'$ 그러므로

$$\frac{\mathcal{A}'}{\mathcal{A}} = \frac{a'b'}{ab} = \frac{a'}{a} \cdot \frac{b'}{b}$$

두 삼각형은 닮음이므로, $b'/b = a'/a$, 그러므로

$$\frac{\mathcal{A}'}{\mathcal{A}} = \frac{a'}{a} \cdot \frac{a'}{a} = \frac{a'^2}{a^2}$$

따라서 넓이는 변의 길이의 제곱과 같은 비율을 가지게 되지.

직각삼각형이 아닌 다른 형태인 경우, 먼저 **높이**가 **변**과 같은 길이 비율로 커지는 것을 보여줄 필요가 있어.

정리 16-1.
서로 닮은 두 삼각형에 대해서, 높이는 각 변과 같은 비례관계를 가진다.

증명.
△ABC∼△A′B′C′이고, AD와 A′D′이 각각 A와 A′에서 내린 높이라고 가정하자. 이제 $h'/h = A'C'/AC$임을 보이자.

1. ∠ADC = ∠A′D′C′ = 90° (높이의 정의)
2. ∠C = ∠C′ (닮음)
3. △ADC∼△A′D′C′ (정리 15-2)
4. $\dfrac{h'}{h} = \dfrac{A'C'}{AC}$ ∎ (닮음의 정의)

대응되는 높이, 그런 거구만!

이 논증은 높이가 삼각형의 바깥쪽에 놓여 있는 경우에도 성립해.

이제, 다음 확대에 대한 정리는 식은 죽 먹기야.

정리 16-2.
서로 닮은 두 삼각형에 대해서, 둘의 넓이비는 닮음비의 제곱으로 주어진다. 다시 말해, 만약 $\triangle ABC \sim \triangle A'B'C'$이라면, $\dfrac{\mathcal{A}(\triangle A'B'C')}{\mathcal{A}(\triangle ABC)} = \dfrac{a'^2}{a^2}$ 이다.

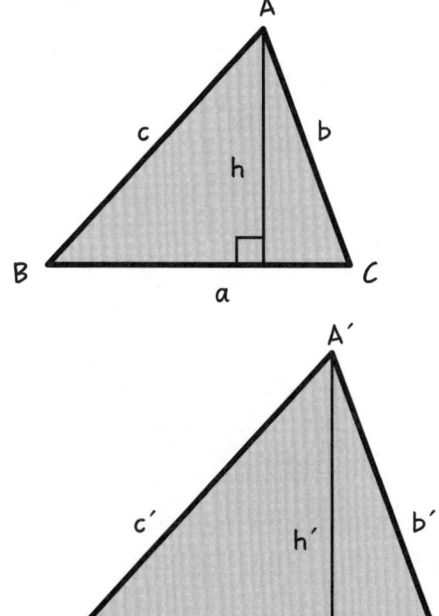

증명. $\triangle ABC \sim \triangle A'B'C'$이라고 가정하자. h와 h'이 각각에 대한 높이이고, a와 a'이 이에 대응하는 밑변이라고 하자. 그러면

$$\frac{\mathcal{A}(\triangle A'B'C')}{\mathcal{A}(\triangle ABC)} = \frac{\frac{1}{2}a'h'}{\frac{1}{2}ah} = \frac{a'h'}{ah} = \frac{a'}{a} \cdot \frac{h'}{h}$$

그런데 정리 16-1에 의해서 $h'/h = a'/a$이고, 따라서

$$\frac{\mathcal{A}(\triangle A'B'C')}{\mathcal{A}(\triangle ABC)} = \left(\frac{a'}{a}\right)\left(\frac{a'}{a}\right) = \frac{a'^2}{a^2} \blacksquare$$

t를 둘의 닮음비 a'/a이라고 하면, 다음과 같이 나타낼 수 있다.

$$\frac{\mathcal{A}(\triangle A'B'C')}{\mathcal{A}(\triangle ABC)} = t^2 \quad \text{또는}$$

$$\mathcal{A}(\triangle A'B'C') = t^2 \mathcal{A}(\triangle ABC)$$

다시 $A(\triangle ABC)$를 $\mathcal{A}$, $A(\triangle A'B'C')$를 $\mathcal{A}'$으로 줄여서 표기한다면, 우리가 증명한 비례관계는 다음처럼 쓰일 수 있어.

$$\frac{\mathcal{A}'}{\mathcal{A}} = \frac{a'^2}{a^2}$$

168쪽에서 봤던 것처럼, 이는 다음과 같은 비례관계 또한 함의해.

$$\frac{\mathcal{A}'}{a'^2} = \frac{\mathcal{A}}{a^2}$$

a^2은 한 변의 길이가 a인 정사각형의 넓이지. 이 비례관계는 같은 비율로 확대된 **삼각형**과 **정사각형**이 처음과 **동일한 넓이비**를 가진다는 것을 의미하지.

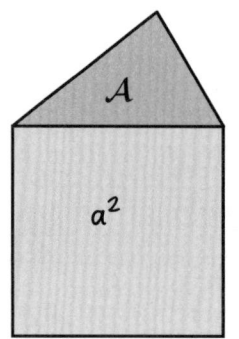
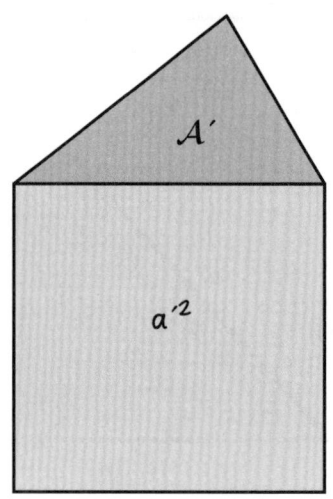

만약 삼각형이 정사각형 안에 들어맞는 경우, 닮은 삼각형들이 정사각형 내에서 **같은 비율**을 차지하고 있다는 말이기도 해.

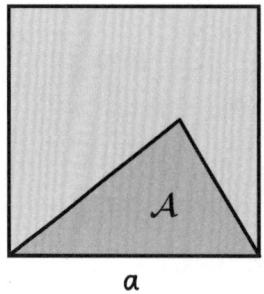

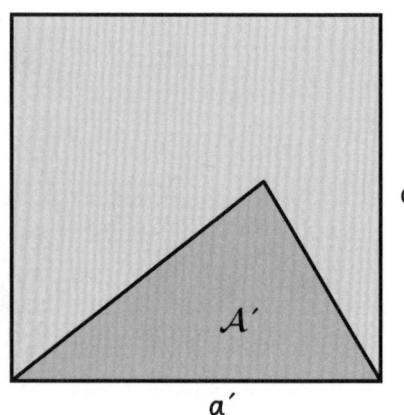

피타고라스 정리의 증명 #3

여기 우리의 오랜 친구인, $\angle C = 90°$이고 직각에서 빗변까지의 높이 CD가 주어진 직각삼각형 $\triangle ABC$가 있어. 그러면

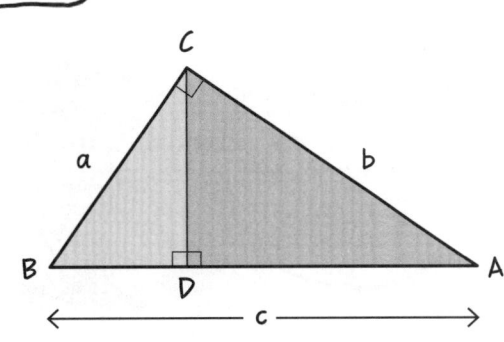

1. $\triangle ADC \sim \triangle CDB \sim \triangle ACB$ (정리 15-3)

2. 넓이관계로부터,

$$\mathcal{A}(\triangle ADC) + \mathcal{A}(\triangle CDB) = \mathcal{A}(\triangle ACB)$$

여기서 닮음인 두 삼각형의 넓이 합은 닮음인 세 번째 삼각형의 넓이로 주어져.

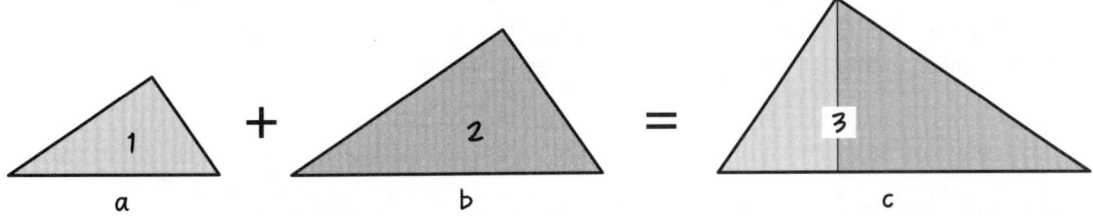

하지만 앞에서 본 바와 같이, 이 삼각형들은 모두 밑변을 포함하는 정사각형에서 **같은 비율**—r이라고 표기하자—만큼의 넓이를 차지해. 그러므로,

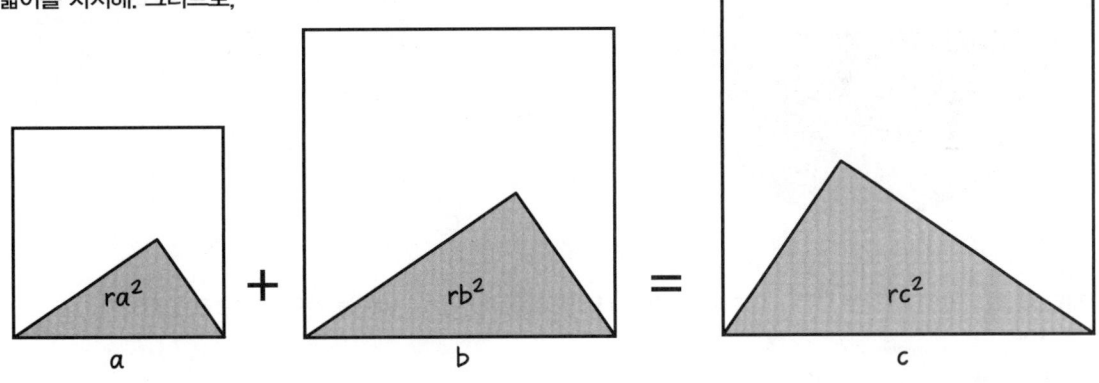

$$\frac{\mathcal{A}(\triangle 1)}{a^2} = \frac{\mathcal{A}(\triangle 2)}{b^2} = \frac{\mathcal{A}(\triangle 3)}{c^2} = r > 0, \text{ 그러므로}$$

$$\mathcal{A}(\triangle 1) = ra^2, \quad \mathcal{A}(\triangle 2) = rb^2, \quad \mathcal{A}(\triangle 3) = rc^2$$

$ra^2 + rb^2 = rc^2$ (두 삼각형의 넓이 합은 큰 삼각형의 넓이)

$a^2 + b^2 = c^2$ (양변을 r로 나눔) ∎

내가 가장 좋아하는 이 증명은, 평면상의 직각삼각형 안에서 나타나는 닮음 구조에서 공식이 어떻게 유도되는지를 가장 명확하게 보여줘. 피타고라스 정리는 **면이 평평**하다는 것을 말해주는 거지.

휘어진 세계에서는, 이 삼각형들은 서로 닮음이 아니고 따라서 정리는 더 이상 참이 아니야!

이것은 피타고라스 정리가 직각삼각형의 변 위에 위치한 **정사각형**들에 대해서만 성립하는 것이 아니라는 점도 다시 한 번 알려줘. **어떤 모양이든지**, 각 변의 길이에 비례하여 확대·축소되었다면, 그 넓이가 **정사각형**의 넓이와 **비례**하므로, 넓이들은 같은 방식으로 합산될 거야!

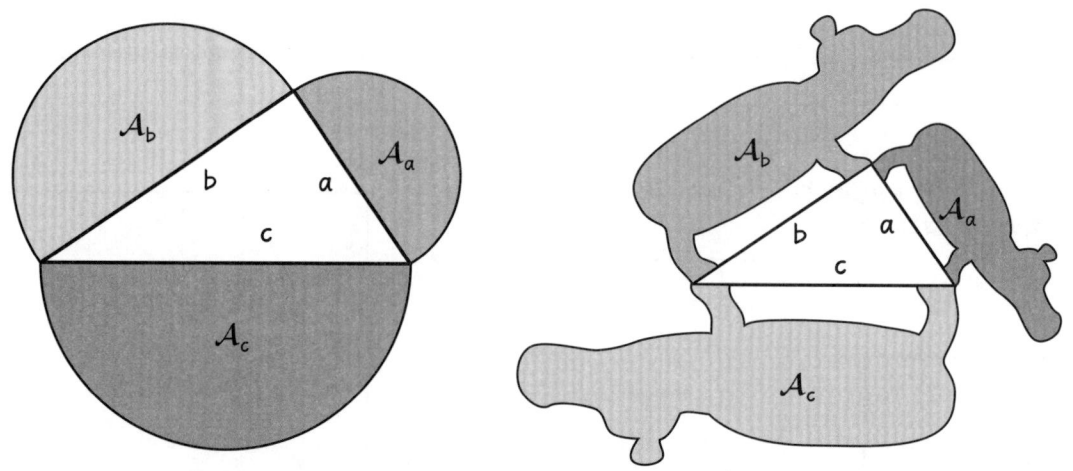

직각삼각형의 변 위에서는 무슨 모양이든지, 만약 서로가 닮음이라면, 그 넓이는 같은 방식으로 합산되지.

$$\frac{\mathcal{A}_b}{\mathcal{A}_a} = \frac{b^2}{a^2}, \quad \frac{\mathcal{A}_c}{\mathcal{A}_a} = \frac{c^2}{a^2}, \quad \text{그러므로}$$

$$a^2 + b^2 = c^2 \quad \Leftrightarrow$$

$$1 + \frac{b^2}{a^2} = \frac{c^2}{a^2} \quad \Leftrightarrow$$

$$1 + \frac{\mathcal{A}_b}{\mathcal{A}_a} = \frac{\mathcal{A}_c}{\mathcal{A}_a} \quad \Leftrightarrow$$

$$\mathcal{A}_a + \mathcal{A}_b = \mathcal{A}_c$$

예시: 축소 모형

모모는 집의 축소모형을 가지고 있어. 모형의 축척은 1:15이야. 이건 창문의 높이와 같이 집 안에 있는 모든 임의의 길이들이 이 모형상에서의 길이의 15배라는 것을 의미해.

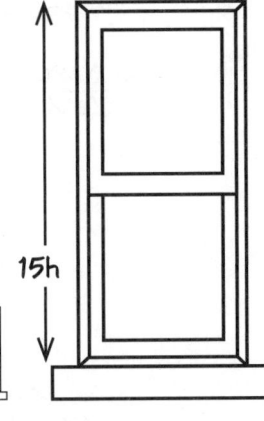

모모는 작은 페인트 한 캔을 사서 모형에 조심스럽게 칠하기 시작했어.

모형을 전부 칠하는 데는 0.3리터 정도의 페인트가 들었지.

집 전체를 칠하려면 얼마나 많은 페인트가 필요할까? 이건 벽의 표면적, 즉 넓이에 대한 문제야.
A_H를 집의 표면적, A_M을 모형의 표면적, L_H를 집 안의 어떤 길이, L_M을 모형에 해당하는 길이라고 하자.

다음이 주어져 있으므로

$$\frac{L_H}{L_M} = 15$$

따라서

$$\frac{A_H}{A_M} = \left(\frac{L_H}{L_M}\right)^2 = 15^2$$
$$= 225$$

사용해야 하는 페인트의 양은 넓이에 비례할 거야. 다시 말해,

$$\frac{페인트(집)}{페인트(모형)} = \frac{A_H}{A_M} = 225$$

$$\frac{페인트(집)}{0.3L} = 225$$

$$페인트(집) = 225(0.3L) = 67.5L$$

모모는 집 전체를 칠하는 데 67.5리터의 페인트를 사용해야 할 거야.

연습문제

1. 두 핸드폰 액정이 동일한 가로세로비를 가지고 있다고 하자. 그중 하나의 대각선이 **5.5″**이고, 다른 하나는 **6.2″**이라고 하자. 만약 A가 큰 화면의 넓이, A'이 작은 화면의 넓이라고 할 때, A/A'의 값은 얼마일까? (화면이 둥근 모서리 부분이 없는 완전한 직사각형이라고 가정하자.)

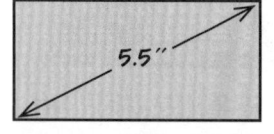
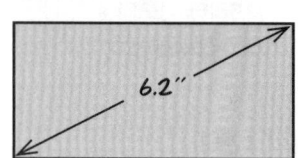

   a. 대략 127/100
   b. 대략 1.27
   c. 3,844/3,025
   d. 위의 보기 모두
   e. 보기 중 정답 없음
   f. 가로세로비 없이는 답할 수 없음

2. △ABC에서, P와 Q가 각각 AB와 AC의 중점이라고 하자.

   a. $\dfrac{A(\triangle APQ)}{A(\triangle ABC)} = ?$ b. $\dfrac{A(\triangle APQ)}{A(PQCB)} = ?$

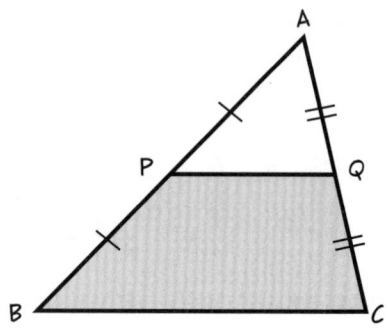

3. 다음 조건에 대하여 연습문제 2를 다시 풀어보자.

   $\dfrac{AP}{AB} = \dfrac{AQ}{AC} = \dfrac{1}{3}$

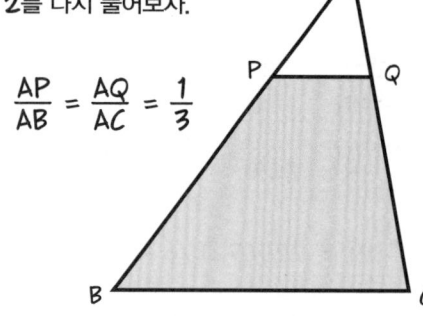

4a. 큰 정사각형과 그 안에 색칠된 작은 정사각형 간의 넓이의 비율은 얼마일까?

4b. 색칠된 작은 정사각형과 모서리에 색칠된 삼각형 한 개의 넓이의 비율은 얼마일까?

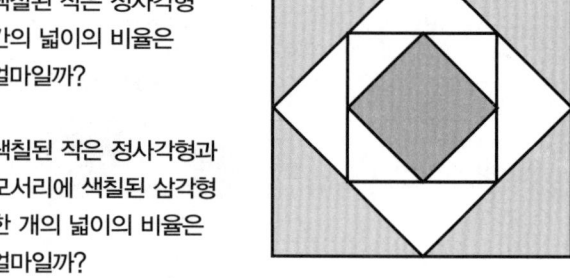

5. △ABC∼△DEF라고 하자. A가 옅은 색으로 색칠된 작은 부분의 넓이이고, A'이 옅은 색으로 색칠된 큰 부분의 넓이라고 할 때, 다음이 성립함을 보여라.

   $\dfrac{A'}{de} = \dfrac{A}{ab}$

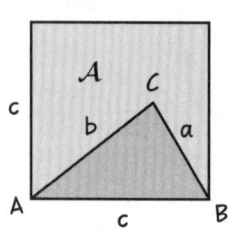
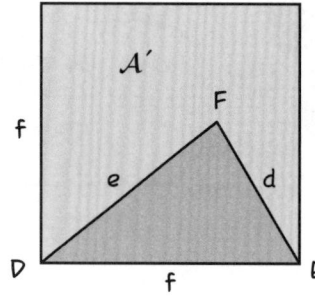

6. 연습문제 3에서, AP/AB=AQ/AC=1/3일 때, 만약 R이 BC의 중점이라면, 다음 값은 얼마일까?

   $\dfrac{A(\triangle QRC)}{A(PQRB)} = ?$

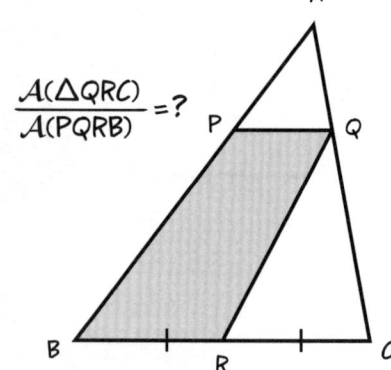

Chapter 17
돌고 돌아 원으로

마침내, 색다른 주제인, 휘어진 것들에 대해서

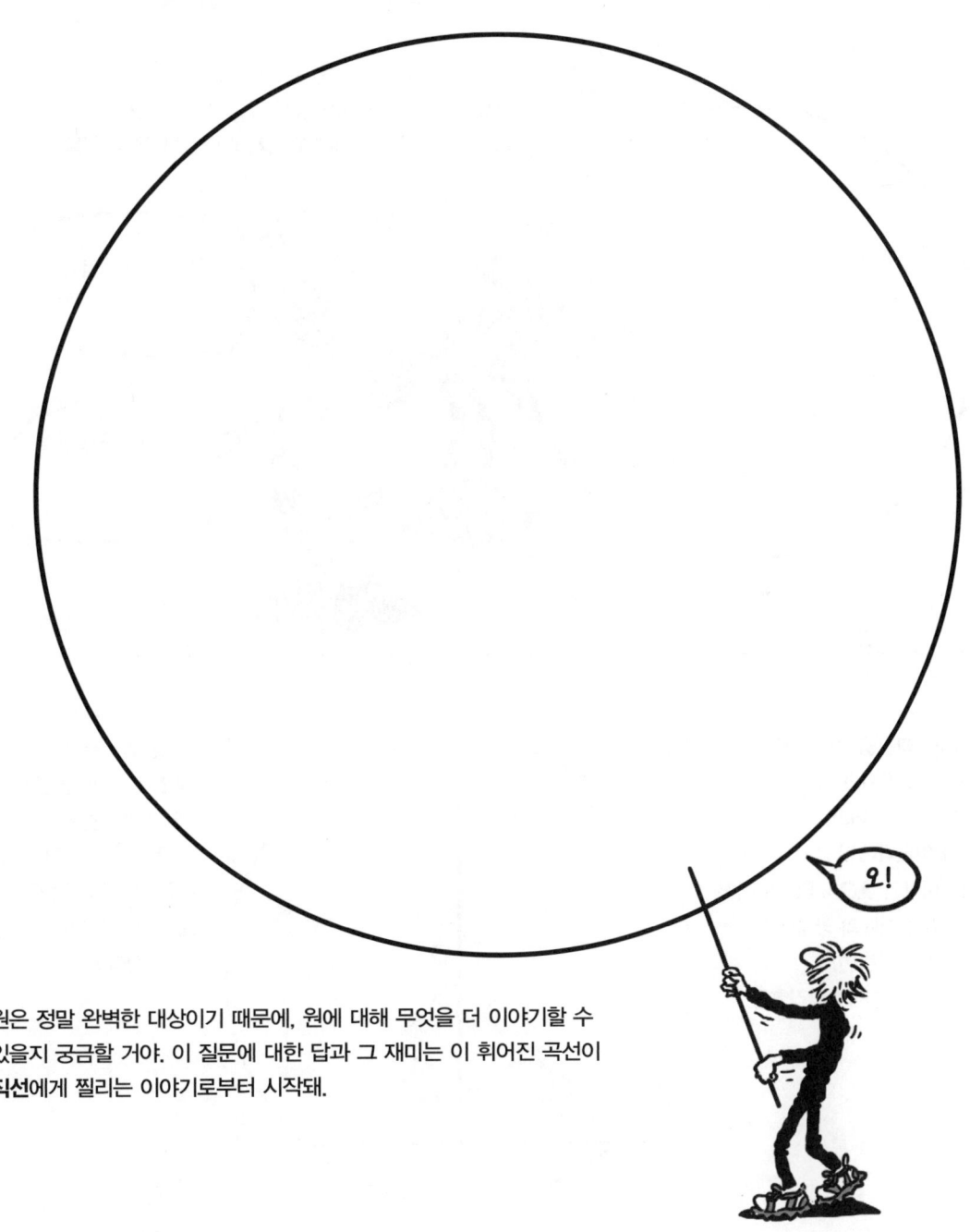

원은 정말 완벽한 대상이기 때문에, 원에 대해 무엇을 더 이야기할 수 있을지 궁금할 거야. 이 질문에 대한 답과 그 재미는 이 휘어진 곡선이 **직선**에게 찔리는 이야기로부터 시작돼.

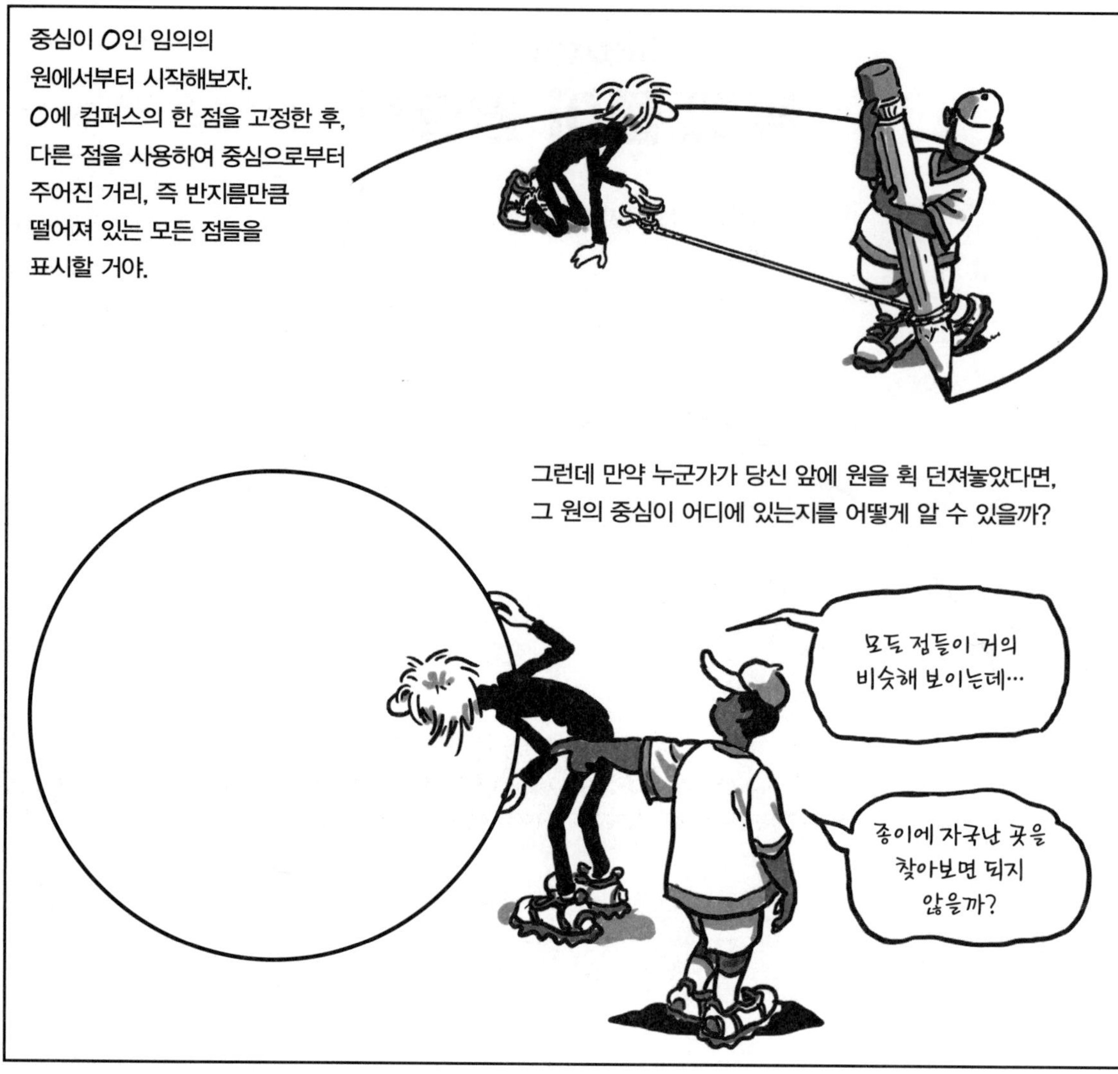

중심이 O인 임의의 원에서부터 시작해보자. O에 컴퍼스의 한 점을 고정한 후, 다른 점을 사용하여 중심으로부터 주어진 거리, 즉 반지름만큼 떨어져 있는 모든 점들을 표시할 거야.

그런데 만약 누군가가 당신 앞에 원을 휙 던져놓았다면, 그 원의 중심이 어디에 있는지를 어떻게 알 수 있을까?

모든 점들이 거의 비슷해 보이는데…

종이에 자국난 곳을 찾아보면 되지 않을까?

우리는 다음을 알고 있어. 만약 A와 B가 원 위의 임의의 두 점이고, O가 어딘가에 있는 중심이라면, AO = BO일 거야. A와 B가 지름의 양 끝점인 경우만 아니라면, △AOB는 **이등변삼각형**을 이루게 되겠지.

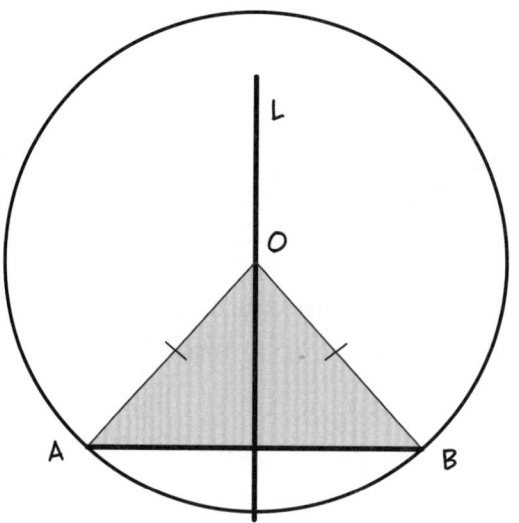

어떤 경우든, **AB의 수직이등분선**은, 원의 중심인 삼각형의 꼭짓점을 통과하게 될 거야. 다시 말해서, 점 O는 L 위에 있어야만 하지. (따름정리 6-3.1)

AB와 같이 양 끝점이
원 위에 존재하는 선분을

현

이라고 해.

정리 17-1. 원의 중심은 임의의 현의 수직이등분선상에 존재한다.

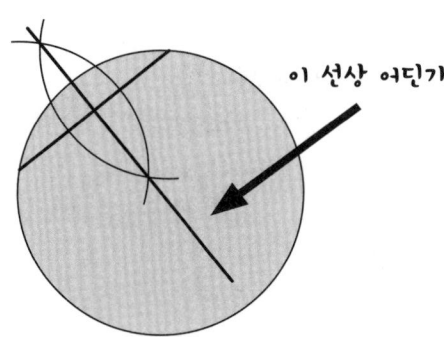

이 선상 어딘가

중심은 지름의
중점이기 때문에,
이 내용은 현이
지름이 되는
경우에도
여전히 참이야.

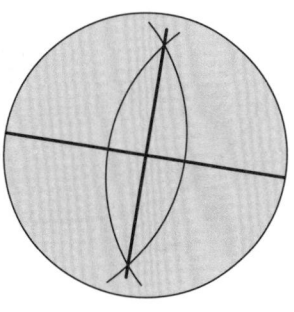

그러면, 정확히, 선상의 어디쯤에 중심이 위치할까? 중심을 찾는 두 가지 방법이 있어.

1. AB와 평행하지 않은 또 다른
현 *CD*를 잡으면, 두 현의 수직이등분선은
원의 중심에서 교차한다.
(95쪽의 작도와 한번 비교해보자.)

또는

2. AB의 수직이등분선을 연장해서
지름을 구한 뒤, 이에 대한 중점을 구한다.

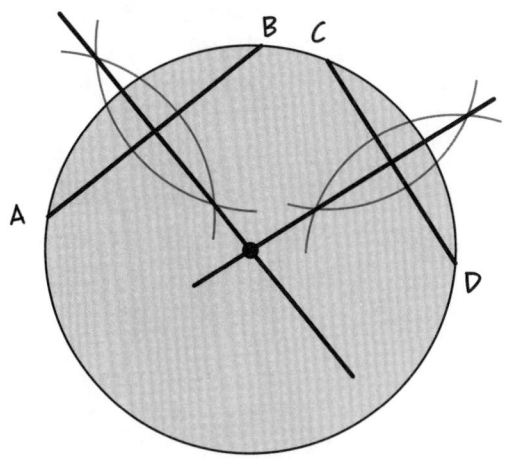
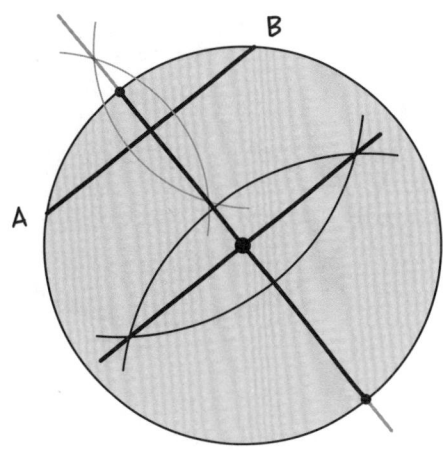

원 안의 각들

중심각은 원의 중심을 꼭짓점으로 가지는 각을 의미해.
각을 이루는 두 반직선이 원과 A와 B에서 만난다고 가정해보자.

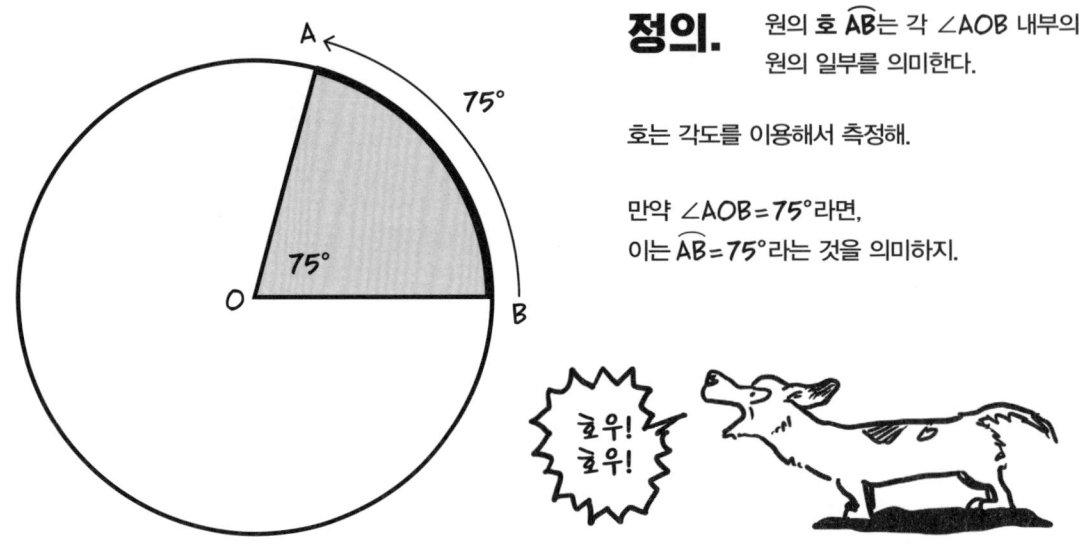

정의. 원의 호 $\widehat{AB}$는 각 ∠AOB 내부의 원의 일부를 의미한다.

호는 각도를 이용해서 측정해.

만약 ∠AOB = 75°라면,
이는 $\widehat{AB}$ = 75°라는 것을 의미하지.

원은 "전체를 둘러가기" 때문에, 우리는 각 ∠AOB의 **바깥**에 있는 호 또한 포함할 거야.
이러한 호는 그림과 같이 **180°**를 넘는 각도로 측정되지.

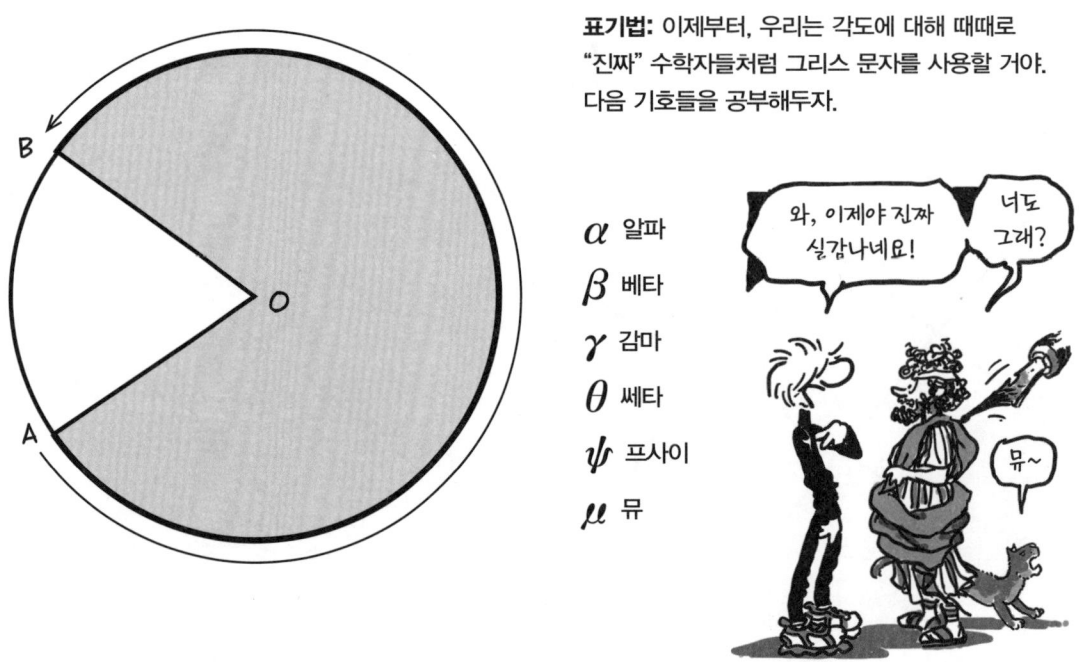

표기법: 이제부터, 우리는 각도에 대해 때때로 "진짜" 수학자들처럼 그리스 문자를 사용할 거야. 다음 기호들을 공부해두자.

α 알파
β 베타
γ 감마
θ 쎄타
ψ 프사이
μ 뮤

두 개의 현이 끝점을 공유한다면,
현도 각을 만들어낼 수 있어.
이 각들을

원주각

이라고 부르지.
원주각 또한 호를 만들어내.

만약 이 중 하나의 현이 중심을 통과한다면, 우리는 호의 중심각과 원주각을 비교해볼 수 있어.

△AOC는 이등변삼각형이다. 따라서 ∠OAC = ∠OCA = α이고, 세 번째 각은 $\theta = 180° - 2\alpha$가 된다.

그런데 ∠COA와 ∠AOB는 선형 쌍이므로, $\theta = 180° - \mu$가 된다.

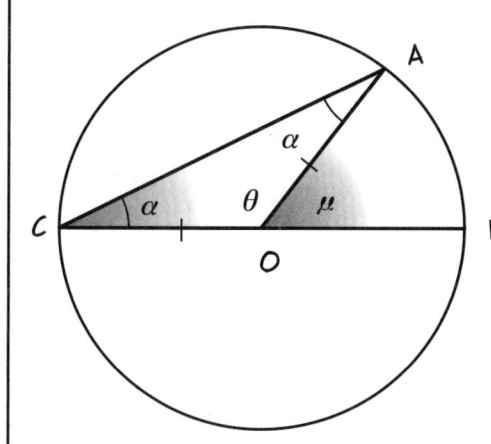

그리스 문자!

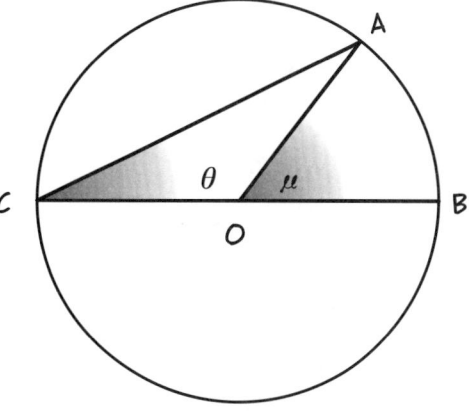

그러므로

$$180° - \mu = 180° - 2\alpha$$

가 성립하고, 따라서

$$\mu = 2\alpha$$

중심각은
원주각의 두 배이다.

각도는 서로 더할 수 있으므로…
우리는 원주각과 중심각을 비교할 수 있어.
심지어 양쪽 현 모두 지름이 아닌 경우에도 말이지.

정리 17-2. 모든 원주각은 대응하는 호에 대한 **중심각**의 절반이다.

증명.
주어진 현 AC와 BC, 그리고 중심각 ∠AOB에 대해서, ∠AOB = 2∠ACB임을 보이자.
지름 CO D가 원주각의 내부에 있는 경우와 외부에 있는 경우, 두 가지 가능성이 있다.

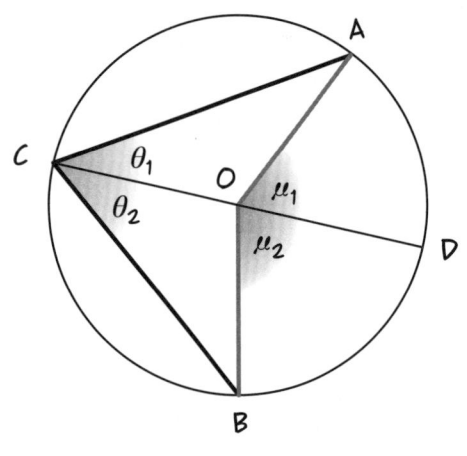

1. 먼저 지름 CO D가 원주각 ∠AOB **내부**에 있다고 가정해보자.

2. 그림과 같이 각도들을 $\mu_1, \mu_2, \theta_1, \theta_2$로 표기하면, 195쪽에서 본 바와 같이 다음이 성립한다.

$$\mu_1 = 2\theta_1 \quad \mu_2 = 2\theta_2$$

3. $\angle AOB = \mu_1 + \mu_2$
$= 2\theta_1 + 2\theta_2$
$= 2(\theta_1 + \theta_2) = 2\angle ACB$

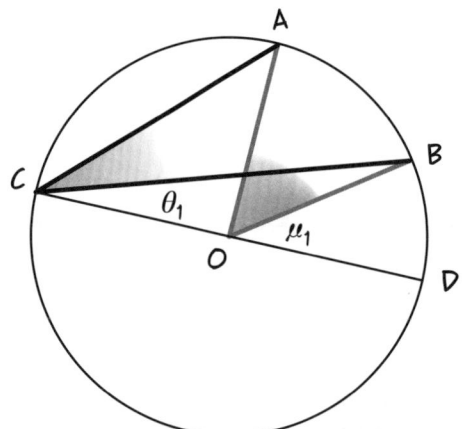

4. 만약 지름 CO D가 ∠AOB의 **외부**에 있다면,

$$\mu_1 = 2\theta_1$$
$$\angle AOB + \mu_1 = 2(\angle ACB + \theta_1)$$
$$= 2\angle ACB + 2\theta_1$$

$2\theta_1$을 μ_1로 치환하면,

$$\angle AOB + \mu_1 = 2\angle ACB + \mu_1 \quad \text{그러므로}$$

$$\angle AOB = 2\angle ACB \blacksquare$$

덧셈과 뺄셈을 위하여!

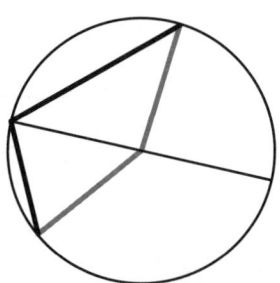

이 정리는 호가 180°를 넘는 경우에도 마찬가지로 성립해.

따름정리 17-2.1. 같은 호를 이루는 모든 원주각의 크기는 서로 같다.

증명. 모든 원주각의 크기는 해당 호에 대한 중심각의 절반이다. ∎

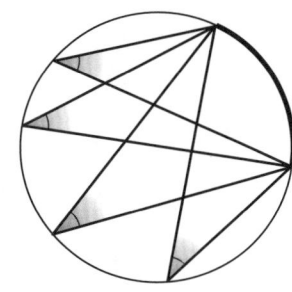

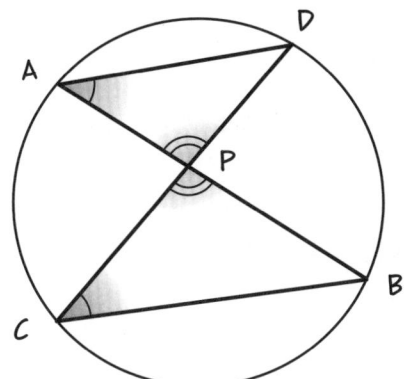

따름정리 17-2.2. 만약 두 현 AB와 CD가 점 P에서 교차한다면, △APD ∼ △CPB이다.

증명. 따름정리 17-2.1에 의해 ∠A = ∠C이고, 맞꼭지각 ∠APD = ∠CPB가 성립한다. 두 각이 같으므로, 두 삼각형은 닮음이다. ∎

따름정리 17-2.3. 만약 두 현 AB와 CD가 점 P에서 교차한다면,

$$AP \cdot PB = CP \cdot PD$$

증명. 따름정리 17-2.2에 의해 △APD ∼ △CPB이고, 따라서 대응하는 변들의 길이는 서로 비례관계에 있다.

$$\frac{AP}{PD} = \frac{CP}{PB}$$

식을 정리하면 언급된 결과를 얻는다. ∎

따름정리 17-2.4. (탈레스 정리) 만약 AB가 지름이고, C가 원 위에 또 다른 점이라면, △ABC는 **직각삼각형**이다.

증명. ∠AOB는 180°인 호를 가지므로, ∠ACB = 180°/2 = 90°이다. ∎

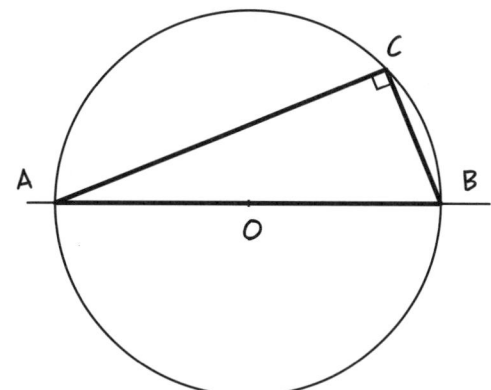

접선

원과 한 점에서만 만나는 직선이 있을까?
수학자들 말에 따르면, 마치 '키스'하는 것
같은 선 말이야.
(실제로 수학자들은 '상접하다'라는
낱말을 사용해.)

정리 17-3.
원 위의 각 점에 대해서, 그 점에서만 원과 교차하는 직선이 **정확하게 하나** 존재한다.

증명.
중심을 O로 가지는 원 위의 한 점 A에 대해서, L이 A를 지나며 L⊥OA인 직선이라고 하자.
우리는 먼저 L이 원과 A를 제외한 점에서 만나지 않는다는 것을 보이고, 또한 A를 지나는
또 다른 직선들은 원의 다른 점에서 교차한다는 사실을 증명할 것이다.

1. B를 L 위의 다른 점이라고 하자.   (줄자 공리)

2. L⊥OA   (가정)

3. △OAB는 OB를 빗변으로 가지는 직각삼각형이다.   (정의)

4. OB > OA   (정리 7-3)

5. B는 원 위에 있지 않다.   (원의 정의)

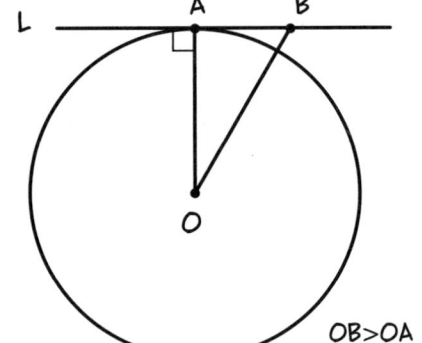

이제, M을 A를 지나며 OA와 수직으로 만나지 **않는** 직선이라고 하자.
그러면 M과 OA는 한쪽에서 각도 θ < 90°를 이루게 된다.

6. 반지름 OA에 대하여 ∠θ와 같은 쪽에
   놓여 있고, OA와 $\mu = 180° - 2\theta$를
   이루며, M과 점 C에서 만나는
   반직선 $\overline{OC}$를 그리자.

7. ∠ACO = 180° − (θ + μ)   (정리 10-4)
          = θ

8. △AOC는 OA = OC인 이등변삼각형이다.   (정리 6-2)

9. C는 원 위에 있고, 따라서 M은
   원과 두 점에서 만난다. ■   (원의 정의)

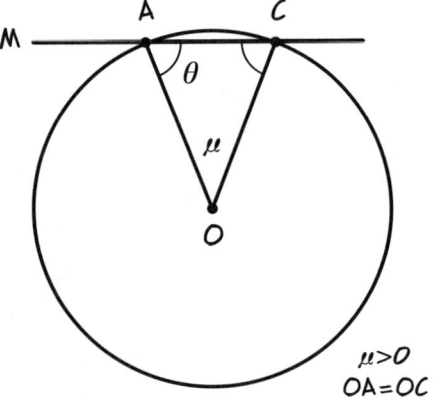

정의. 원과 한 점에서만 만나는 직선을 원에 대한 **접선**이라고 부른다.

정리 17-3에 따르면, 이 운 좋은 원의 모든 점에 대해서 '키스하는' 접선이 정확히 하나씩 존재하고, 이 선은 해당 점에서 반지름과 수직을 이루지.

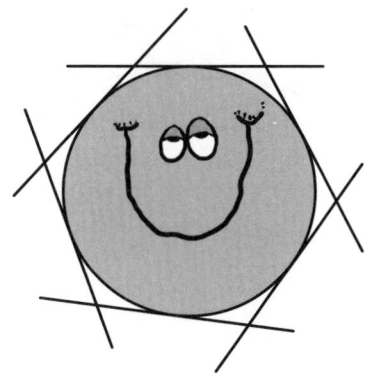

다음 정리는 평면상에 있는 원 외부의 점에서 어떻게 접선을 '조준'하는지 말해줘.

정리 17-4.
원 C 외부에 있는 점 P에 대해서, P를 포함하는 접선이 두 개 존재한다.

증명.

1. 원 C의 중심 O를 찾고, 직선 OP를 그리자. (95쪽의 작도; 공리 2)

2. OP의 중점 M을 표시하자. (93쪽의 작도)

3. 반지름이 OM이고 M을 중심으로 하는 원 C'을 그리자. (원의 정의)

4. OMP는 C'의 지름이 된다. (지름의 정의)

5. C와 C'이 점 Q와 R에서 만난다고 하자. (공리 6)

6. ∠OQP와 ∠ORP는 직각이다. (따름정리 17-2.4)

7. PR과 QP는 C에 대한 접선이다. ∎ (정리 17-3)

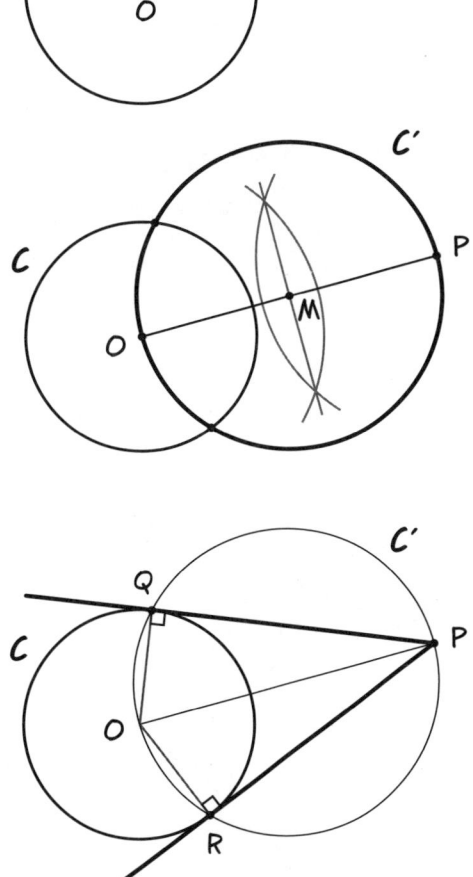

실생활에서의 접선

여기 재스퍼가 원형 언덕을 걸어가고 있어. 정상에 다가갈 때는 오르막길을 오르고, 정상을 지난 후에는 내리막을 걷지.

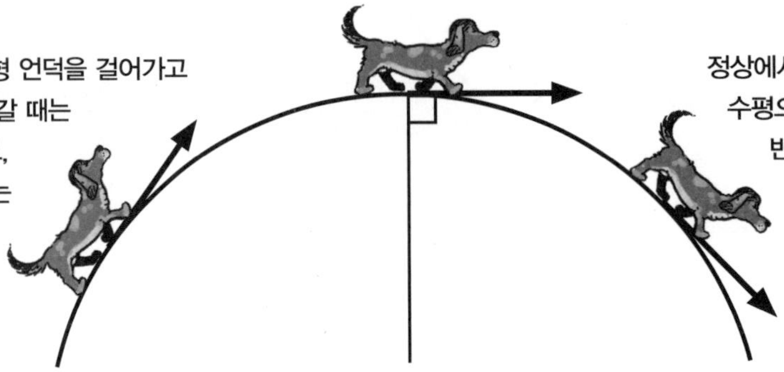

정상에서 재스퍼는 정확히 수평으로 이동할 거야. 이때 반지름에는 정확히 수직이 되겠지.

아니면 관람차처럼, 회전하는 원을 생각해보자. 같은 이유로

원의 접선은 **그 지점에서의 원의 진행방향**이 된다.

음, 이건 살짝 이해하기 어렵네요…

현실에서 이 말의 의미를 찾아보자. 만약 비앙카가 가방을 들고 원을 그리며 휘두르다 놓게 되면, 그 가방은 그 지점에서의 원의 접선을 따라 문자 그대로 '접선을 타고 날아'가게 될 거야.

연습문제

1. x의 값을 구하라.

   a.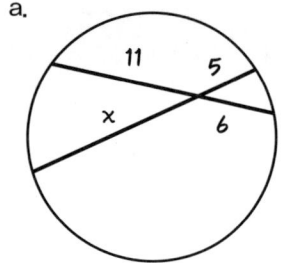

   b.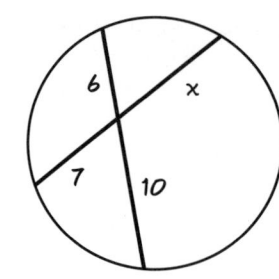

   c. 여기선 AP=PB.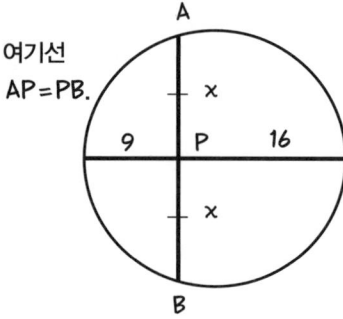

2. 두 개의 현이 원 밖의 점 P에서 만난다고 가정하자.

   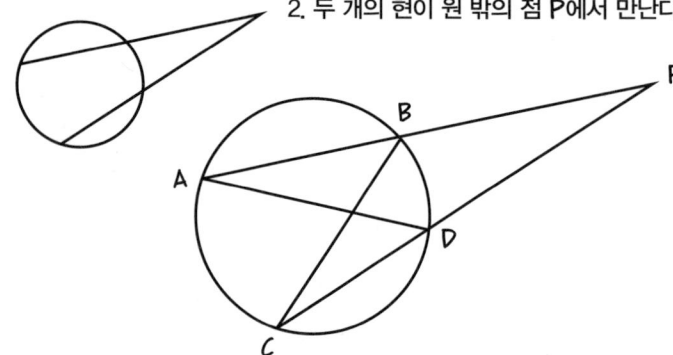

   a. 현 AD와 BC를 그렸을 때, 꼭짓점 P를 포함하는 서로 닮음인 삼각형 쌍이 있을까? 그 이유는?

   b. PA · PB = PD · PC임을 보여라.

   c. 호에 대한 각도를 $\widehat{AC}$와 같이 표기할 때, $\angle P = \frac{1}{2}(\widehat{AC} - \widehat{BD})$임을 보여라.

3. 각 ∠BAC의 **이등분선** 위의 임의의 점 P에서, AB와 AC와 수직인 PQ와 PR을 그리자.

   a. 왜 △AQP≅△ARP일까? PQ = PR임을 보여라.

   b. P를 중심으로 하고 반지름이 PQ = PR인 원은 왜 $\overline{AB}$ 그리고 $\overline{AC}$와 접할까?

   c. △ABC에서, 각 B의 **이등분선**이 각 A의 이등분선과 점 D에서 만날 때, D를 중심으로 하는 원이 AB와 AC에 접하고 BC와도 접하는 이유는 무엇일까?

   d. 내접하는 원을 삼각형에 대한 **내접원**이라고 부른다. 내접원의 작도법으로부터, 우리는 삼각형의 세 각의 이등분선이 한 점에서 만난다고 할 수 있을까?

   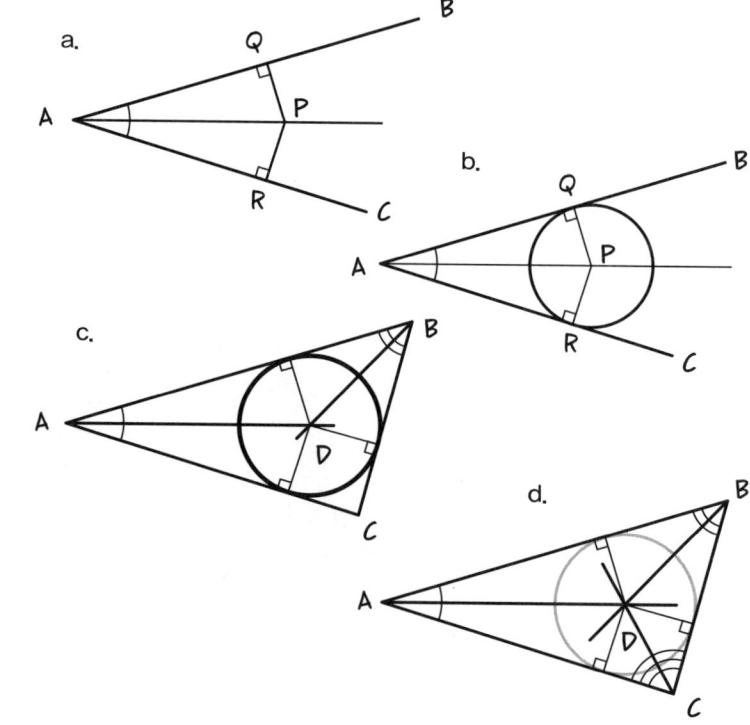

Chapter 18
기하평균
평균을 구하는 흥미롭고 새로운 방식

이 장에서는 현을 이등분하는 지름에 대해 알아볼 거야.

여기서, 현의 절반인 g는 h보다는 크고 k보다는 작은 것을 확인할 수 있어. 우리는 이 g가 h와 k에 대한 일종의 '기하평균'임을 보일 거야.

203

옛날 방식의 **산술평균**은 수직선상에서 두 수의 중간에 위치한 값을 의미해.
만약 케빈의 키가 **180cm**, 모모의 키가 **140cm**라면,
그들의 **평균 키 m**은 180과 140 사이의 중간값을 의미하고,
그 값은 두 수로부터 같은 거리만큼 떨어져 있을 거야.

$$180 - m = m - 140$$
$$2m = 180 + 140$$
$$m = \frac{320}{2}$$
$$m = 160 \text{ cm}$$

우연히도, G 교수님의 키가 딱 160cm지.

일반적으로, 임의의 두 수 a, b에 대해서 ($a < b$라고 가정하자), 둘의 산술평균 m은 다음 방정식을 만족해.

(1) $\quad 2m = a + b$

(2) $\quad m = \dfrac{a+b}{2}$

(3) $\quad b - m = m - a$

방정식 (1)이 의미하는 것은 두 수를 더하는 것은 **평균을 두 번 더하는 것**과 같다는 거야.

$$m + m = a + b$$

$$2 \times 160 = 180 + 140$$

이제 덧셈 대신 **곱셈**을 사용하여 동일한 것을 시도해보자.
말뚝에 묶어둔, 길이가 1인 고무줄을 상상해보자.
이 줄이 h배만큼 늘어나고, 이후에 k배 늘어났다고 하면, 최종적으로 길이는 hk가 될 거야.
예를 들어, 만약 h = 2 그리고 k = 3이라면, 고무줄은 6만큼 늘어나게 되겠지.

두 번 당겼을 때 이와 **같은 길이**를 얻는 배율 g는 얼마일까?

일반적으로, 우리는 $g^2 = hk$임을 알 수 있고, 따라서 $g = \sqrt{hk}$가 성립해.

예시

h=2, k=3	h=1, k=2	h=0, k=2	h=5, k=6
$g = \sqrt{6} \approx 2.449$	$g = \sqrt{2} \approx 1.414$	$g = \sqrt{0} = 0$	$g = \sqrt{30} \approx 5.477$
h=6, k=24	h=1, k=9	h=0, k=$1{,}274\frac{1}{3}$	h=5, k=125
$g = \sqrt{144} = 12$	$g = \sqrt{9} = 3$	$g = \sqrt{0} = 0$	$g = \sqrt{625} = 25$

h와 k의

기하평균 이라고

불리는 이 수, g는 앞(204쪽)에서
살펴본 것과 유사한 방정식들을 만족해.
여기서 덧셈은 곱셈으로, 뺄셈은
나눗셈으로, 절반을 취하는 건
제곱근을 취하는 것으로
대체되는 차이가 있지.

(4) $g^2 = hk$

(5) $g = \sqrt{hk}$

(6) $\dfrac{k}{g} = \dfrac{g}{h}$

멋지네요!
하지만 어느 부분이
기하학적인 거죠?

이 평균은 '직사각형과 넓이가 같은 정사각형' 문제를 해결해주기 때문에 기하학적이야.

이 문제는 대수학을 사용하면 쉽게 해결되지.

$$g^2 = hk$$
$$g = \sqrt{hk}$$

여기서 g는 h와 k의 곱에 제곱근을 씌운 값으로 얻어져.

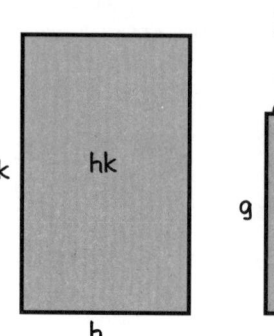

하지만 이걸 어떻게 **작도**할까? 그것이 문제로다!

놀라울 수도 있지만, 우리는 **원**을 사용해서 이 문제를 해결할 수 있어.

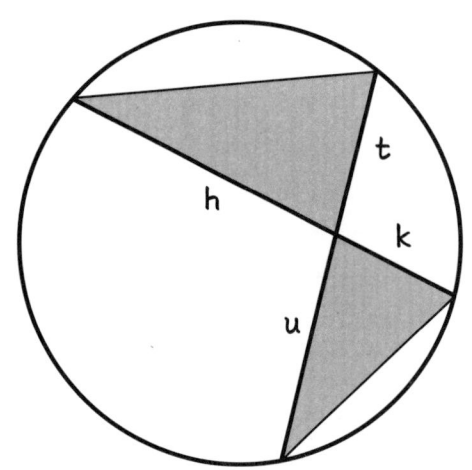

지난 장에서, 우리는 두 현이 원 안에서 교차할 때 생기는 색칠된 두 삼각형이 서로 닮음이라는 사실을 확인했어. (따름정리 17-2.2).
다음 비례식에서

$$\frac{h}{u} = \frac{t}{k}$$

uk를 양변에 곱하면, 식은 다음과 같이 변하지.

$$hk = tu \qquad \text{(따름정리 17-2.3)}$$

$t = u$인 경우라면 어떻게 될까?

여기 M을 중점으로 가지는 현 AB가 있어.
$g = AM = MB$라고 하자. 그러면 M을 통과하는 **모든 현**들은 다음을 만족하는 h와 k를 가지게 될 거야.

$$g^2 = hk$$

원이네요, 와우.

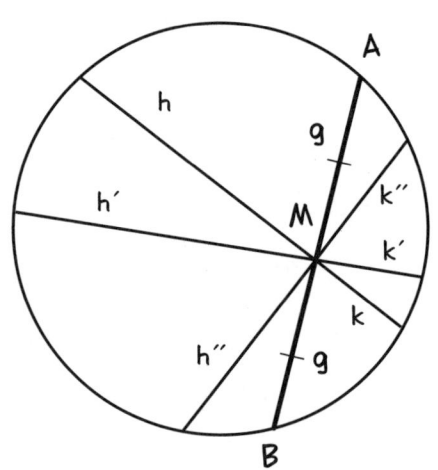

변의 길이가 h와 k로 주어진 직사각형에 대해서, 이에 대한 기하학적 평균을 찾으려면 어떤 원을 그려야 할까?

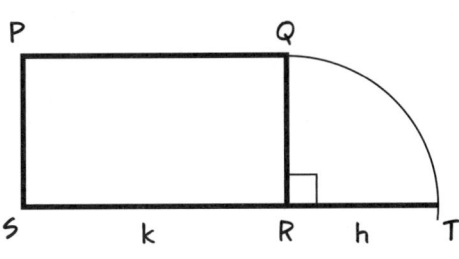

주어진 직사각형 PQRS에 대해서, SR을 길이 h = QR만큼 연장해서, 길이가 h+k인 선분 ST를 그리자.

ST의 중점 O를 찾고, 이 점을 중심으로 하고 반지름이 OS = OT인 원을 그리자.

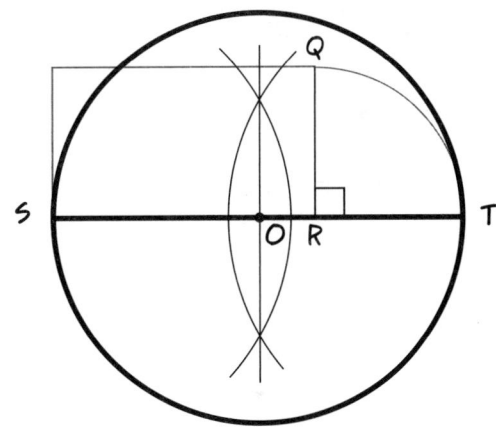

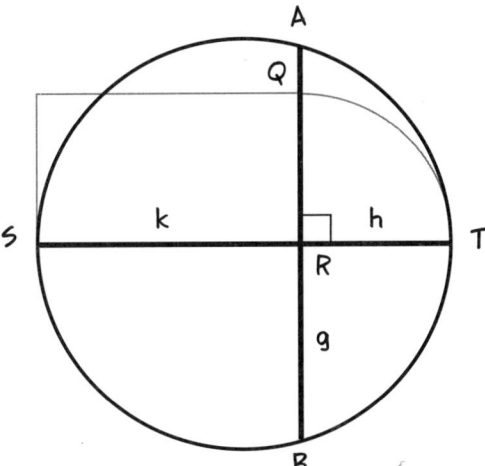

선분 RQ를 연장하여, 원과 만나는 점을 A와 B라고 하면, 지름 ST는 AB를 이등분할 거야. (그 이유는?)
g = AR = RB라고 하자.

따름정리 17-2.3에 의해서

$$g^2 = hk$$

g는 h와 k의 기하평균이 되고, RB를 한 변으로 하는 정사각형은 원래의 h×k 직사각형과 넓이가 같게 될 거야.

좀 멋진데!

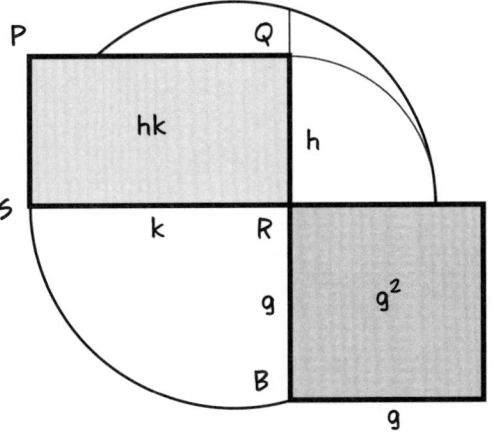

요약하자면: h와 k의 기하평균은, 두 길이를 이어서 놓고서, 전체 선분의 중점을 중심으로 하고 선분의 양 끝점을 지나는 원(반원이면 충분해)을 그린 뒤, 길이 k 지점에서 수직선을 올려서 찾을 수 있어.

피타고라스 정리의 증명 #4

각 변이 a, b, c이고, c가 빗변이고 $\angle C = 90°$인 직각삼각형 △ABC가 있다고 하자.

B를 중심으로 하고 반지름이 $c(=AB)$인 원을 그리자.

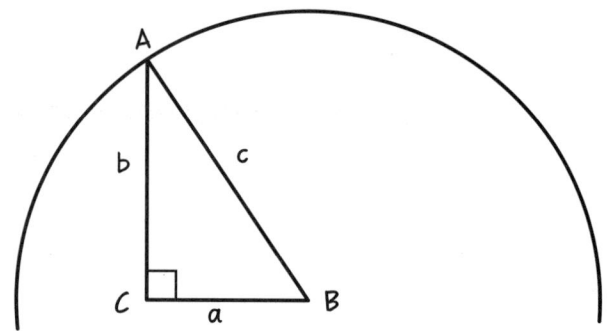

CB를 연장하여 B를 중점으로 하는 지름 EF를 그리자. 그러면

$$EC = c - a$$
$$CF = c + a$$

$AC = b$는 EC와 CF의 기하평균이 된다. 즉

$$b^2 = (c-a)(c+a)$$
$$= c^2 - a^2$$

$$c^2 = a^2 + b^2 ∎$$

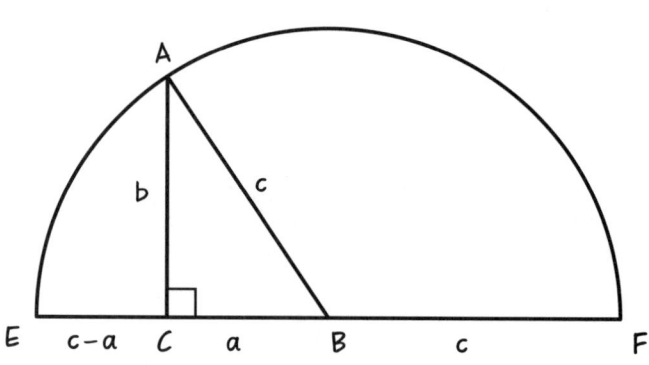

피타고라스 세 쌍 주의: 엄청난 대수학 접근 중!

b를 기하평균으로 가지는 두 수를 강조하기 위해서, m과 n이라고 부르자.

$$m = c+a \quad n = c-a$$

그러면

$$m+n = 2c \quad m-n = 2a \quad mn = b^2$$

또는

$$c = \frac{m+n}{2} \quad a = \frac{m-n}{2} \quad b = \sqrt{mn}$$

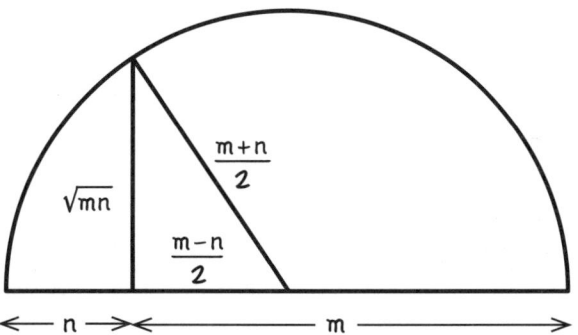

갑자기 우리는 **모든 삼각형의 변이 정수일 때**를 확인할 수 있어.

만약 m과 n이 모두 **홀수**(1, 3, 5, …)라면 m+n과 m−n 모두 짝수가 되고,* 따라서 c와 a는 모두 정수가 될 거야.

$$c = \frac{m+n}{2}, \quad a = \frac{m-n}{2}$$

만약 m과 n이 모두 **제곱수**로 주어지고 $m = p^2$, $n = q^2$이라면, b는 정수가 되지.

$$b = \sqrt{mn} = \sqrt{p^2 q^2} = pq$$

결과적으로:
만약 m과 n이 모두
홀수의 제곱($1^2, 3^2, 5^2, …$)이라면,
a, b, c 모두 정수가 될 거야!

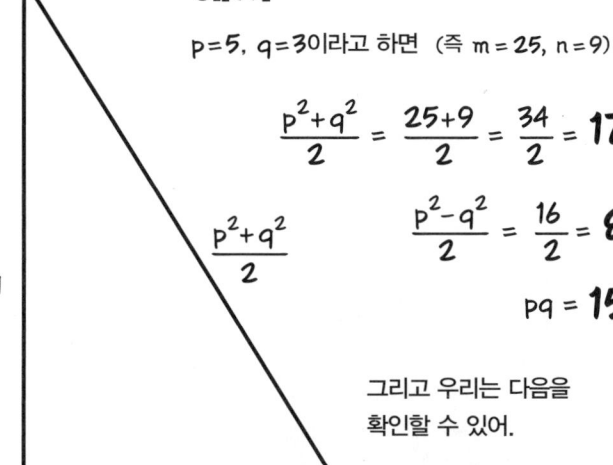

예시:

p=5, q=3이라고 하면 (즉 m = 25, n = 9)

$$\frac{p^2+q^2}{2} = \frac{25+9}{2} = \frac{34}{2} = 17$$

$$\frac{p^2-q^2}{2} = \frac{16}{2} = 8$$

$$pq = 15$$

그리고 우리는 다음을 확인할 수 있어.

$$8^2 + 15^2 = 64 + 225$$
$$= 289$$
$$= 17^2$$

* 홀수 ± 홀수 = 짝수임을 기억할 것.

$p > q$인 임의의 홀수의 쌍 (p, q)는
다음과 같은 피타고라스 세 쌍을 만들어내.

p	q	pq	$\frac{p^2-q^2}{2}$	$\frac{p^2+q^2}{2}$
3	1	3	4	5
5	1	5	12	13
7	1	7	24	25
5	3	15	8	17
7	3	21	20	29
9	3	27	36	45
9	5	45	28	53

등.

우린 각 줄마다 $a^2+b^2 = c^2$임을
확인하거나, 대수학으로 넘어갈 수도 있어.
$m = p^2$ 그리고 $n = q^2$으로 표기하면,

$$a^2+b^2 = \left(\frac{m-n}{2}\right)^2 + mn$$

$$= \frac{m^2-2mn+n^2}{4} + \frac{4mn}{4}$$

$$= \frac{m^2+2mn+n^2}{4}$$

$$= \left(\frac{m+n}{2}\right)^2 = c^2$$

두 줄이 강조되어 있는 이유는 하나가 다른 하나에 대한
배수의 값이기 때문이야.

$$(27, 36, 45) = 9 \times (3, 4, 5)$$

그 이유는 이를 생성하는 숫자 쌍(9, 3)이 다른
생성 숫자 쌍(3, 1)의 세 배로 주어지기 때문이지.
9와 3은 3을 **공약수**로 가져.

만약 p와 q가 (1보다 큰) 공약수를 가지지 않는다면,
이로 인해 만들어지는 세 쌍 (a, b, c) 또한 공약수를
가지지 않고, 따라서 더 작은 피타고라스 세 쌍으로
'축소'될 수 없을 거야. 우리는 이러한 세 쌍을

원시 피타고라스 세 쌍
이라고 불러.

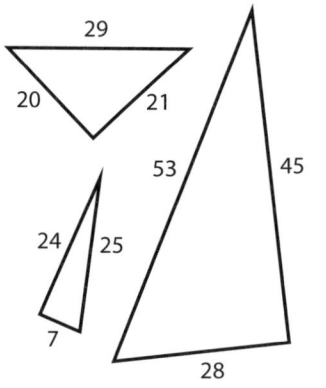

사실, 공약수가 없는 홀수쌍 p, q는
이 공식에 의해서 **모든** 원시 피타고라스
세 쌍을 만들어내고, **모든 다른 피타고라스 세 쌍**은
원시 쌍의 정수배로 얻어지게 되지.*

* 증명은 피타고라스 세 쌍에 대한 위키피디아 문서에서 찾아볼 수 있어.

참고: 여기서 영감을 받거나 또는 혼란스러운 채로 더 나아가다 보면, 피타고라스 세 쌍을 만들어내는 **또 다른** (조금 더 간단한) 공식을 만나게 될 거야.

비록 더 쉬운 공식이지만,* 이를 유도하는 건 조금 더 까다로워. 만약 도전해보고 싶다면, 다음 다이어그램부터 시작해보는 게 좋을 거야.

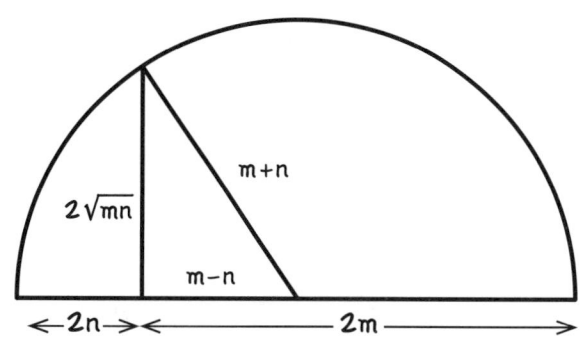

그리고 $m = r^2$, $n = s^2$으로 두면 되지.

여기서도 공약수가 없는 두 정수 r, s로부터 시작해. 다만 이번에는 한 수는 홀수여야 하고, 다른 하나는 짝수여야 하지. $r > s$라고 가정하면, 세 쌍은 다음처럼 주어져.

$$a = r^2 - s^2$$
$$b = 2rs$$
$$c = r^2 + s^2$$

옆길로 새는 건 여기까지야. 이제 다시 우리의 주제인 기하학으로 돌아가자.

예를 들어, $r = 5$, $s = 2$인 경우에는

$$a = 25 - 4 = 21$$
$$b = (2)(5)(2) = 20$$
$$c = 25 + 4 = 29$$

* 홀수–짝수 쌍(r, s)은 홀수–홀수 쌍$(r+s, r-s)$과 동일한 세 쌍을 만들어.

연습문제

1. 왼쪽 직사각형과 넓이가 같은 정사각형의 한 변의 길이를 구해보자.

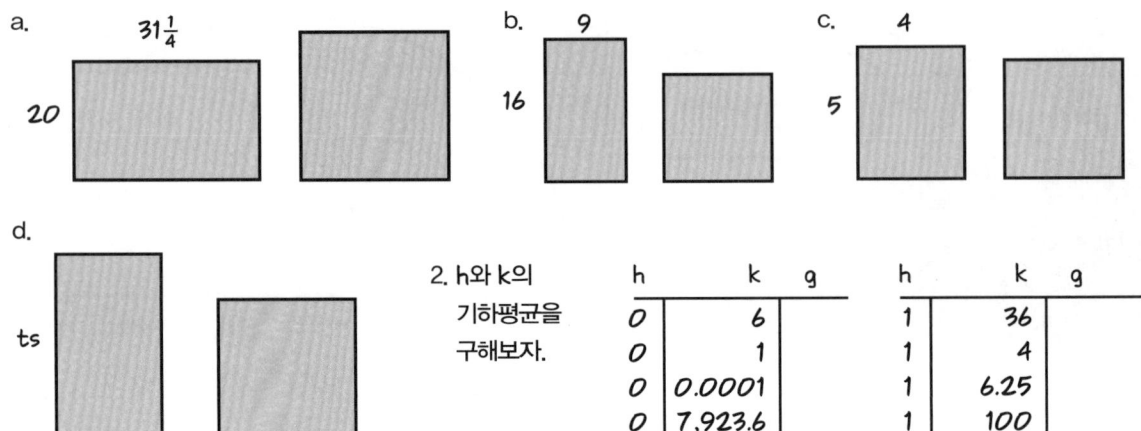

2. h와 k의 기하평균을 구해보자.

h	k	g
0	6	
0	1	
0	0.0001	
0	7,923.6	

h	k	g
1	36	
1	4	
1	6.25	
1	100	

3. 2번 문제는 기하학적으로 제곱근을 찾는 방법을 제안하고 있어.

임의의 양의 수 n > 0이 주어져 있을 때, 길이가 n인 선분 AB를 그리고, 길이를 1만큼 늘려 점 C를 표시하자. 지름이 AC인 반원을 그리고, AC에 대한 수직선이 원과 만나는 점을 표시하여 선분 BD를 구하면,

BD = √AB

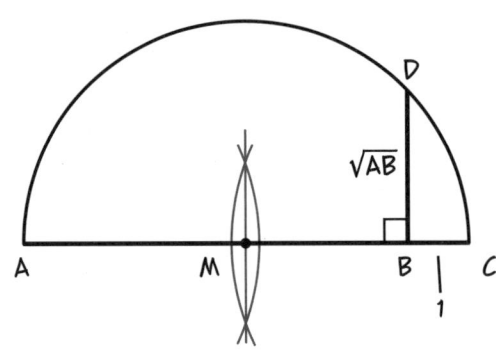

이 작도법을 AB = 4, BC = 1인 경우에 대해서 확인해보고, BD = 2인지 자를 이용해서 측정해보자. 다른 n값에 대해서도 마찬가지로 시도해보자. 큰 종이에 그려볼 것!

4a. 만약 g가 h와 k에 대한 기하평균이라면, 5h와 5k에 대한 기하평균은 얼마일까?

4b. rh와 rk에 대한 기하평균을 g와 r로 표기하면 무엇일까?

4c. 문제 3의 작도법을 AB = 8, BC = 2에 대해 적용하면 DB는 얼마일까?

5. 탈레스 정리(197쪽)의 역도 참이야. "직각삼각형이 원에 내접하고 있다면, 빗변은 원의 지름이 된다." (그렇지 않으면 ∠C가 만들어내는 호가 180°가 되지 않을 거야). 이는 빗변의 중점이 삼각형의 꼭짓점들과 모두 같은 거리에 떨어져 있다는 걸 의미할까? MA = MC = MB일까?

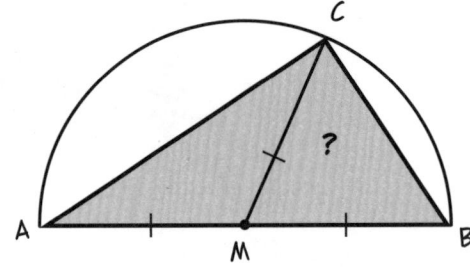

6. 삼각형과 넓이가 같은 정사각형을 찾는 방법은 무엇일까?

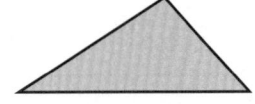

Chapter 19
황금 삼각형과 황금비

몇몇 사람들에 따르면, 가장 아름다운 수

밑변의 각이 72°이고 꼭지각이 36°인 이 이등변삼각형에는 숨은 보물이 있어. 그중에는 숫자 5와 관련된 반쯤 숨겨진 연결점도 있지.

$$36° + (2)(36°) + (2)(36°) = (5)(36°) = 180°$$

이 삼각형의 밑변의 길이가 1일 때, 나머지 (서로 같은) 두 변의 길이를 x라고 하자.

B나 C의 각의 이등분선은 이 삼각형을 두 개의 작은 **이등변삼각형**으로 나눠. △ABD에서는 ∠A = ∠ABD이고, △BDC에서는 ∠C = ∠BDC를 만족하지.

그러므로
AD = BD = BC = 1이 될 거야.

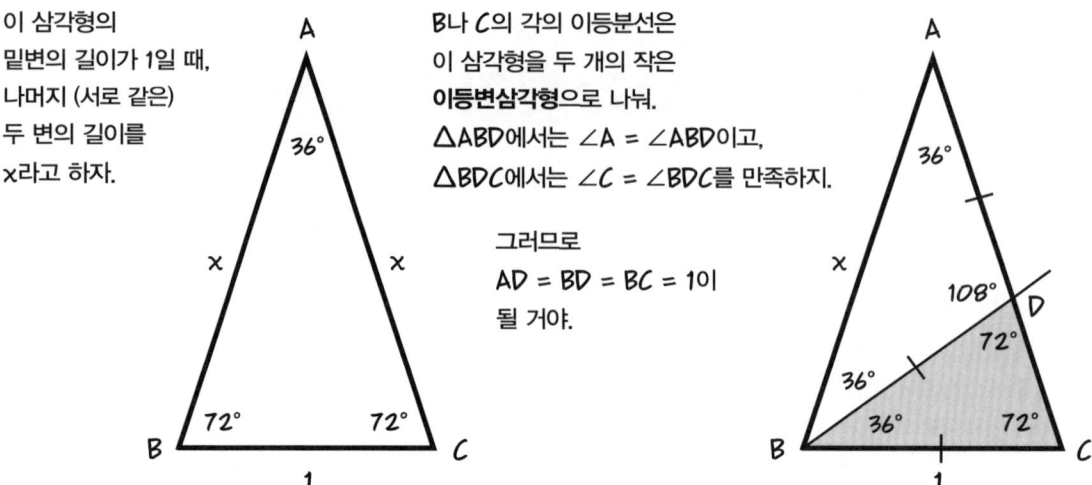

△BDC는 △ABC와 같은 각들을 가지므로

△ABC~△BDC

그러므로

$$\frac{AC}{BC} = \frac{BC}{DC}$$

그런데 BC = AD 이므로, 다시 말해

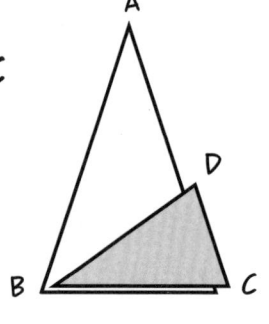

(1)

긴 부분 AD는 전체 길이 AC와 짧은 부분 DC의 **기하평균**이 되지.

이제 AC = x, AD = BC = 1이므로, DC = x−1이고, 앞선 방정식에 따르면

$$\frac{x}{1} = \frac{1}{x-1} \quad \text{또는} \quad x(x-1) = 1 \quad \text{또는}$$

$$x^2 = 1 + x \quad \text{또는} \quad x^2 - x - 1 = 0$$

그리고 마지막 방정식은 **근의 공식**을 이용해서 풀 수 있지.* 만약 근의 공식을 모른다면, 여기 정답이 있어.

$$\frac{1 + \sqrt{5}}{2}$$

* 만약 $x^2 + bx + c = 0$이라면, $x = \frac{1}{2}(-b \pm \sqrt{b^2 - 4c})$가 나와. 기하학에서, 우리는 양수인 해만 사용할 거야.

이 x가 원래 방정식을 만족하는지 확인해보자.

$$x^2 = \left(\frac{1+\sqrt{5}}{2}\right)^2 = \frac{(1+\sqrt{5})^2}{2^2}$$

$$= \frac{1+2\sqrt{5}+5}{4} = \frac{6+2\sqrt{5}}{4}$$

$$= \frac{4}{4} + \frac{2+2\sqrt{5}}{4} = 1 + \frac{1+\sqrt{5}}{2}$$

$$= 1 + x$$

이 수, x 값은 워낙 중요해서 따로 그리스 문자 ϕ('피' 혹은 '파이')로 표기해.

제곱근을 구할 수 있는 계산기가 있다면 ϕ를 소수로 표기해볼 수도 있어.

$$\phi = 1.61803398874985...$$

이 값을 만족하는 방정식은 다양한 방식으로 나타낼 수 있어.

(2)　$\phi^2 - \phi - 1 = 0$

(3)　$\phi^2 = \phi + 1$

(4)　$\phi(\phi - 1) = 1$　　$\phi^2 - \phi$를 ϕ로 인수분해하면

(5)　$\dfrac{1}{\phi} = \phi - 1$　　(4)의 양변을 ϕ로 나누면

(6)　$\phi = 1 + \dfrac{1}{\phi}$　　재배열하면

(7)　$1 = \dfrac{1}{\phi} + \dfrac{1}{\phi^2}$　　(6)의 양변을 ϕ로 나누면

계산기를 이용해서 방정식 중 몇 개를 확인해보자.

$$\phi^2 = 2.61803398874985... = \phi + 1$$

$$\frac{1}{\phi} = 0.61803398874985... = \phi - 1$$

$$\frac{1}{\phi^2} = 0.38196601125005... = 1 - \frac{1}{\phi}$$

ϕ는 식 (1)에서 언급된 전체와 부분의 조화로운 관계에서 비롯되었기 때문에, 우리는 이 수를 **황금 비율**이라고 불러. 이게 바로 진짜 숨은 보물이지.

우리는 다음 정리를 거의 증명한 거야.

정리 19-1.
임의의 36°-72°-72° 삼각형에 대해서, 양변은 밑변의 길이의 ϕ배로 주어진다.
역으로, 만약 이등변삼각형의 양변이 밑변의 길이의 ϕ배라면,
이 삼각형은 36°-72°-72° 삼각형이다.

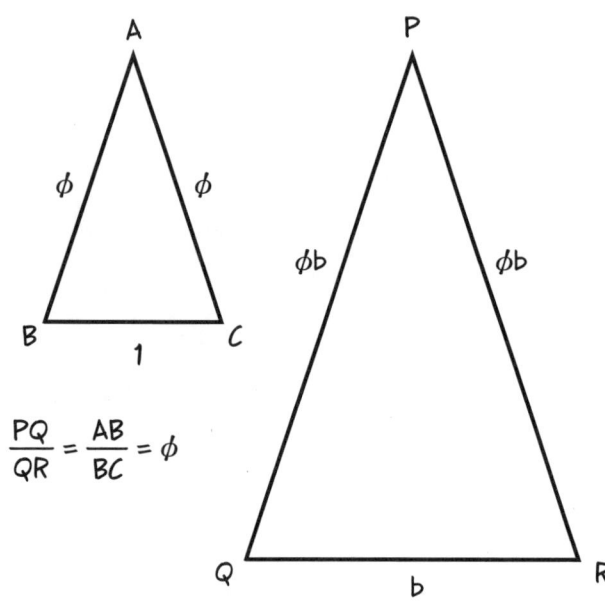

증명. 앞서 본 것처럼, 밑변의 길이가 1이고 밑변의 각이 72°인 삼각형 △ABC의 양변의 길이는 ϕ로 주어진다.

다른 36°-72°-72° 삼각형 △PQR은 정리 15-2에 의해서 △ABC와 닮음이고, 따라서 PQ/QR = AB/BC = ϕ가 된다.

역으로, 만약

$$\frac{PQ}{QR} = \frac{PR}{QR} = \phi$$

를 만족한다면, SSS 닮음에 의해 △PQR∼△ABC가 성립하고, 따라서 대응하는 각의 크기가 같다. ∎

(뜬금없지만, 36°-72°-72° 삼각형이 실제로 존재하는지를 어떻게 알 수 있을까?
왜냐하면: 우리는 줄자 공리에 의해서 길이가 1인 선분을 그릴 수 있고,
각도 72°는 각도기 공리에 의해 존재하지. 이렇게 얻는 두 반직선은 평행선 공리에 의해
한 점에서 만나게 되고, 이 둘이 이루는 각도는 정리 10-4에 의해서 36°가 되지.)

하지만 어떻게 **작도**할 수 있을까? 그게 문제라고!

당연히 할 수 있지…

오, 좋아요! 당신 보고 잠깐 놀랐네요…

이 작도법은 φ에 의존하고, φ가 나오는 모든 작도는 √5에서부터 시작해.

$\sqrt{1^2 + 2^2} = \sqrt{5}$

$\sqrt{5}$는 1과 2를 두 변으로 가지는 직각삼각형의 빗변의 길이지.

따라서,

정리 19-2.
주어진 선분 AB상에 AB/EB = φ가 되는 점 E를 작도할 수 있다.

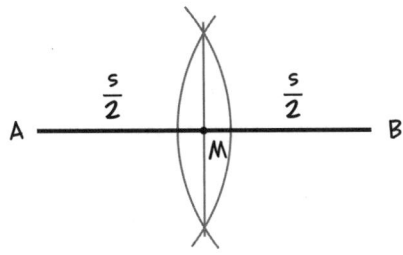

증명. AB = s라 하자.

1. AB의 중점 M을 표시하자.

2. AB에 수직인 수직선을 A에 그리고, A에 컴퍼스를 고정하고 수직선 위에 AC = AM = s/2가 되는 점 C를 표시하자.

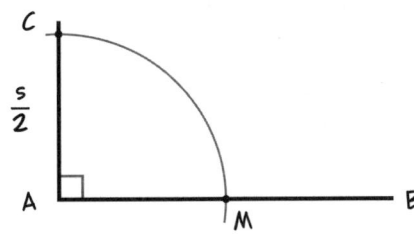

3. 이제 BC를 그리면, 피타고라스 정리에 의해서

$$BC = \sqrt{s^2 + \left(\frac{s}{2}\right)^2} = \sqrt{\frac{5s^2}{4}} = s\frac{\sqrt{5}}{2}$$
$$= s(\phi - \tfrac{1}{2})$$

4. C에 컴퍼스를 고정하고, BC 위에 CD = CA = s/2가 되는 점 D를 표시하자.

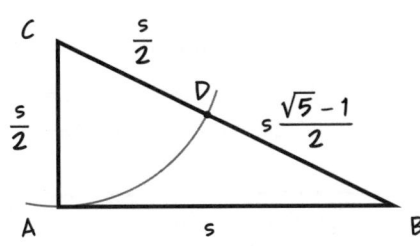

5. 그러면

$$DB = s\left(\frac{\sqrt{5}-1}{2}\right) = s(\phi - 1)$$

6. 그런데 $\phi - 1 = \frac{1}{\phi}$이므로(방정식 (5)), 따라서

$$DB = \frac{s}{\phi}$$

7. B에 컴퍼스를 고정하고, AB상에 EB = DB인 점 E를 표시하면,

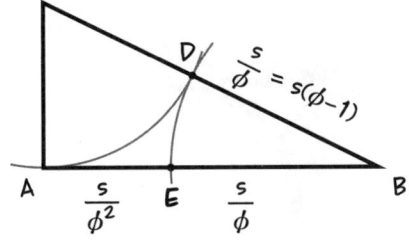

$$\frac{AB}{EB} = \frac{s}{\left(\frac{s}{\phi}\right)} = \phi \blacksquare$$

36°-72°-72° 삼각형을 작도하기 위해,
우린 밑변이 양변의 1/φ배인 이등변삼각형을 그릴 거야.

정리 19-3.
주어진 선분 AB에 대해서, AB를 한 변으로 하는 36°-72°-72° 이등변삼각형을 작도할 수 있다.

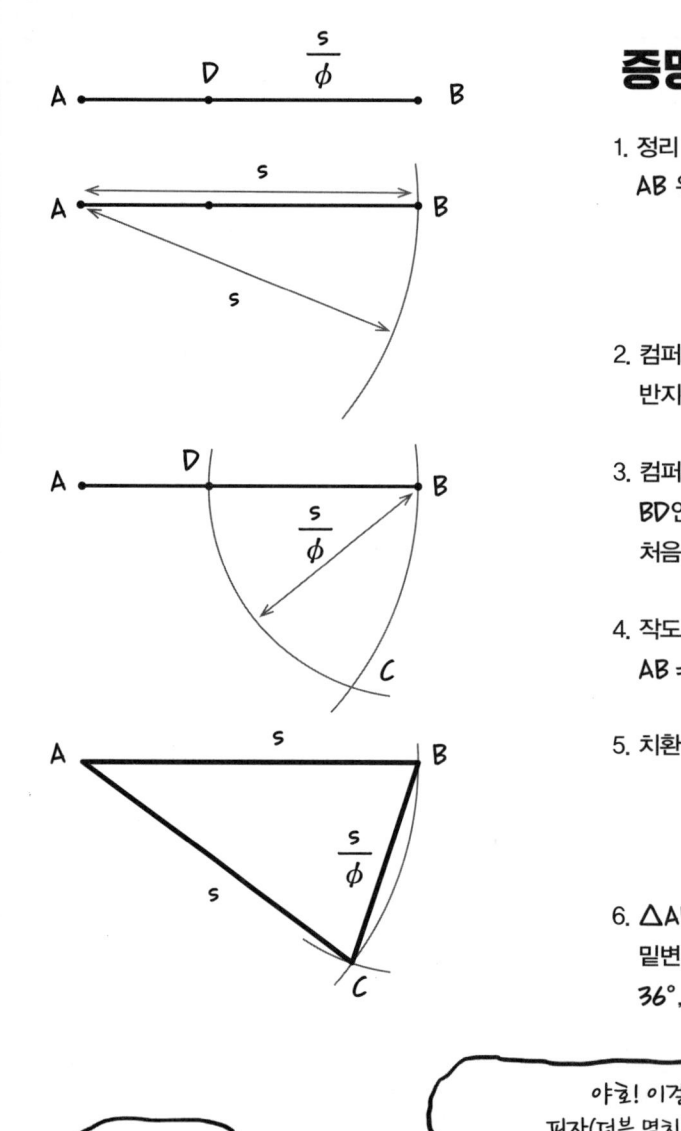

증명. AB = s라고 하자.

1. 정리 19-2에 의해서, 다음 식을 만족하는 AB 위의 점 D를 표시하자.

$$\frac{AB}{DB} = \phi$$

2. 컴퍼스를 A에 고정하고 반지름이 AB인 호를 그리자.

3. 컴퍼스를 B에 고정하고 반지름이 BD인 호를 그리고, 이 호가 처음의 호와 만나는 점을 C라 하자.

4. 작도과정에 의해서 BC = BD이고 AB = AC가 된다.

5. 치환하면

$$\frac{AC}{BC} = \frac{AB}{BC} = \frac{AB}{BD} = \phi$$

6. △ABC는 이등변삼각형이 되고, 양옆의 변은 밑변의 φ배가 된다. 따라서 이 삼각형의 각은 36°, 72°, 72°로 주어진다. (정리 19-1) ■

사실, 이런 수학적인 취향을 가진 사람들은 삼각형이 아닌 **직사각형**을 생각하고 있었어.
황금 직사각형은 한 변이 다른 한 변의 ϕ배가 되는 직사각형으로, 서양 예술과 건축 그리고 조개나 씨앗에서 볼 수 있는 자연스러운 나선형태에서 나타나고 있지.

219

연습문제

1. 황금 직사각형은 ϕ의 마법을 볼 수 있는 좋은 예시야.
   $1 \times \phi$ 직사각형에서 시작해보자.

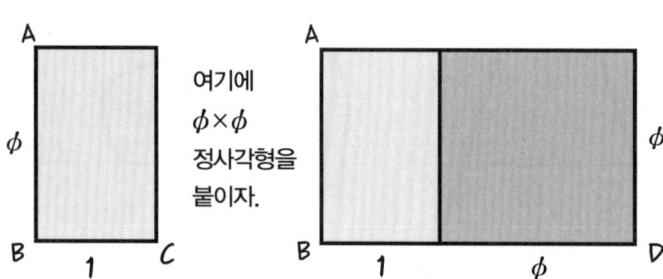

여기에 $\phi \times \phi$ 정사각형을 붙이자.

a. 이 직사각형 또한 황금 비율임을 보이자.
다시 말해서,
$$\frac{BD}{AB} = \phi$$
(힌트: $\phi + 1 = ?$)

b. 다른 정사각형을 추가하면 또 다른 황금 직사각형이 만들어져! 다음 식에서

$$\phi + \phi^2$$
$$= \phi(1 + \phi)$$
$$= \phi\phi^2 = \phi^3$$

그러므로

$$\frac{AE}{EF} = ?$$

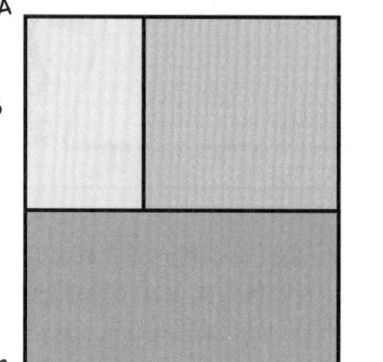

c. $1 \times \phi$ 직사각형에서 1×1 정사각형을 **제거하면** 황금 직사각형이 남음을 보이자.

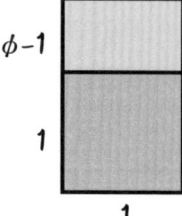

d. $\phi^{14} + \phi^{15} = \phi^{16}$임을 보이자.

2. 선분 CE의 길이는 얼마일까?
선분 ED의 길이는?

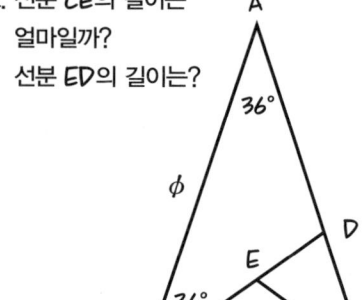

3. 이 그림에서, △ADC나 △BED 같은 큰 삼각형들의 세 각은, 모두 36°, 72°, 72°야.

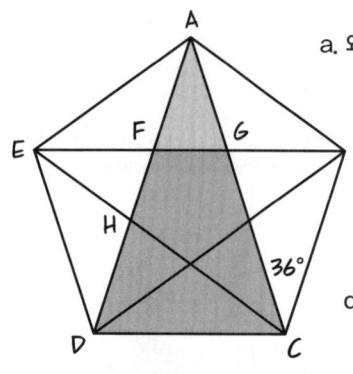

a. 왜 △AFG∼△ADC일까?

b. AC/AG의 비율은 얼마일까?

c. 왜 △AEH∼△ADC일까?

d. $\dfrac{A(\triangle ADC)}{A(\triangle AFG)}$의 값은 얼마일까?

4. 만약 AB = s라면, AE의 길이는 얼마일까?

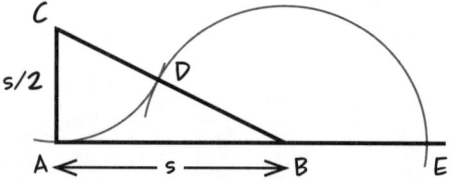

5. (약간 어려움) **피보나치 수**는 1, 1로 시작해서, 이전 두 항을 더해서 새로운 항을 만들어내는 수열이야.
1, 1, 2, 3, 5, 8, 13, 21, 34, 55, 89, 144, 233, 377, 610, 987, ⋯ 만약 F_n이 n번째 피보나치 수일 때, $\phi^n = F_n\phi + F_{n-1}$임을 보이자. (힌트: 점점 더 큰 황금 직사각형 위에 더 많은 정사각형을 쌓아보자.)

Chapter 20
삼각비
직각삼각형의 법칙!

처음에 길이와 각도가 있다면,
둘 사이에 명백한 연관관계는 없어.

각을 이루는 변은 임의의 길이를 가질 수 있고…

그리고 길이들 또한 임의의 각도를 이루며 만날 수 있지!

두 반직선 중 하나를 접어서 삼각형을 만들면, 갑자기 변과 각 사이의 연결고리가 나타나.
즉 **같은 각**을 가지는 두 삼각형은 대응하는 각 **변의 길이가 서로 비례**해.
한 변과 다른 변 사이의 비율은 닮음인 모든 삼각형에서 같게 될 거야.

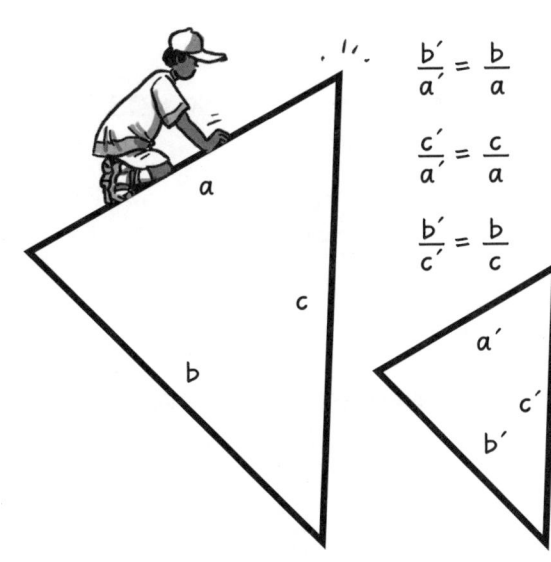

$$\frac{b'}{a'} = \frac{b}{a}$$

$$\frac{c'}{a'} = \frac{c}{a}$$

$$\frac{b'}{c'} = \frac{b}{c}$$

이 장에서 우리는 이 비율들이 무엇이며,
삼각형의 **정확한 측정치**를 구하는 데 이 비율들이
어떤 방식으로 사용되는지 배우게 될 거야.

깔끔하게 재단된 삼각형을 만나게 될 거라구!

지금까지 봐왔듯이, 직각삼각형을 다룰 때는 더 쉬워. 직각삼각형의 경우에는 예각 하나가 모든 것을 결정하지. ∠A가 주어지면, ∠B=90°−∠A를 만족하거든. (∠C가 90°라고 가정하면)

즉 변의 길이가 무엇이든지 간에, 만약 **하나의 예각의 크기가 고정되면**, **변들 사이의 길이 비율**은 항상 같아.

$$\frac{a}{c} = \frac{B'C'}{AB'} = \frac{B''C''}{AB''} = \cdots \text{ 등.}$$

$$\frac{b}{c} = \frac{AC'}{AB'} = \frac{AC''}{AB''} = \cdots \text{ 등.}$$

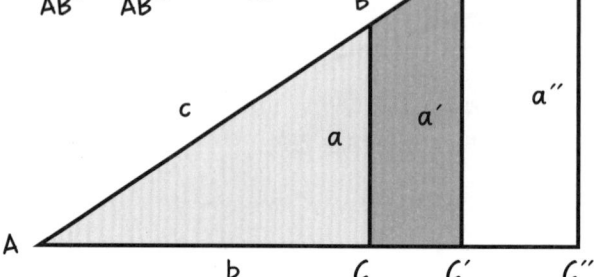

예를 들어, 만약 ∠A=30°라면, 앞서 우린 $a/c = 1/2$임을 확인했고, 따라서 각 변의 길이 비율은 $1:\sqrt{3}:2$로 주어져.

$$\frac{a}{c} = \frac{1}{2}, \quad \frac{b}{c} = \frac{\sqrt{3}}{2}, \quad \frac{b}{a} = \sqrt{3}$$

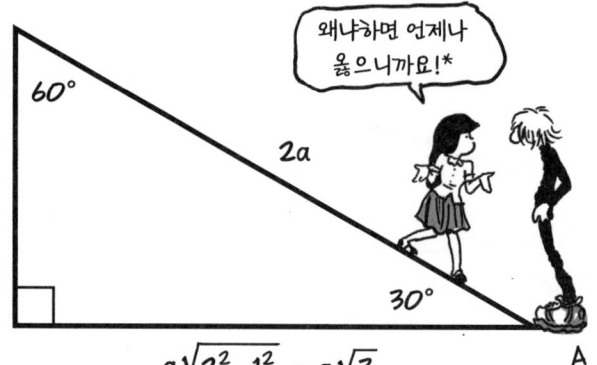

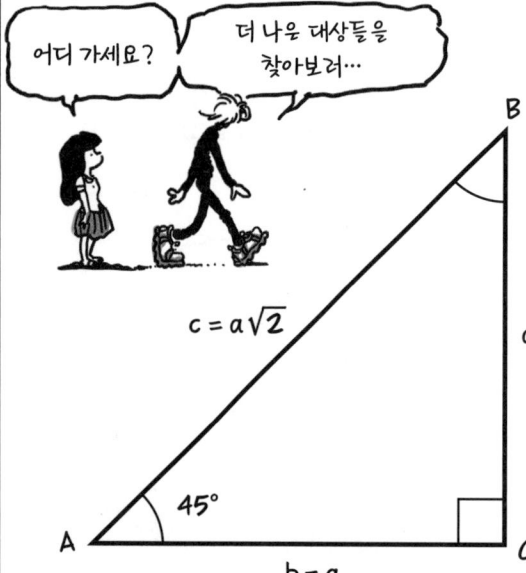

만약 ∠A = 45°라면, 각 변의 길이 비율은 $1:1:\sqrt{2}$가 될 거야.

$$\frac{a}{c} = \frac{b}{c} = \frac{\sqrt{2}}{2}$$

$$\frac{a}{b} = 1$$

직각삼각형에서 변의 비율은 각각 이름을 붙여줄 만큼 너무도 중요해. 이제 곧 소개할게.

* 직각삼각형이 right triangle인 것에서 착안한 언어유희─옮긴이

사인과 코사인

∠A = θ(쎄타-전통적으로 사용하는 기호야), ∠C=90°이고, 빗변이 r, 나머지 변이 a와 b로 주어진 삼각형 △ABC에서 출발해보자.

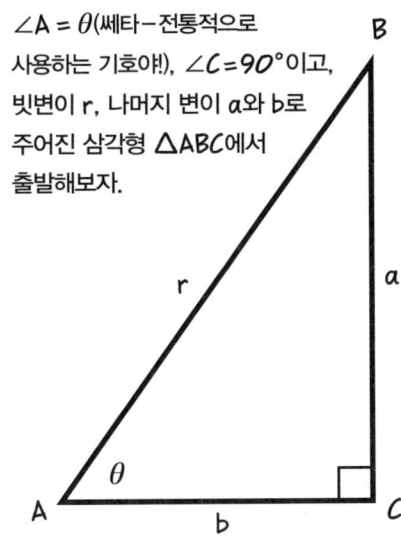
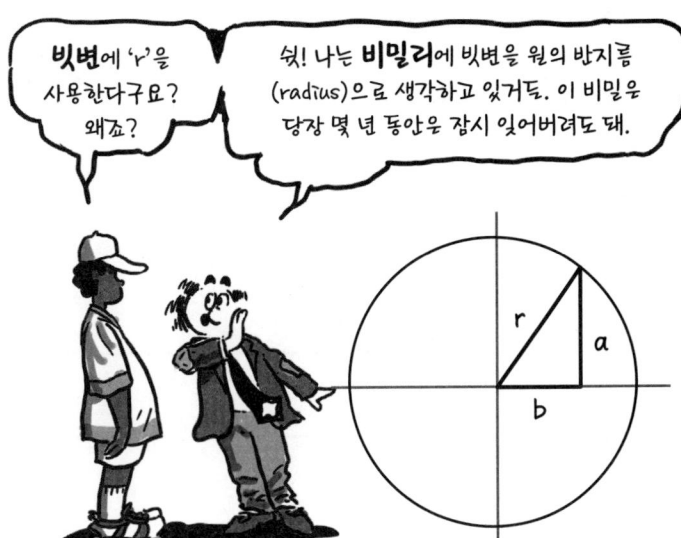

정의

θ에 대한 **사인값**은 비율 a/r이고, sinθ로 표기한다.	θ에 대한 **코사인값**은 비율 b/r이고, cosθ로 표기한다.
$$\sin\theta = \frac{\theta와\ 마주보고\ 있는\ 변}{빗변}$$	$$\cos\theta = \frac{\theta와\ 인접하고\ 있는\ 변}{빗변}$$

수학자들은 이 비율을 매우 높은 정확도로 계산하는 방법을 개발했어. 내 핸드폰 계산기를 사용하면 이 값을 소수점 **15자리**까지 알 수 있어. 사인값을 구하려면 각도를 먼저 입력하고 'sin' 키를 눌러봐. 코사인값도 각도를 입력하고 'cos' 키를 누르면 돼.

$\sin 25° = 0.422618261740699...$

$\cos 89° = 0.017452406437283...$

$\sin 30° = 0.5 \ (=\frac{1}{2})$

$\cos 45° = \frac{\sqrt{2}}{2} = 0.707106781186547...$

예시

1. 3-4-5 직각삼각형에서는

$$\sin A = \frac{3}{5} \quad \sin B = \frac{4}{5}$$

$$\cos A = \frac{4}{5} \quad \cos B = \frac{3}{5}$$

각 ∠A와 ∠B는 다음 쪽에서 구해볼 거야.

2. 이 삼각형에는 한 각 ∠A = 54°와 한 변 b = 5가 주어져 있어. 정의에 의해서

$$\cos A = \frac{b}{r} \quad \text{또는}$$

$$r = \frac{b}{\cos A}$$

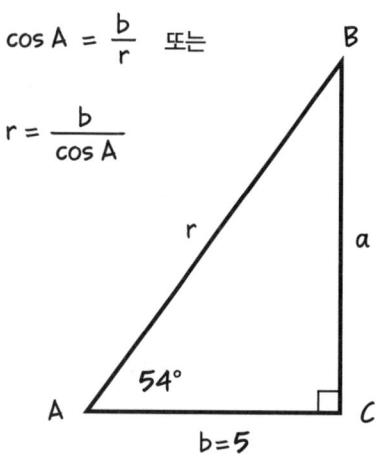

이제 변 a 또한 다음을 이용하여 구할 수 있어.

$$\sin 54° = \frac{a}{r} \quad \text{또는}$$

$$a = r \sin 54°$$

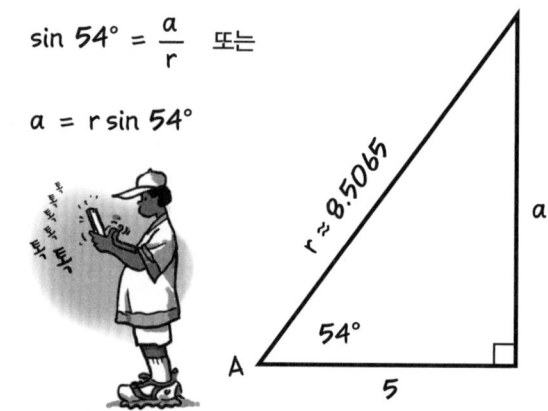

cos 54°를 계산기로 구해보면

$$\cos 54° \approx 0.587785$$

따라서

$$r \approx \frac{5}{0.587785}$$

$$\approx 8.5065$$

다시 계산기를 사용해서 sin 54° ≈ 0.809017을 구하고 대입하면,

$$a \approx (8.5065)(0.809017)$$

$$\approx 6.8819$$

삼각형 해결!

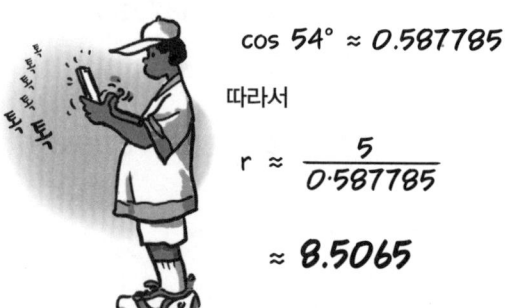

우리는 직각삼각형의 변들을 이용해서 각도를 계산할 수도 있어.

3-4-5 직각삼각형에서 우리는 다음을 알아냈어.

$$\sin \angle A = \frac{3}{5} = 0.6$$

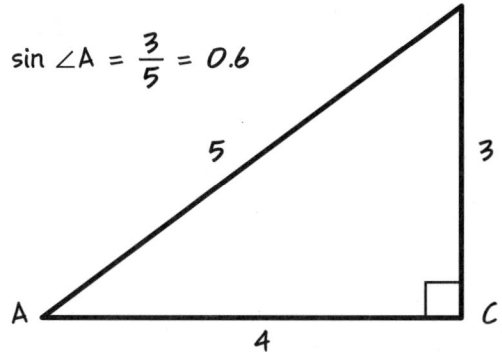

그다음엔? 어떻게 사인값에서부터 ∠A를 찾을 수 있을까? 다시, 계산기를 꺼내보자.

1. 0.6을 입력한다.

2. 'INV' 또는 '2ND FUNCTION' 버튼을 누른다.

3. $\sin^{-1}$을 누른다.

4. 결과값 $36.8698...$을 확인한다.

$$\angle A = 36.8698...°$$

 이 $\sin^{-1}$을 **역사인** 또는 **아크사인**이라고 불러.

0과 1 사이의 '수'를 대입하면, **그 사인값에 해당하는 각도를 반환하지.**

이 경우에, 사인값이 0.6인 각도는 대략 $36.87°$로 나와.

역코사인 버튼, $\cos^{-1}$도 있으니까 확인해봐.

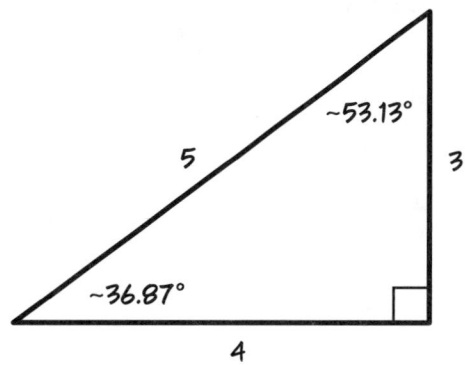

∠B는, 당연히, $36.87°$의 여각이 될 거야.

$$\angle B \approx 90° - 36.87°$$
$$\approx 53.13°$$

삼각형 해결!

계산기 없을 때는 어떻게 했을까요?

큰 표를 이용해서!

다른 삼각형들은 두 개의 직각삼각형으로 나누어서 해결할 거야. 만약 높이가 BD=h라면,

$$\frac{h}{a} = \sin C \qquad h = a \sin C$$

$$\frac{h}{c} = \sin A \qquad h = c \sin A$$

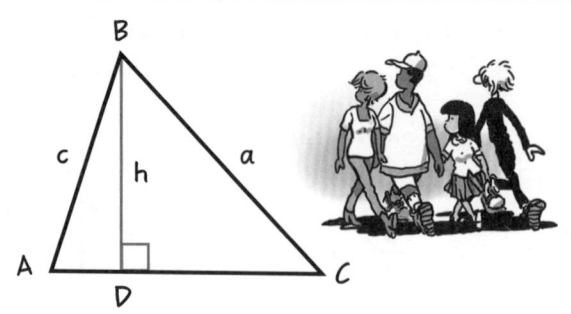

정리 20-1.
(사인 정리). 모든 각이 예각인 삼각형 △ABC에 대해서,

$$\frac{\sin A}{a} = \frac{\sin B}{b} = \frac{\sin C}{c}$$

증명.
높이 h는 두 가지 방식으로 나타낼 수 있고, 두 값은 같아야만 한다.

$$c \sin A = a \sin C$$

양변을 ac로 나누면

$$\frac{\sin A}{a} = \frac{\sin C}{c}$$

A로부터 측정한 높이에 대해서 유사한 방식을 적용하면

$$\frac{\sin C}{c} = \frac{\sin B}{b} \blacksquare$$

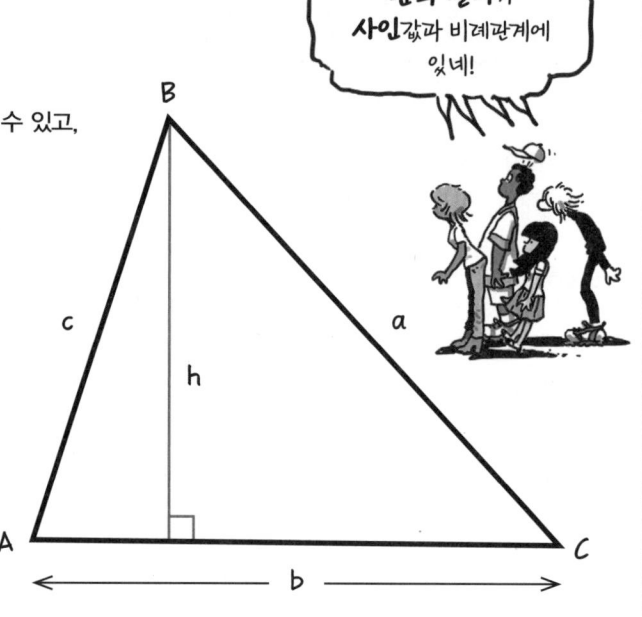

변의 길이가 사인값과 비례관계에 있네!

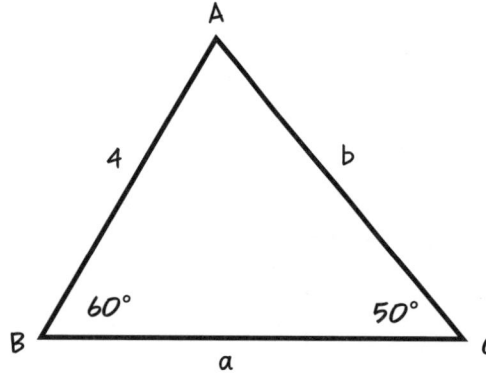

예시: 주어진 삼각형의 두 각과 한 변의 길이를 알고 있다고 가정해보자.

대입하면

$$\frac{\sin C}{c} \approx \frac{\sin 50°}{4} \approx \frac{0.766}{4} \approx 0.1915$$

사인법칙에 의해서

$$0.1915 \approx \frac{\sin B}{b} = \frac{\sin 60°}{b} \approx \frac{0.86}{b}, \text{ 따라서}$$

$$b \approx \frac{0.86}{0.1915} \approx 4.491$$

∠A = 70°이므로, a ≈ 4.907임을 비슷한 방식으로 확인할 수 있다.

정리 20-2.

(코사인 정리). △ABC의 세 예각 A, B, C와 이와 마주보는 변 a, b, c에 대해서,

$$c^2 = a^2 + b^2 - 2ab\cos C$$

증명. 높이 $AD = h$는 밑변 CB를 $CD = p$와 $DB = q$로 나누고, 여기서 $p + q = a$가 된다.

$$\cos C = \frac{p}{b}, \quad \text{따라서} \quad p = b\cos C$$

피타고라스 정리에 의해서

$$b^2 - p^2 = h^2 = c^2 - q^2$$

q를 $a - p$로 치환하면

$$b^2 - p^2 = c^2 - (a - p)^2$$
$$b^2 - p^2 = c^2 - a^2 + 2ap - p^2$$
$$c^2 = a^2 + b^2 - 2ap$$
$$ = a^2 + b^2 - 2ab\cos C \blacksquare$$

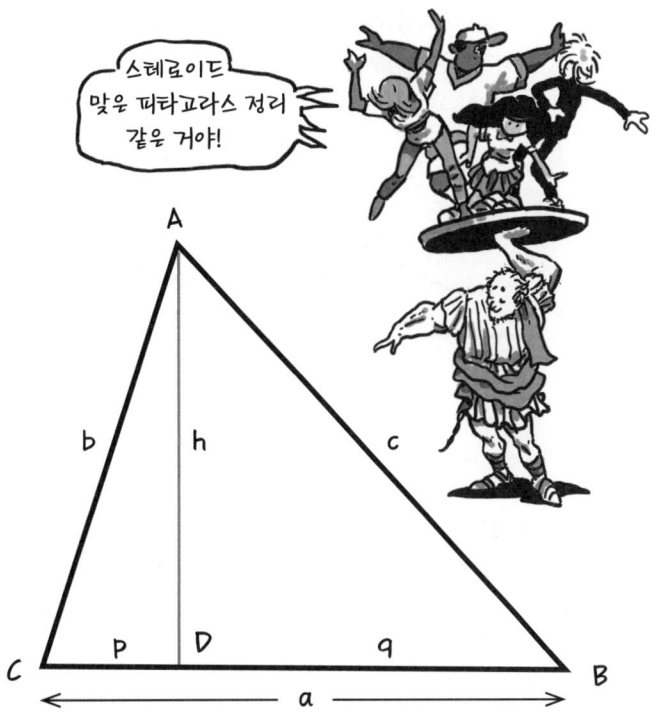

예시:

$a = 10$, $b = 11$, $\angle C = 34°$라고 하면, 코사인 정리에 의해서

$$c^2 = 100 + 121 - 2(10)(11)\cos 34° \approx 221 - (220)(0.82904)$$
$$\approx 221 - 182.39 = 38.61$$
$$c \approx \sqrt{38.61} \approx \mathbf{6.213}$$

사인 정리에 의해서

$$\frac{\sin A}{10} \approx \frac{\sin C}{6.213}$$

$$\sin A \approx \frac{(10)(0.5592)}{6.213} \approx 0.900$$

$$\angle A \approx \sin^{-1}(0.900) \approx \mathbf{64.12°}$$

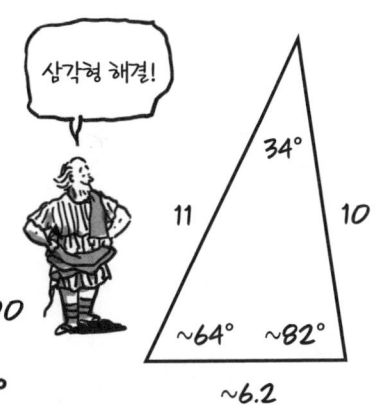

이 두 법칙을 사용하면 우린 어떤 삼각형이든, 정확히는 둔각이 없는 삼각형들을 해결할 수 있어.
몇몇 삼각형은 둔각을 가지고 있지만, 지금까지 사인과 코사인은 **90°** 미만의 각도에만 정의되어 있기 때문이야.

이 그림에서 $\sin\theta$와 $\cos\theta$를 이해할 수 있을까? 수학자들은 이해할 수 있지만, 그들의 추론은 처음엔 약간 꼼수같이 보일 수 있어…

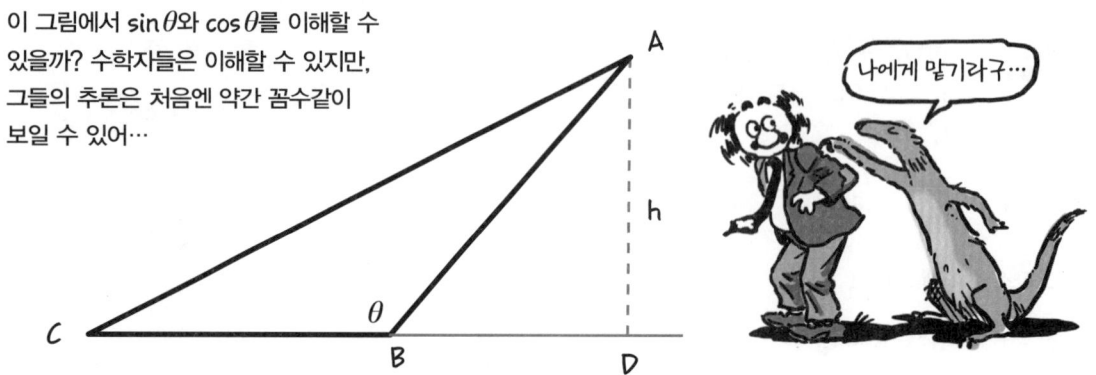

추론은 이런 방식으로 진행돼: 점 A는 여전히 밑변 **BC**보다 **위쪽**에 놓여 있으므로, **사인값**은 여전히 **양수**여야 할 거야.
이를 다음과 같이 정의하자.

$$\sin\theta = \frac{AD}{AB}$$

하지만 점 **D**는 각도로부터 B와 **반대되는** 방향에 놓여 있으므로, **코사인값**은 **음수**여야 할 거야.

$$\cos\theta = \frac{-BD}{AB}$$

이제 이걸 **정의**로 만들어보자:
만약 $90° < \theta < 180°$이면, 다음과 같이 정의하자.

$$\sin\theta = \sin(180° - \theta)$$

$$\cos\theta = -\cos(180° - \theta)$$

이 값들을 이용하면, 사인법칙과 코사인법칙은 **모든 경우에 참**이 되고

모든 삼각형

을 해결하는 데 사용할 수 있어.

사인과 코사인은 **삼각함수**라는 이름으로 불려. 사인과 코사인이 삼각형 측정 문제를 해결해주기 때문이야. 하지만 사인, 코사인은 기하학과는 거리가 먼, 음악과 같이 파동과 진동에 관련된 다른 주제들에서도 모습을 드러내지.

$$\sum_{j=1}^{\infty} a_j \sin jx + b_j \cos jx,$$

맞지?

그것도 콘서트를 즐기는 방법 중 하나지…

이 얘기를 이해하려면 수학 공부를 조금 더 해야 할 거야. 이 책의 남은 부분에서는 '삼각'함수에 초점을 맞춰서 이러한 주제에 대해 생각해보자. 그러면 이 말이 무슨 의미인지 짐작할 수 있을 거야.

연습문제 특별한 말이 없으면, 계산기 사용을 권장해.

1. $\sin 10°$는 얼마일까? $\sin 20°$는? $\sin 80°$는? $\sin 90°$는? 각도가 증가할수록 사인값은 커질까? $\sin 90°$가 그 값을 갖는 이유는 무엇일까? $\cos 80°$는 얼마일까? $\cos 70°$는?

2. 다음 삼각형에서 미지수에 해당하는 값들을 구해보자.

a.

b.

c.

d. (힌트: ∠A는 얼마일까?)

e.

f.

3. 222쪽에서, 우린 $\cos 45° = \frac{1}{2}\sqrt{2}$임을 확인했어.

이제 AB = AC = 1이고 ∠A = 45°인 삼각형 △ABC를 생각해보자.

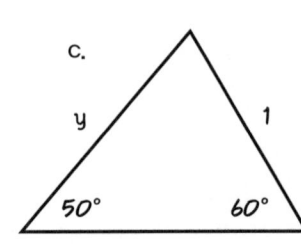

a. 코사인법칙을 이용하여 밑변 BC의 길이를 구해보자.

b. 다음을 보여라.
$$\sin 22\tfrac{1}{2}° = \tfrac{1}{2}\sqrt{2-\sqrt{2}}.$$

c. 계산기를 사용해 답을 확인해보자.

4.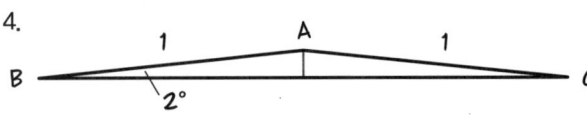

△ABC의 두 변의 길이는 1이고, 각도는 2°, 2°, 그리고 176°로 주어져 있어.

a. 삼각형의 높이 $= \sin 2°$이다. 계산기를 사용해 값을 구해보자.

b. 피타고라스 정리를 이용해서 BC의 길이를 구해보자.

c. 사인법칙에 의하면, $\sin 176°$는 얼마일까?

d. 각도는 큰데 $\sin 176°$가 이렇게 작은 이유는 무엇일까?

5. △ABC에 높이 AE와 BD를 그리고, 다음을 보여라.

$(BC)(EC) = (AC)(DC).$

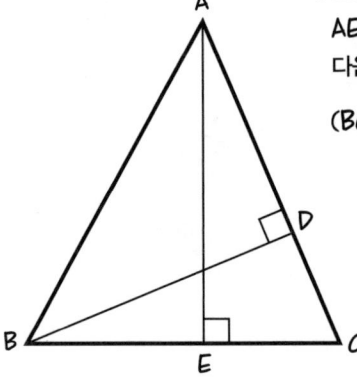

Chapter 21
다각형
벌통보다 더 많은 변들

다각형은 그냥 삼각형이나 사각형 같은 거야. 그저 더 많은 변, 더 많은 각, 더 많은 꼭짓점이 있을 뿐이지.

맞아, 우리는 저마다 유일한 존재들이지. 하지만 모두 같은 **종류**의 생명체라고!

벌은 **육각형**을 만들고, 미 국방성의 건물은 **오각형** 모양이라서 펜타곤이라고 불려. 정지 표지판은 **팔각형**이고… 그리고 변의 수가 많을 때는 '15각형' 같은 식으로 말해.
(애매하게 표현하고 싶을 때는 'N각형'이라고 부르면 돼.)

그리고 이제 '벌'떡 일어나 떠날 시간이야!

정확히 말하면,

정의. 변의 수가 N개인 **다각형**은 꼭짓점이라고 불리는 서로 다른 N개의 점 $V_1, V_2, \cdots, V_N$과, 각각을 순서대로 잇는 **변**들 $V_1V_2, V_2V_3, \cdots, V_NV_{N-1}$, 그리고 이 사슬을 닫아주는 마지막 변 V_NV_1으로 구성되어 있다.

공리 12. 모든 다각형은 평면을 **내부**와 **외부**로 구별하며, 둘은 공유하는 점이 없다. 다각형은 내부 영역의 **경계** 또는 **둘레**가 된다.

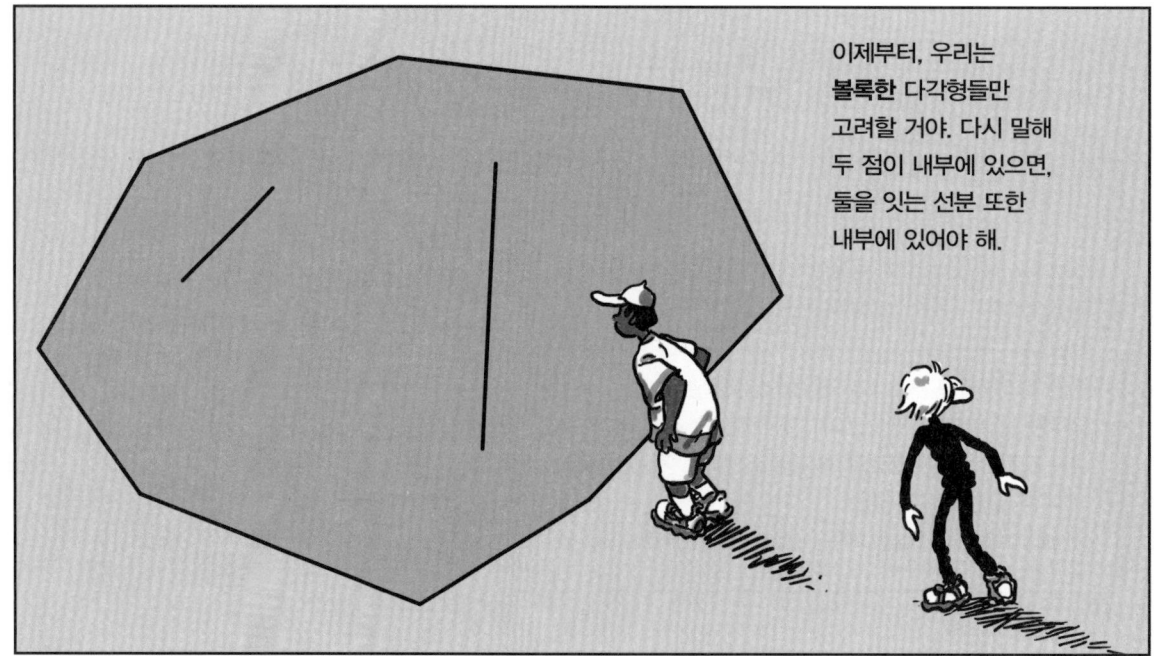

볼록다각형에서, **대각선**—인접하지 않는 두 꼭짓점을 잇는 선분—은 다각형의 내부에 위치하게 돼. 어떤 꼭짓점에서도, **N-3**개의 대각선을 그릴 수 있지. (해당 점과, 자기 자신과 인접한 두 개의 꼭짓점을 제외한 모든 꼭짓점들과 연결할 수 있어.)

이렇게 하면 **N-2**개의 삼각형이 만들어지고… 다각형의 내각은 이 모든 삼각형들의 각의 총합과 같게 될 거야. 따라서…

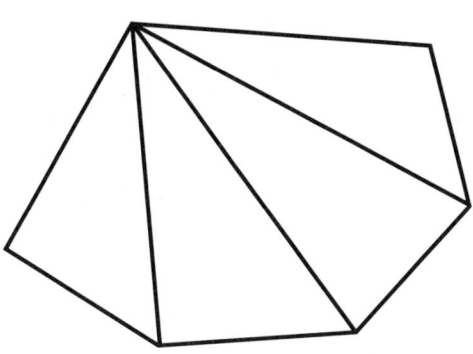

변 6개에 삼각형 4개!

정리 21-1.

변의 개수가 N인 다각형의 내각의 합은 **(N − 2)180°**가 된다. ∎

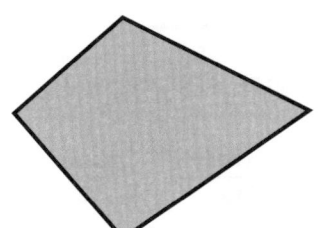

$2 \times 180° = 360°$

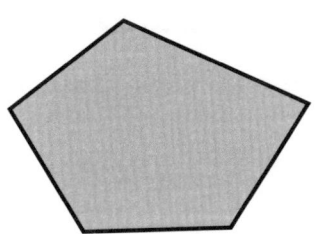

$3 \times 180° = 540°$

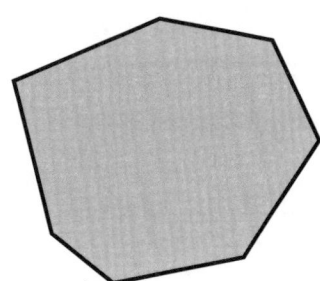

$5 \times 180° = 900°$

이로부터 다각형의 **외각**의 합 또한 추론해볼 수 있어. 각 외각은 내각에 대한 여각이므로, 만약 **S**가 외각의 합이라고 하면,

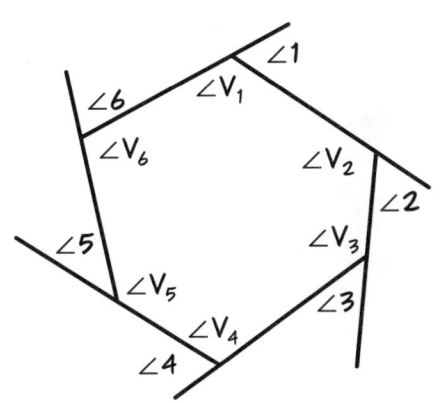

$$S = \angle 1 + \angle 2 + \ldots + \angle N$$
$$= (180° - \angle V_1) + (180° - \angle V_2) + \ldots + (180° - \angle V_N)$$
$$= N \cdot 180° - (\angle V_1 + \angle V_2 + \ldots + \angle V_N)$$
$$= N \cdot 180° - (N-2)180°$$
$$= 2 \times 180° = \mathbf{360°}$$

변이 얼마나 많은지 상관없이 항상 360°야.

정의.

모든 변의 길이와 각의 크기가 같은 다각형을 **정다각형**이라고 한다.

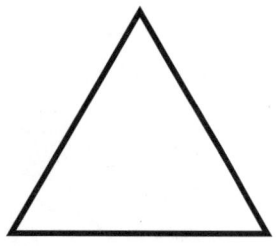

변이 **3**개인 **정다각형**은 정삼각형이고, 변이 **4**개인 정다각형은 **정사각형**이지.

정다각형의 임의의 꼭짓점 V에 해당하는 내각의 크기는 모든 내각의 합의 1/N이 될 거야.

$$\angle V = \frac{(N-2)(180°)}{N}$$

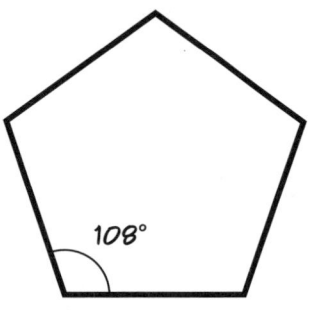

정오각형의 한 각의 크기는

$$\frac{3(180°)}{5} = 108°$$

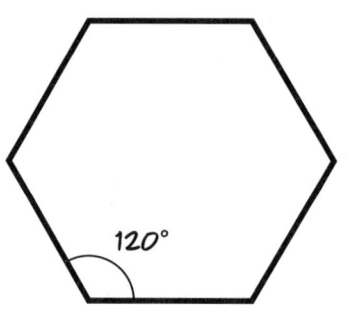

정육각형의 한 각의 크기는

$$\frac{4(180°)}{6} = 120°$$

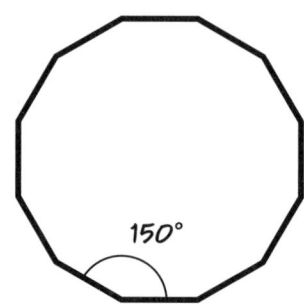

정12각형의 한 각의 크기는

$$\frac{10(180°)}{12} = 150°$$

정100각형의 한 각의 크기는

$$\frac{98(180°)}{100} = 176.4°$$

위의 예시에서 볼 수 있는 것처럼, 변의 개수가 엄청나게 많은 정다각형은 '거의 원'과 비슷하지.

비슷하다구요?

근사적으로 비슷하다는 이야기지.

사실, 몇 개의 변으로만 이루어진 정다각형 또한 원과 비슷한 특징이 있어.
먼저, 모든 꼭짓점에서 동일한 거리만큼 떨어져 있는 '**중심**'과 같은 점이 있는 것처럼 보이지.
(원에서와는 달리, 둘레에 있는 다른 점들에 대해서는 이를 만족하진 않아.)

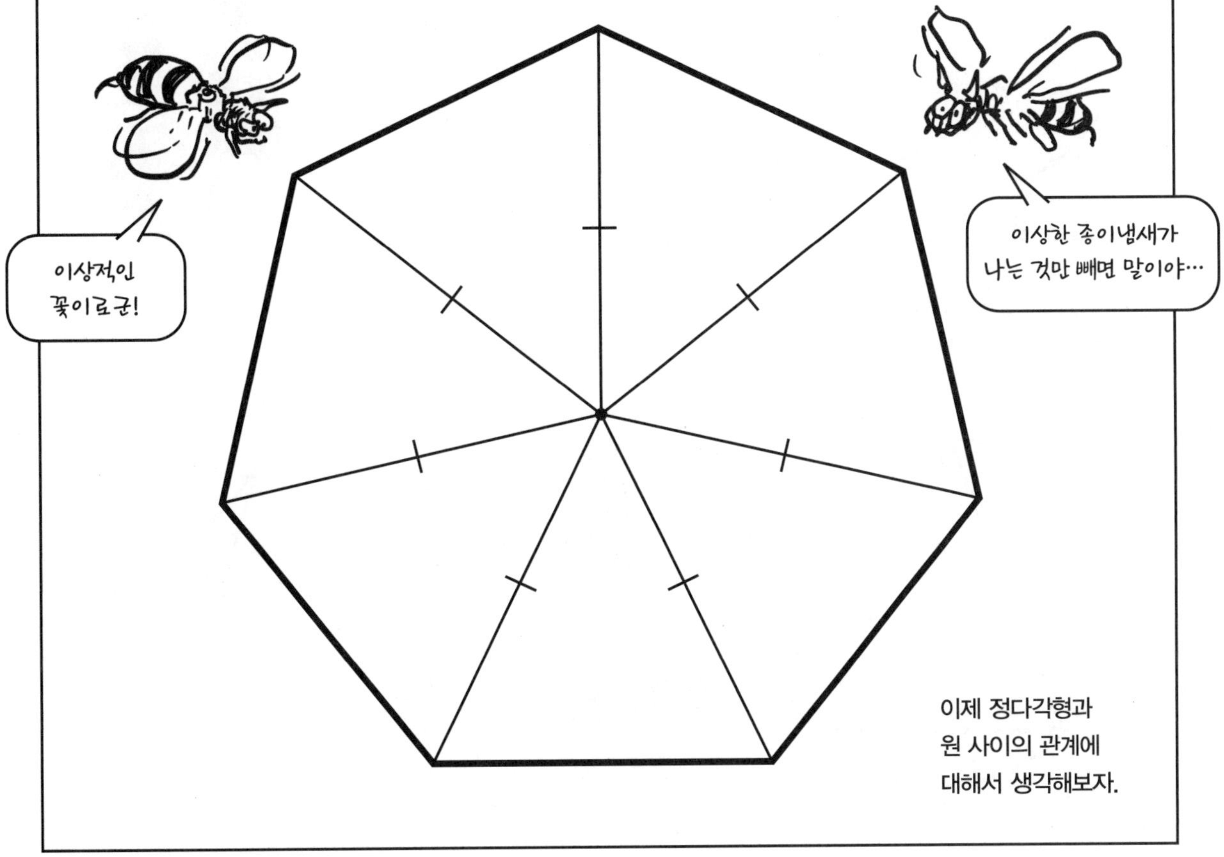

이상적인 꽃이로군!

이상한 종이냄새가 나는 것만 빼면 말이야…

이제 정다각형과 원 사이의 관계에 대해서 생각해보자.

다각형을 둘러싼 원

정의. 다각형의 모든 꼭짓점이 어떤 **원** 위에 있는 경우 **순환적**이라고 한다. 이때 다각형은 원에 **내접**한다고 하고, 원은 다각형에 **외접**한다고 한다.

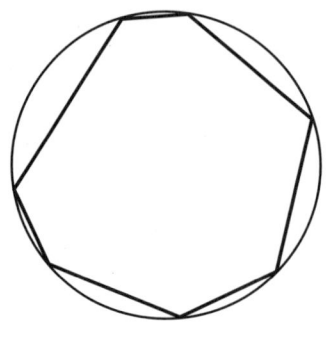

원 위의 유한개의 점을 순차적으로 연결하여 순환 다각형을 만들어볼 수 있어.

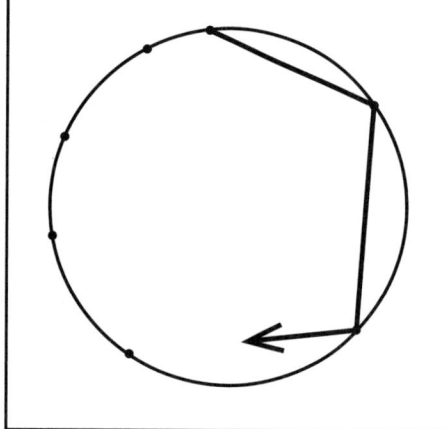

하지만 모든 다각형이 순환적인 것은 아니야. 이 그림에서, 도형의 세 꼭짓점을 지나는 원은 절대 네 번째 꼭짓점을 지나지 못하는 것을 볼 수 있지.

모든 삼각형은 순환적이야.
앞서 확인한 것처럼, 두 변에 대한 수직이등분선은 외접원의 중심에서 만나지.

정리 21-2.

모든 **정다각형**은 순환적이다. 주어진 다각형 $V_1V_2 \cdots V_N$에 대해서 모든 변의 길이가 같고 ($V_1V_2 = V_2V_3 = \cdots = V_NV_1$) 모든 각의 크기가 같다면 ($\angle V_1 = \angle V_2 = \angle V_3 = \cdots = \angle V_N$), 외접원을 작도하는 것이 가능하다.

증명. 여기서는 오각형에 대한 방법을 설명하지만, 이 증명은 변의 개수와 무관하게 성립해.

세 점에서 시작하면, 나머지는 자동적으로 따라올 거야...

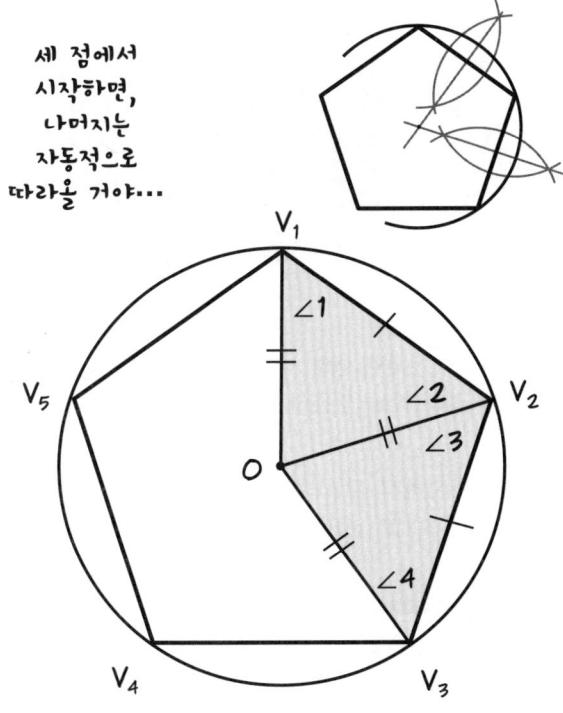

1. 그림처럼, 세 점 V_1, V_2, V_3을 지나는 원의 중심 O를 표시하자. $OV_1 = OV_2 = OV_3$이 되므로, $\triangle OV_1V_2$, $\triangle OV_2V_3$은 이등변삼각형이 된다.

2. 가정에 의해서 $V_1V_2 = V_2V_3$

3. SSS에 의해서 $\triangle OV_1V_2 \cong \triangle OV_2V_3$

4. $\angle 1 = \angle 3$, $\angle 2 = \angle 4$ (대응되는 부분)

5. $\angle 1 = \angle 2$, $\angle 3 = \angle 4$ (이등변삼각형)

6. $\angle 1 = \angle 2 = \angle 3 = \angle 4 = \frac{1}{2}\angle V_1V_2V_3$

이제 $OV_4 = OV_3$임을 보이자.

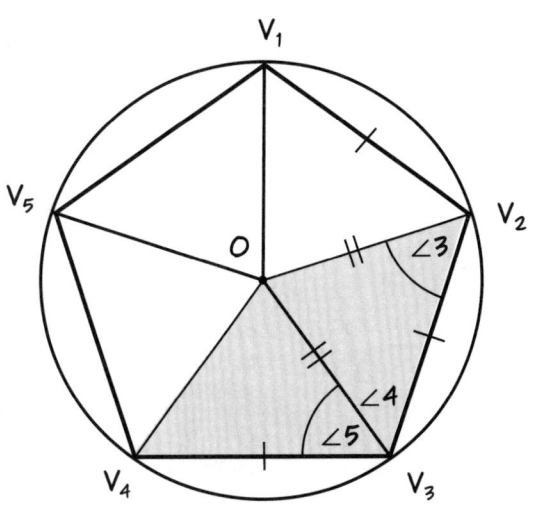

7. $\angle V_2V_3V_4 = \angle V_1V_2V_3$ (가정)

8. $\angle 4 = \frac{1}{2}\angle V_2V_3V_4$ (치환)

9. $\angle 5 = \angle 4$ (빼기)

10. $\angle 5 = \angle 3$ (치환)

11. $\triangle OV_3V_4 \cong \triangle OV_2V_3$ (SAS)

12. $OV_4 = OV_3$ (대응되는 부분)
    따라서, V_4는 원 위에 놓여 있다.

13. 같은 논리를 점마다 반복하면, 모든 점이 원 위에 있음을 증명할 수 있다. ∎

원 안에 정다각형 끼워 넣기

정다각형이 주어져 있을 때, 원을 외접시키는 건 간단해. 단지 세 개의 꼭짓점을 통과하는 원을 그리기만 하면 되니 말이야. 원이 주어져 있을 때, 우리는 여기에 내접하는 정다각형을 작도할 수 있을까? 그 답은,

그때그때 다르지!

만약 가능하다면, 작도는 종종 이 합리적인 정리에 의존해.

정리 21-3. 원의 반지름들이 같은 간격으로 떨어져 있어 인접한 쌍들 사이의 각도가 모두 동일하다면, 원 위에 놓여 있는 반지름들의 끝점들은 정다각형을 이룬다.

증명.

1. 각각의 i에 대해서, $OV_i = OV_{i+1}$, (가정)
   $\angle V_i OV_{i+1} = \angle V_{i+1} OV_{i+2} = \theta$.

2. 각각의 i에 대해서, (SAS)
   $\triangle V_i OV_{i+1} \cong \triangle V_{i+1} OV_{i+2}$.

3. 모든 i에 대해서, $V_i V_{i+1} = V_{i+1} V_{i+2}$. (대응되는 부분)

4. 각각의 i에 대해서, $\triangle V_i OV_{i+1}$의 밑변은 동일한 각도 $\alpha = (\frac{1}{2}(180° - \theta))$를 가진다. ($\triangle V_i OV_{i+1}$은 이등변삼각형)

5. 각각의 i에 대해서, $\angle V_i V_{i+1} V_{i+2} = 2\alpha$. (덧셈)

6. 모든 변의 길이가 같고 모든 각의 크기가 같으므로, 이 다각형은 정다각형이다. ∎ (정다각형의 정의)

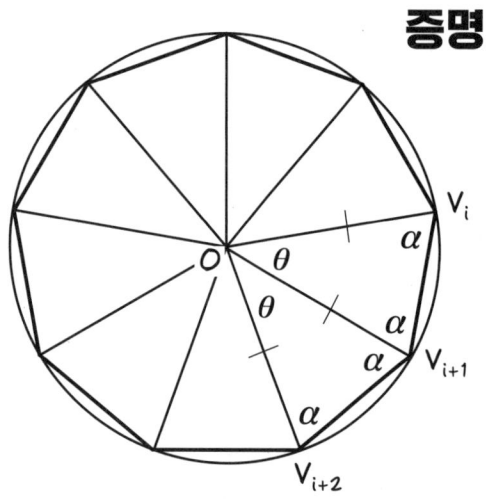

각각의 i에 대해서 $\angle V_i V_{i+1} V_{i+2} = 2\alpha$

정삼각형

중심이 O인 원에 대해서, 지름 COP를 그리자.

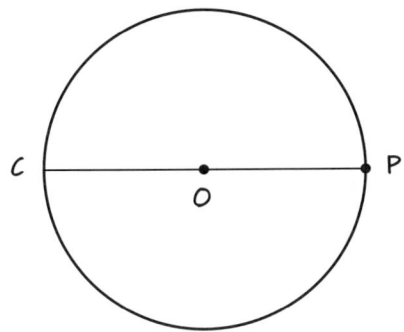

같은 반지름을 가지고 P를 중심으로 하는 두 번째 원을 그리자.

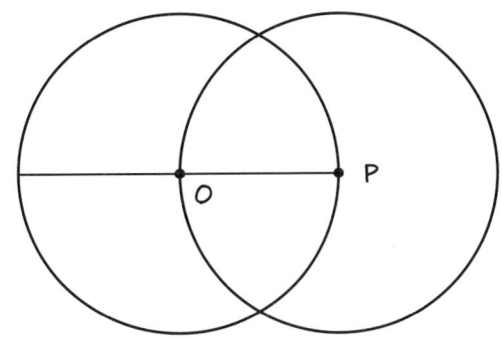

만약 두 원이 만나는 점을 A와 B라고 한다면, △ABC는 정삼각형이 될 거야.

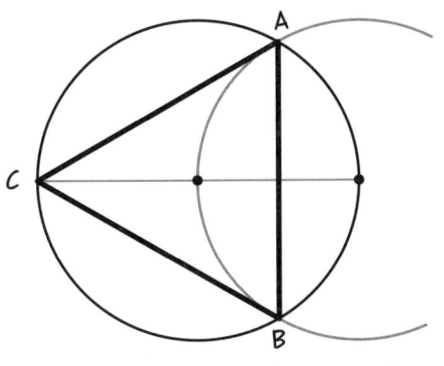

왜냐고? △AOP와 △BOP는 정삼각형이 되므로, ∠AOP = ∠BOP = 60°가 되지. 따라서 ∠AOC = ∠COB = 180° − 60° = 120° = ∠AOB가 되므로, ABC에 대한 세 중심각의 크기가 모두 같고, 따라서 정리 21−3에 의해서 △ABC는 정삼각형이 될 거야.

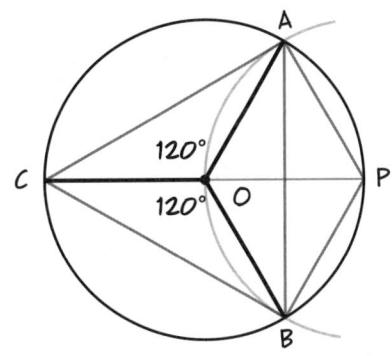

정사각형

이 경우도 마찬가지로 쉬워. 서로 수직인 두 개의 지름을 그리고 나서 각 끝점들을 연결해보자. 중심각이 모두 90°가 되기 때문에, 이 다각형은 정다각형이 될 거야.

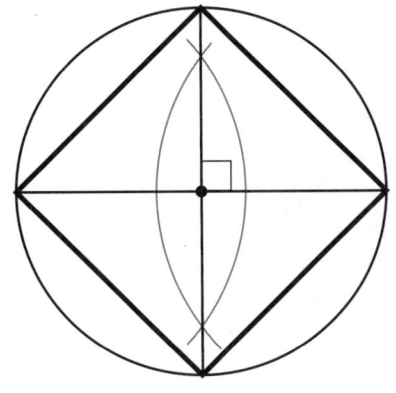

오 맙소사! 여전히 정사각형이잖아!

정오각형

이 작도법은 19장에서 다룬 황금비 $\theta = \frac{1}{2}(1+\sqrt{5})$와 36°-72°-72° 삼각형에 대한 내용을 이용하는 거야.

반지름이 r이고 중심이 O인 원에 대해서, 서로 수직인 두 반지름 OA와 OP를 그리자.

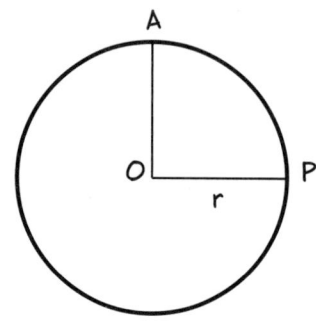

OA의 중점 M을 잡고, MP를 그리자.

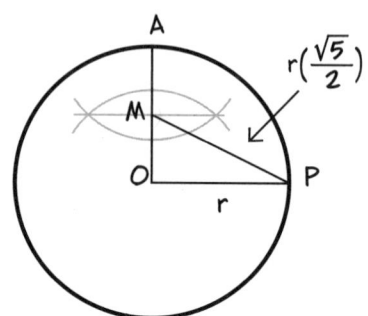

컴퍼스를 M에 고정하고, MQ = MP가 되도록 OA를 연장하여 OQ를 그리자.

$OQ = \frac{r}{2} + \frac{r\sqrt{5}}{2}$
$= r\phi$

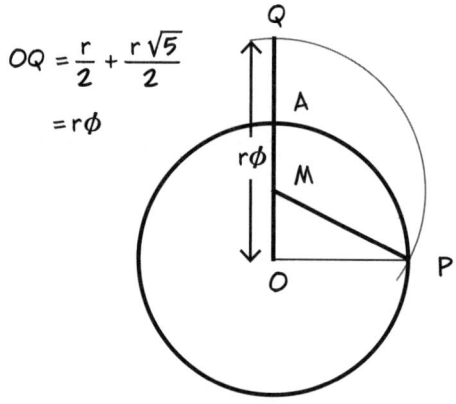

컴퍼스를 Q에 고정하고, 반지름이 $OQ = \phi$인 호를 그리고 이 호가 원과 만나는 점을 B와 E라고 하자. AB와 AE를 그리자.

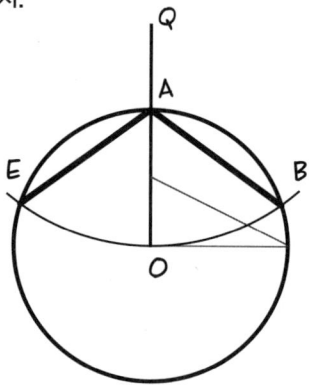

원 위에 BC = AB, DE = AE가 되는 점 C와 D를 잡고 원 위의 점들을 이어 도형을 완성하자.

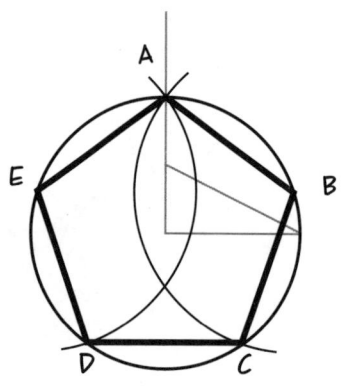

△BQO와 △OQE는 양변이 $r\theta$이고 밑변이 r인 이등변삼각형이므로, ∠QOB = 72°가 되고, 이 값은 정오각형의 한 변에 대한 중심각이지.
따라서 완성한 도형은 정오각형이 될 거야.

∠BOA = ∠AOE = 72°
$= \frac{360°}{5}$

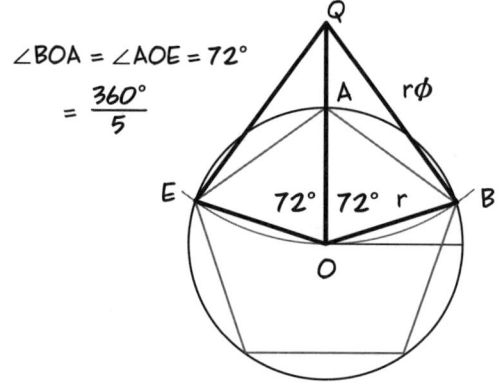

또 다른 작도법은 반지름이 r인 정오각형의 한 변의 길이 s가 다음과 같이 주어진다는 사실(연습문제에서 다룸)을 이용하는 거야.

$$s = r\left(\sqrt{1 + \frac{1}{\phi^2}}\right)$$

지름 PQ와 이에 대해 수직인 반지름 OA를 그리고, OQ를 점 M에서 이등분한 뒤, AM을 그리자.

컴퍼스를 M에 고정하고, PQ 위에 $MS = MA = r\sqrt{5}/2$를 만족하는 점 S를 표시하자.

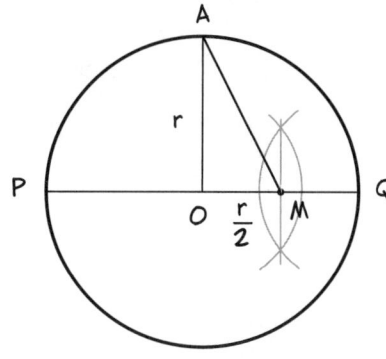
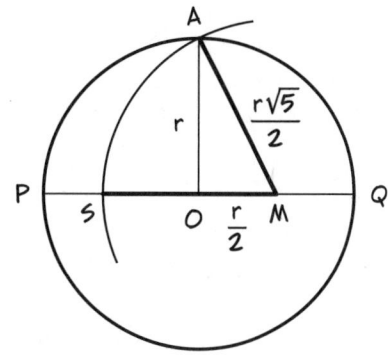

그러면

$$OS = r\frac{\sqrt{5}-1}{2} = r(\phi - 1) = \frac{r}{\phi}$$

(왜냐하면 $\phi - 1 = \frac{1}{\phi}$),

따라서 피타고라스 정리에 의해

$$AS^2 = r^2 + \frac{r^2}{\phi^2}$$

$$AS = r\left(\sqrt{1 + \frac{1}{\phi^2}}\right)$$

이 값이 바로 우리가 찾던 한 변의 길이가 되지.

컴퍼스를 A에 고정하고, 반지름이 AS인 호를 그리고 이 호가 원과 만나는 점을 B와 E라고 하자.

같은 방식으로 점 C와 D를 찾아서 도형을 완성하자.

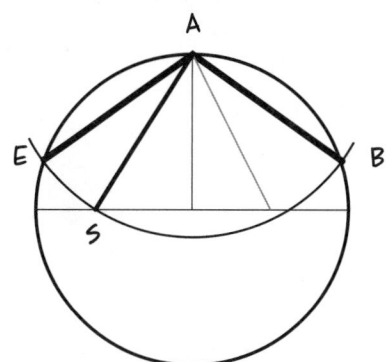
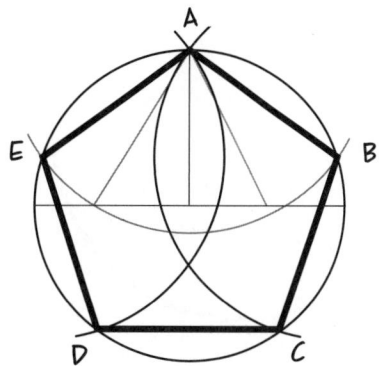

정육각형

정육각형의 한 변의 길이는 반지름의 길이와 같기 때문에, 이 또한 쉬운 작도 중에 하나야. 정육각형은 여섯 개의 정삼각형들로 이루어져 있지!

$$\text{한 변에 대한 중심각} = \frac{360°}{6} = 60°$$

가장 간단한 작도법은 정삼각형에 대한 작도법을 여러 번 반복하는 거야.

지름의 양 끝점에서, 원과 같은 반지름을 가지는 호 둘을 그리자. 그러면 정육각형은 지름의 양 끝점과, 원과 호의 교점들로 이루어지는 걸 확인할 수 있지.

정칠각형

칠각형은 관점에 따라 더 쉬워 보일 수도 있고 더 어려워 보일 수도 있어. 사실, 정칠각형 작도는 딱 잘라서 불가능해! 시도도 해보지 말라고!

눈금 없는 자와 컴퍼스로 작도가 불가능한 다른 정다각형으로는 정9각형, 정11각형, 그리고 정15각형이 있어.
1800년경, 엄청난 천재인 **가우스**(104쪽 참조)는 정17각형을 작도했고,
나아가 정65537각형의 작도도 이론적으로 가능함을 증명했어.

한편, 우린 중심각이나 변을 이등분하는 방법을 이용해서, 언제나 주어진 정다각형의 변의 개수를
두 배로 늘릴 수 있어. 따라서 정8각형은 정사각형에서 작도할 수 있고, 정10각형도 정오각형에서 작도할 수 있지.

자, 여기까지가 이 주제에 대해 알아야 하는
최소한의 내용이야.

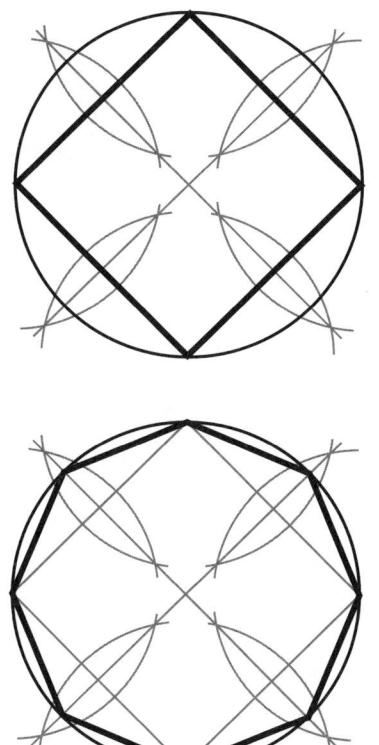

다각형에서 점점 원으로

이 책에서 길이와 넓이에 대해 이야기할 때, 원에 대해서는 아무런 언급을 하지 않았어. **호**의 **길이**는 어떻게 구할 수 있을까?

평행선 공리는 직선에 대해서만 적용되기 때문에, 이 질문에 대한 답은 아직 하지 않았어. 우리의 자는 직선이고, 느슨한 줄자처럼 구부러지지 않고 단단하지. 우리에게 곡선의 길이는 의미가 없어, 아직까지는.

반면에 다각형은 직선인 변들로 이루어져 있지. 우리는 이를 삼각형 여러 개로 나누고 삼각함수를 포함해 우리가 가진 모든 도구들을 적용해볼 수 있어.

여기 한 변의 길이가 s인 정N각형의 쐐기 모양 조각이 하나 있어. O가 중심이고, V는 임의의 꼭짓점이고, r은 반지름 OV라고 하자. 삼각형의 꼭지각의 크기는 360°/N가 될 거야.

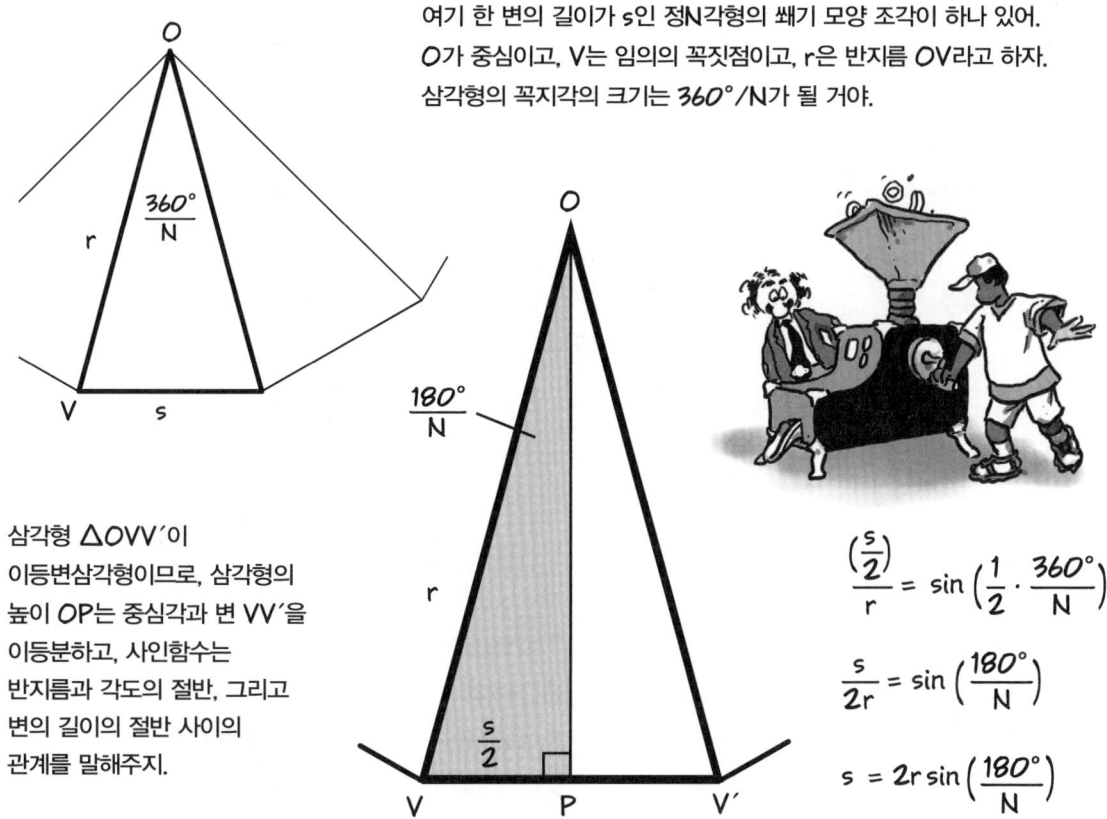

삼각형 △OVV′이 이등변삼각형이므로, 삼각형의 높이 OP는 중심각과 변 VV′을 이등분하고, 사인함수는 반지름과 각도의 절반, 그리고 변의 길이의 절반 사이의 관계를 말해주지.

$$\frac{\left(\frac{s}{2}\right)}{r} = \sin\left(\frac{1}{2} \cdot \frac{360°}{N}\right)$$

$$\frac{s}{2r} = \sin\left(\frac{180°}{N}\right)$$

$$s = 2r\sin\left(\frac{180°}{N}\right)$$

모든 변의 길이가 같으므로, 다각형의 **둘레**—전체를 따라 이동하는 거리 또는 모든 변의 합 **P**—는 N×s로 얻어질 거야.

$$P = N \times 2r\sin\left(\frac{180°}{N}\right)$$

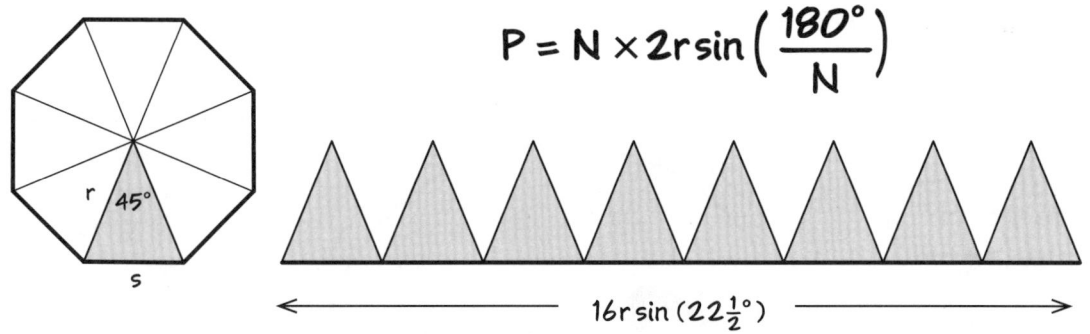

예를 들어, 정팔각형의 경우에는, $\theta = 45°$ $(360°/8)$, $\theta/2 = 22.5°$, 그리고 지난 장의 연습문제로부터,

$$\sin 22.5° = \left(\frac{\sqrt{2-\sqrt{2}}}{2}\right)$$

따라서 한 변의 길이는

$$2r \cdot \frac{1}{2}\left(\sqrt{2-\sqrt{2}}\right) \approx r(0.7653686)$$

그리고 둘레의 길이는 대략

$$8r(0.7653686) = \mathbf{6.122949r}$$

둘레공식의 항을 N이 들어가는 부분과 그렇지 않은 부분으로 나눠서 생각해보자.

$$P = (2r)\left(N\sin\frac{180°}{N}\right)$$

N이 들어가는 부분

N이 매우 크고 다각형이 원에 가까워지는 경우, sin(180°/N)는 매우 작아질 거야. 그리고 곱 Nsin(180°/N)는… 큰 수에 작은 수를 곱한 값이지. 이 값은 어디로 갈까? 계산기를 사용해보자.

N	$\frac{180°}{N}$	$\sin\frac{180°}{N}$	$N\sin\frac{180°}{N}$
12	15°	0.258819...	3.1058285...
50	3.6°	0.06279...	3.139525...
180	1°	0.01745...	3.14143315...
1,800	0.1°	0.001745...	3.14159105...
180,000	0.001°	0.000017453...	3.14159265...

마지막 열의 수는 3.14159265보다 조금 더 큰 **극한값**에 가까워지고, 이것이 바로 많은 사람들에게 이런 이름으로 알려진 값이야.

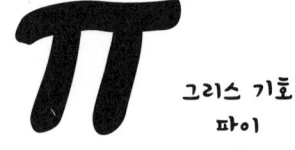

그리스 기호 파이

따라서 우리는 어떤 신비로운 '극한을 취하는' 과정을 통해 **반지름이 r인 원의 둘레 C가** 다음과 같다는 사실을 알 수 있어.

넓이는 어떻게 될까? 삼각형 조각 하나의 넓이는 높이 h에 대해서 $\mathcal{A}_w = \frac{1}{2}hs$가 돼. 그런데

$$\frac{s}{2} = r\sin\frac{180°}{N} \qquad h = r\cos\frac{180°}{N}$$

따라서

$$\mathcal{A}_w = \frac{hs}{2} = r^2\sin\frac{180°}{N}\cos\frac{180°}{N}$$

그리고 다각형의 **총넓이** $\mathcal{A}$는 이 조각 N개의 합이므로,

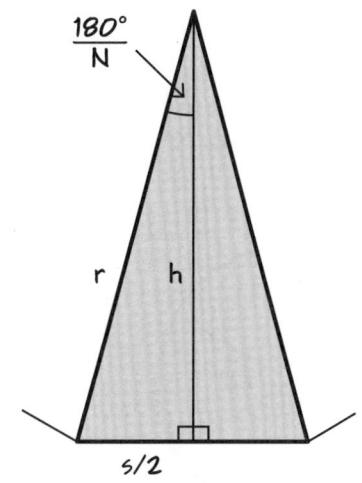

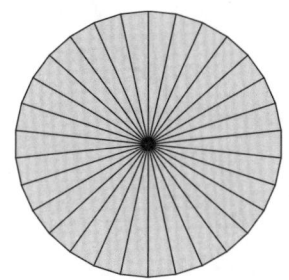

$$\mathcal{A} = N\mathcal{A}_w = r^2 N\sin\frac{180°}{N}\cos\frac{180°}{N}$$

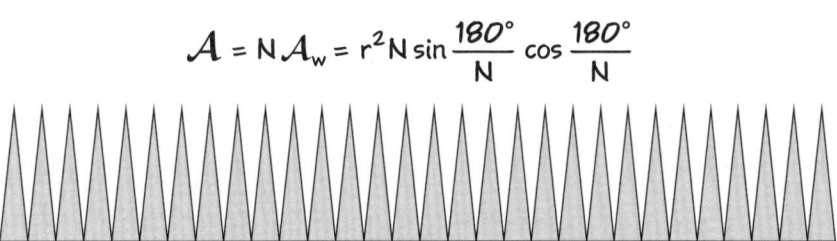

N이 매우 크다면, 앞서 본 것과 같이 Nsin(180°/N)는 π에 가까워질 거야. 한편, h가 r에 '거의 근접하기' 때문에 cos(180°/N)는 1에 가까워질 거야. 요약하면,

$$\mathcal{A} = r^2 N\sin\frac{180°}{N}\cos\frac{180°}{N}$$
$$\qquad\qquad\quad \downarrow \qquad\quad \downarrow$$
$$\qquad\qquad\quad \pi \qquad\quad 1$$

이제 우리는 원호의 길이에 대해
합리적으로 이렇게 이야기할 수 있어.
원호는 원 전체에서 일부분을 차지하고,
그 비율은 원호의 **각도**를 통해
측정된다고 말이야.

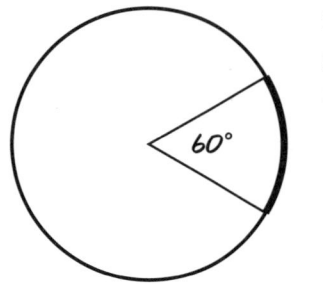

호 = 60°/360°
또는
전체 원의 1/6

따라서 그 길이는, 전체 길이에 대해 같은
비율을 가지는 값으로 얻어질 거야.

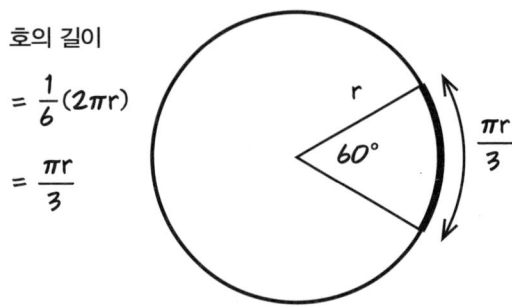

호의 길이
$= \frac{1}{6}(2\pi r)$
$= \frac{\pi r}{3}$

이 방식은 호의 크기가 180°보다 큰 경우에도 성립하지.
이 호의 각도는 이를 둘러싼 우각으로 주어져.

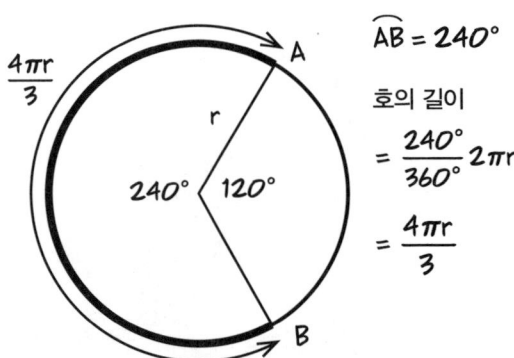

$\widehat{AB} = 240°$

호의 길이
$= \frac{240°}{360°} 2\pi r$
$= \frac{4\pi r}{3}$

일반적으로, θ가 원호 $\widehat{AB}$에 대한 각도라고 하자.

정의. 원호 $\widehat{AB}$의 길이는 $2\pi r\theta/360°$ 또는 $\pi r\theta/180°$으로 주어진다.

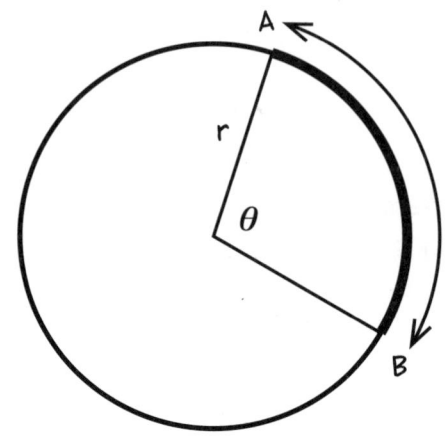

길이 $\widehat{AB} = \frac{\theta}{180°}\pi r$

원호의 길이를 측정하기 위해서, 구부러진 자는
필요하지 않아. 단지 평범한 자(반지름을 위해서)와
각도기(각도를 위해서)만 있으면 된다고.

연습문제

1. 정삼각형 △ABC가 반지름이 1인 원에 내접해 있을 때,

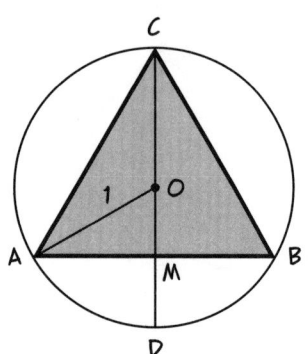

   a. ∠OAB는 얼마일까?
   b. OM의 길이는 얼마일까? MD의 길이는?
   c. AB의 길이는 얼마일까?
   d. △ABC의 높이는 얼마일까?
   e. △ABC의 넓이는 얼마일까?
   f. 내접하는 정육각형의 넓이는 얼마일까?

2. 모모는 9인치 원형 팬을 사용하는 조리법을 가지고 있다. 그런데 모모에게 9×9 정사각형 팬밖에 없다면, 조리법의 재료 양을 몇 퍼센트 정도 늘려야 할까?

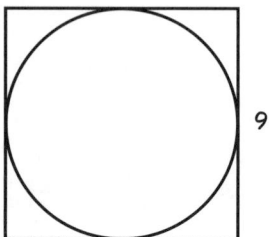

3. 사각형 ABCD가 원 안에 내접하고 있고, ∠B가 호 $\widehat{AC}$를 이룬다고 하자.

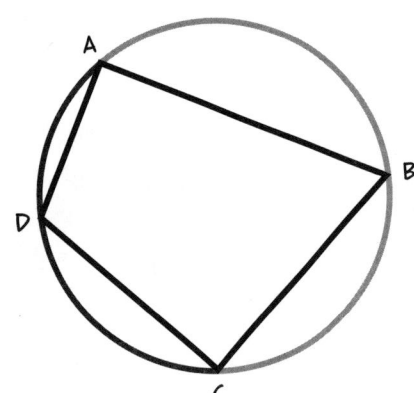

   a. ∠D가 이루는 호는 무엇일까?
      i. ∠B와 동일한 호
      ii. 호 $\widehat{AC}$를 **제외한** 모든 부분인 호 $\widehat{CA}$
   b. 각도로 표현하면, $\widehat{AC} + \widehat{CA}$는 얼마일까?
   c. ∠B + ∠D는 얼마일까?
   d. ∠A + ∠C는 얼마일까?
   e. 방금 우리는 순환 사각형에 대한 어떤 정리를 증명한 걸까? 그 역도 참이 될까? 그 이유는?

4. 그 성가신 **36°-72°-72°** 삼각형에서, 밑변이 1이라고 가정하면, 옆변의 길이는 $\phi = \frac{1}{2}(1+\sqrt{5})$가 된다. 코사인법칙을 사용해서 밑변의 길이를 꼭지각과 변의 관점에서 나타내보자.

a. 앞에서 나타낸 방정식을 이용해 다음을 보이자.

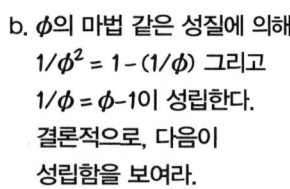

b. ϕ의 마법 같은 성질에 의해, $1/\phi^2 = 1-(1/\phi)$ 그리고 $1/\phi = \phi-1$이 성립한다. 결론적으로, 다음이 성립함을 보여라.

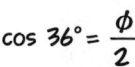

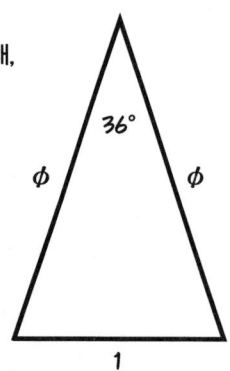

c. 계산기를 사용해서 결과를 확인해보자.

d. 옆변이 1인 **72°-54°-54°** 삼각형에 대해서, 왜 h = ϕ/2가 될까?

e. 피타고라스 정리를 사용하여 다음을 보이자.

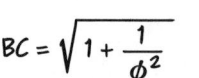

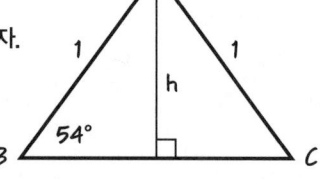

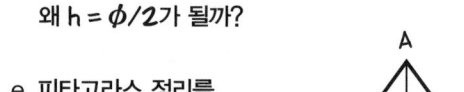

[힌트: $3-\phi = 1+1-(\phi-1) = 1+(1/\phi^2)$]

f. 이 값은 반지름이 1인 정오각형의 한 변의 길이가 된다. 그 이유는?

250

연습문제
일부 답안

연습문제 일부 답안

Chapter 1, 20쪽

1. $c^2 = 20 + 9 = 29$이므로, $c = \sqrt{29}$가 된다.

2. 네, 준비됐어요.

Chapter 2, 36쪽

1a. 우리가 경험해본 적 없기 때문에, 휘어진 3차원 공간을 상상하긴 쉽지 않다.

1b. 한 가지 아이디어로는, 곡면 위에서 도형을 확대하면 그 모양이 변하므로, 아마 휘어진 3차원 공간에서도 비슷한 일이 일어날 것이다.

2. 공리 2에 따르면 임의의 점 P는 다른 점 A를 "보고 있고", 공리 1에 따르면 그 선이 A와 P를 포함한다.

3. 그렇다.

4. 단 한 점에서만 만날 수 있다. 공리 1에 의해서, 만약 두 직선이 한 점보다 더 많은 점에서 만난다면, 공리 1에 의해 두 직선은 같을 수밖에 없다.

5c. 가정: 클렙토마트는 감자칩 한 봉지에 2달러를 받는다.
결론: 당신은 다른 어딘가에서 2달러보다 싼 가격으로 감자칩 한 봉지를 구할 수 있다.

6. 5c의 역: 만약 당신이 다른 어딘가에서 2달러보다 싼 가격으로 감자칩 한 봉지를 구할 수 있다면, 클렙토마트는 감자칩 한 봉지에 2달러를 받을 것이다.

5c의 대우: 만약 당신이 다른 어딘가에서 2달러보다 싼 가격으로 감자칩 한 봉지를 구할 수 없다면, 클렙토마트는 감자칩 한 봉지에 2달러를 받지 않을 것이다.

7. 어떤 개가 브루클린에 살거나, 또는 점박이 무늬가 있다.

Chapter 3, 44쪽

2. $AB = 1-(-4) = 1+4 = 5$, $BC = 3\frac{1}{2}-1 = 2\frac{1}{2}$

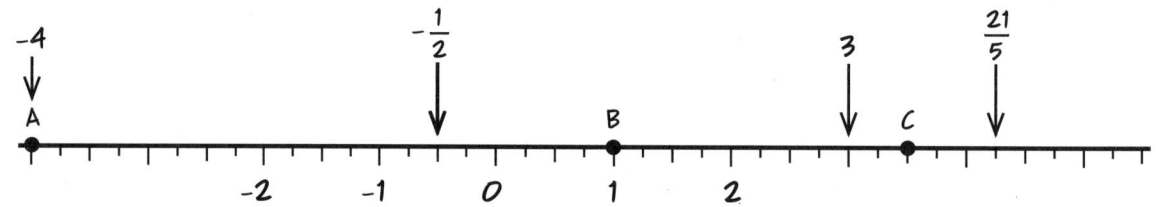

3. 거리는 5.125로 계산되고, 이 값은 좌표에 의존하지 않는다. 모든 "낮은" 좌표는 "높은" 좌표에 비해 2씩 크다: 만약 점 P가 높은 좌표로는 p, 낮은 좌표로는 p´이라면, $p' = p+2$가 된다. 만약 Q가 직선 위 또 다른 점이라면, $PQ = |p'-q'| = |p+2-(q+2)| = |p-q|$가 성립하고, 두 개의 2는 서로 상쇄된다.

4b. $-3-(-5) = 2$ 4d. 2   5a. 그렇다.   5b. 아니다.   5c. 그렇다.   5d. 아니다.   6. 그렇다.

7. 먼저 $AB>0$이고 $CD>0$임에 주목하면,
$AD = AB+BC+CD$ 그러므로
$AD-BC = AB+CD > 0$

8. $b>a \Rightarrow b-a>a-a \Rightarrow b-a>0$

Chapter 4, 54쪽

1. AB를 세 배로 만들기 위해서, 먼저 두 배로 만들자: 선분을 연장하고, 컴퍼스를 B에 고정한 뒤, 반지름이 AB인 원을 그려 이 원과 선분을 연장한 직선이 만나는 점을 C라고 하자. 이제 같은 길이의 반지름으로 C에 컴퍼스를 고정한 뒤 이를 반복하여 AB 길이만큼을 한 번 더 더해주면 된다.

AB를 네 배로 만들기 위해선, AC를 두 배로 만들어 AE를 얻으면 된다. 8배를 하기 위해선, AE를 두 배로 만들면 된다.

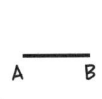
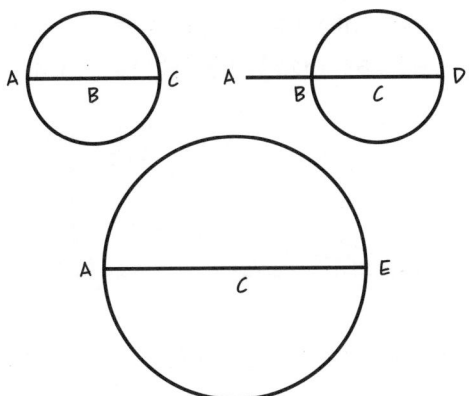

2. 반지름은 $CQ = PC - PQ = 88.8 - 55.3 = 33.5$가 된다.

3. $AB + BC = AC$이므로 증명이 끝난다.   4. 아니다.

5a. $r_B > AB + r_A$ 또는 $r_B - r_A > AB$

5c. 위: $r_B - r_A = AB$ 아래: $r_B + r_A = AB$

Chapter 5, 66쪽

1c. 둔각.   1d. 예각.   2. $140°$ 4. $360°/3 = 120°$ 5. $172°$ 7. $\angle DVE = 27°$이므로 $\angle CVE = 117°$.

8. 오른쪽의 어두운 각도 참조.

9. $\angle DCG = \angle ACB$ (맞꼭지각)
   $\angle ACB = \angle FGH$ (주어짐)
   $\angle FGH + \angle CGF = \angle DCG + \angle CGF = 180°$ (선형 쌍)

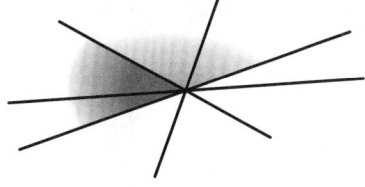

Chapter 6, 82쪽

1a. 그렇다.   1b. 아니다.   1c. 당연히 아니다!   1d. SSS에 의해서 맞다.

2. C에서의 맞꼭지각은 서로 같으므로, 두 삼각형은 SAS에 의해 합동이다.

3. R 또는 R′이 AC와 길이가 같은 변을 가진다.

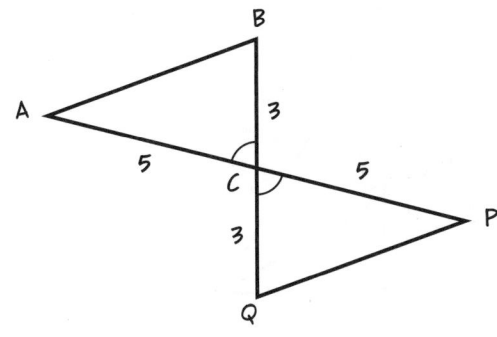
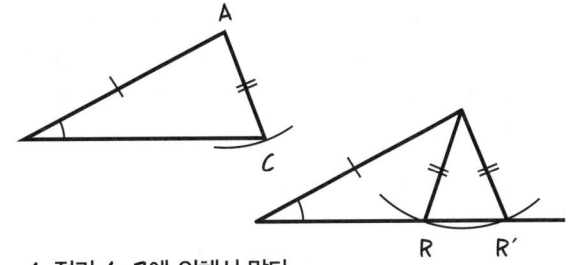

4. 정리 6-3에 의해서 맞다.

5. A⟷V, B⟷T, C⟷U

Chapter 7, 90쪽

1. 둘은 맞꼭지각으로 같다.   2. 115°

3a. B의 외각은 53°가 되고, 따라서 ∠A < 53°이다.

3b. ∠C < 53°도 마찬가지로 성립하고, 따라서 이 삼각형의 세 각의 합은 53°+53°+127° = 233°를 넘을 수 없다.

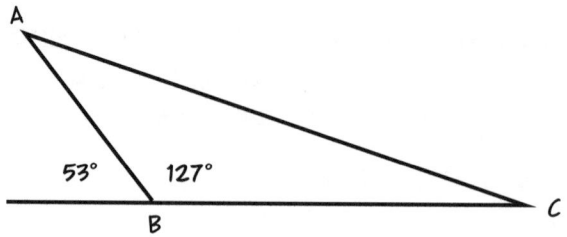

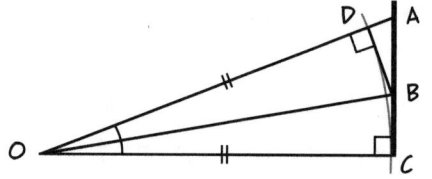

5a. 정리 7-3에 의해서, 수직선은 점과 직선을 잇는 가장 짧은 직선이다.

5b. SAS에 의해서 △ODB ≅ △OCB이고, 따라서 ∠ODB = 90°.

5c. 정리 7-3에 의해 AB > BD이고, BD = BC이므로 AB > BC이다.

6c와 6d. 삼각형을 만들 수 없다.   6f. 양변의 길이는 4보다 커야 한다.

Chapter 8, 98쪽

3. 수직선을 세우고 선분의 중점 M을 표시한 뒤, 컴퍼스를 사용하여 QR = MQ를 만족하는 점 R을 표시한다.

4. 각 변은 서로 같은 원의 반지름으로 주어진다.

6. A와 B를 중심으로 하고 반지름을 CD로 하는 두 호를 그리면, 둘의 교점이 삼각형의 꼭짓점이 된다.

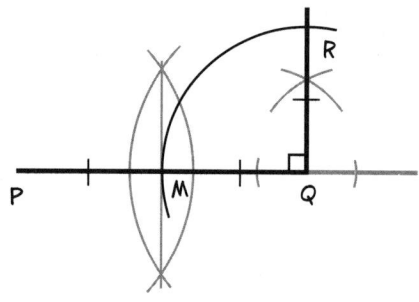

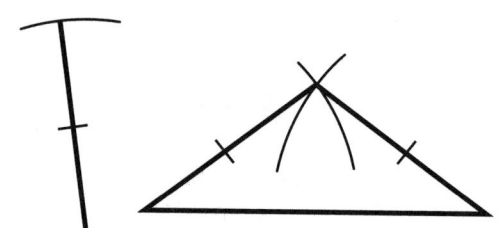

7. 정리 6-1에 의해서, ∠ABC = ∠BCA = ∠CAB가 된다. 정리 6-3에 의해서 밑변의 수직이등분선은 꼭지각을 이등분하므로, ∠ABQ = $\frac{1}{2}$∠ABC = ∠PCB가 된다. 가정에 의해 AB = BC이고, 따라서 ASA에 의해서 △AQB ≅ △CPB가 된다.

또한 가정에 의해서 AQ = BR = $\frac{1}{2}$AC가 되고, ∠BRM = ∠AQM = 90°이므로, ASA에 의해서 ∠MBR = ∠MAQ가 된다.

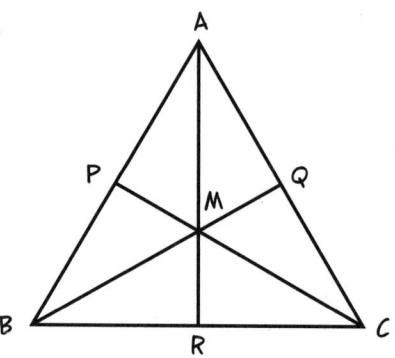

Chapter 9, 106쪽

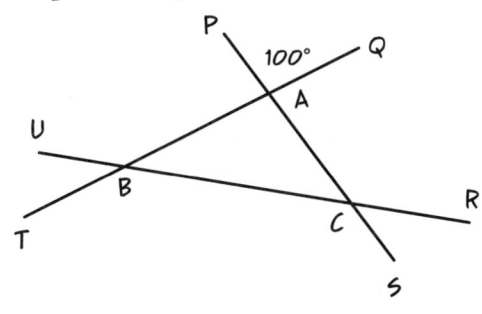

1a. 더 크다.   1b. **80°**   1c. 더 작다.   1d. 더 작다.

2. 주어진 명제 중 어떤 것도 증명할 수 없다.

3c. 아니다.   4. *e*가 정답.

Chapter 10, 116쪽

1a. 둘은 1°의 각도를 이루며 만난다.   1b. **114°**   1c. ∠1   1d. **63°**

2. AB ∥ DC, 따라서 ∠BDC = ∠ABD. AD ∥ BC, 따라서 ∠CBD = ∠ADB. BD = BD이므로, ASA에 의해 합동이다.

3a. **105°**   3c. **58°**

4a. ∠2 + ∠5 + ∠6 = 180°와
∠5 + ∠9 = 180° = ∠6 + ∠10에서 시작하자.

4b. 각도 중 일부는 오른쪽 그림 참조.

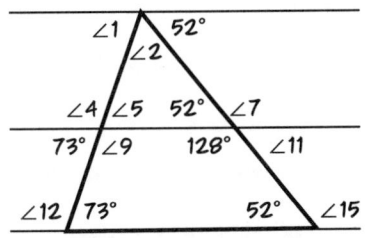

5. AB는 AP와 BQ 사이의 횡단선이다. 두 인접내각 ∠ABQ와 ∠BAP는 삼각형의 두 각에 대한 절반이고, 따라서 ∠ABQ + ∠BAP < 90°가 된다. 따라서, AP와 BQ는 서로 만난다!!!

6. ∠CAD < ∠CAB이고 ∠C = ∠C이므로, 180°에서 둘을 빼면 원하는 결과를 얻는다.

Chapter 11, 124쪽

2a. **80°**   2b. **180° − 114° = 66°**   3a. **110° 그리고 30°**   4. **360°**   5. AAS (맞꼭지각은 서로 같다).

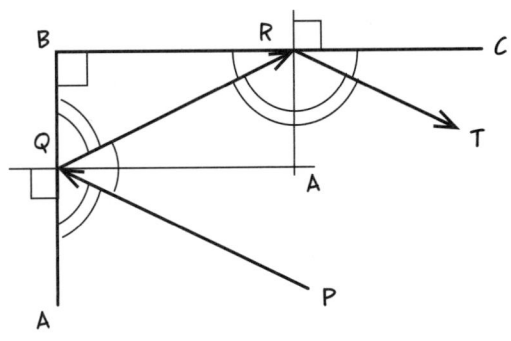

6. 거울과 Q, R에서 수직인 두 선 RA와 QA를 그리면, BRAQ는 직사각형이 되고, 따라서 ∠RQB = ∠QRA, ∠RQA = ∠QRB, 그리고 ∠QRA + ∠QRB = 90°가 된다.

반사법칙에 따라서, ∠ARQ = ∠ART 그리고 ∠AQR = ∠AQP가 된다.

그러므로 ∠CRT = ∠QRB이다. (둘 다 90° − ∠ARQ이다.)

그러면 ∠PQR + ∠QRT = ∠QRB + ∠CRT + ∠QRT = 180°.

따라서 RT ∥ PQ.

Chapter 12, 138쪽

1a. 68°   1b. 360°−192°=168°   1c. 69°   2a. 그렇다.   2b. 아니다. 왜냐하면 59+119=178이고, 180이 아니기 때문이다.

3. 360°− 125°− 125° = 110°   4a. SAS.   5. 모두 90°이다.

4b. △AMD ≅ △CMD가 성립하고, 따라서 AD = CD이다. 따라서 SSS에 의해서 △ABD ≅ △CBD이다.

6. 그렇다.

Chapter 13, 154쪽

1a. 4   1c. 30   1d. 6   1e. $\frac{15}{2}$ 2a. AB = DC = $\frac{22.548}{5.637}$ = 4   3. 절반. 또는 2,338,002.

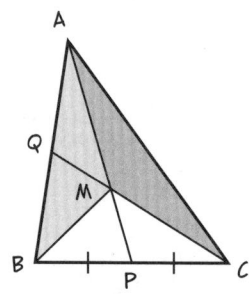

4a. △APB와 △APC는 같은 밑변과 높이를 가진다.

4b. MP는 흰 삼각형의 중선이고, 따라서 △BMP와 △PMC는 같은 넓이를 가진다. 4a의 결과에서 이를 빼면 증명이 끝난다.

4c. 4a와 4b의 결과로부터 증명이 끝난다. 또한, BM을 연장하면 또 다른 중선을 얻을 수 있고, 따라서 △ABC는 6개의 같은 넓이를 가지는 삼각형으로 나누어진다. 점 M을 이 삼각형의 **무게중심**이라고 한다.

5. AM = MC이므로 ASA에 의해서 △APM≅△CQM이 된다 (무슨 각을 사용했을까?) 그러면 𝒜(APQD) = 𝒜(△ADC)이다 (그 이유는?). △ADC≅△CBA이므로, 이 넓이는 전체 평행사변형의 절반이 된다.

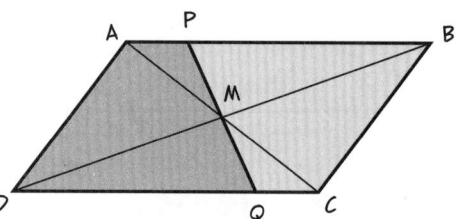

6. 2

Chapter 14, 164쪽

1a. 29   1b. 15   1d. 28   2. $\sqrt{5}$ 2b. $\sqrt{2}$ 2c. 2

3. AD = BD (그 이유는?); DE = DC (그 이유는?); ∠ADC = ∠BDE (그 이유는?)

5. 피타고라스 정리에 의해 높이는 4가 되고, 넓이가 32이므로 밑변의 길이는 32/4 = 8이 된다.

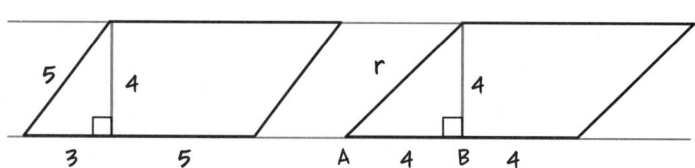

'기울어진' 도형에서, AB = 4가 되고 r = $\sqrt{16+16}$ = $4\sqrt{2}$ 이다.

Chapter 15, 182쪽

1a. $10x=40$, $x=4$ 1b. $x^2=81$, $x=9$ 2a. 그렇다.   2b. 아니다.   3. $\frac{30}{20} = \frac{9}{x}$, $x=6$

4. 임의의 간격을 가지는 평행선을 만드는 방법이다. 선분들이 $(3/7)''$만큼 떨어져 있게 하기 위해선, 7인치 자를 기울여서 1인치씩 떨어진 7개의 직선이 총 3인치만큼 수직으로 떨어져 있도록 하면 된다.

5a. SAS 닮음에 의해 성립한다.   5d. 그렇다.

6a. $\frac{AP}{AB} = \frac{AS}{AD} = \frac{1}{2}$

6b~e. 측면 분할정리에 의해 b~e 모두 옳다.

6f. 평행사변형

7. 두 각만 있으면 충분하므로(AA), 굳이 필요가 없다!

Chapter 16, 190쪽

1. d가 옳다.

2. 오른쪽과 같이 그림을 확장해보면 결과를 확인하는 데 도움이 된다.

2a. $\frac{1}{4}$ 2b. $\frac{1}{3}$

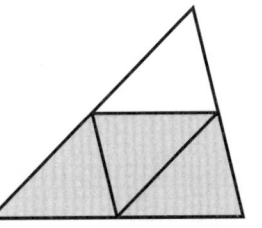

3. 2에서와 같이, △ABC를 서로 합동인 작은 삼각형들로 나누어보자. 물론 비례관계를 이용하여 해결할 수도 있다.

4. 만약 처음 정사각형의 한 변의 길이가 s라면, 작은 정사각형의 한 변의 길이는 $\frac{s}{2\sqrt{2}}$이고 넓이는 $s^2/8$이 된다.

5. 먼저 다음을 보이자.

$\frac{c^2}{ab} = \frac{f^2}{de}$. 그러면 $\frac{c^2}{ab} - \frac{1}{2} = \frac{f^2}{de} - \frac{1}{2}$

대수 계산을 통해

$\frac{c^2 - \frac{1}{2}ab}{ab} = \frac{f^2 - \frac{1}{2}de}{de}$ 또는 $\frac{\mathcal{A}}{ab} = \frac{\mathcal{A}'}{de}$

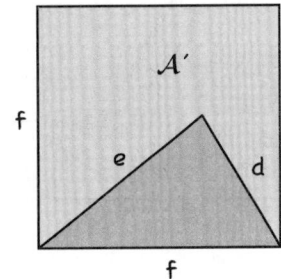

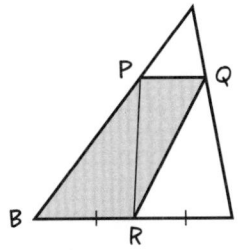

6. $\frac{3}{5}$. PR을 그리면, △PBR과 △QRC는 같은 밑변과 높이를 가진다. 따라서 둘의 넓이는 같다. △PQR도 같은 높이를 가지고 밑변 PQ의 길이는 RC의 2/3배이므로, 따라서

$\mathcal{A}(PQRB) = \mathcal{A}(\triangle QRC) + \frac{2}{3}\mathcal{A}(\triangle QRC) = \frac{5}{3}\mathcal{A}(\triangle QRC)$

Chapter 17, 202쪽

1a. $5x=66$, $x=13\frac{1}{5}$ 1c. $x^2 = 9 \times 16 = 144$, $x=12$

2a. △PBC~△PDA

2b. $\frac{PA}{PC} = \frac{PD}{PB}$ 이기 때문이다.

2c. ∠PBC=180°−∠ABC이므로, ∠PDA=180°−∠ADC.

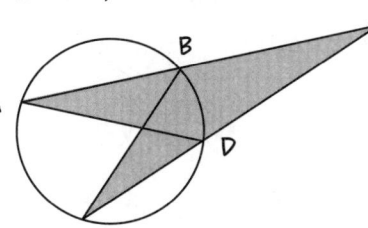

3a. AAS에 의해 성립.

3b. AB⊥PQ 그리고 AC⊥PR이므로.

3c. D가 두 각의 이등분선 위에 있으므로.

3d. 그렇다.

Chapter 18, 212쪽

1a. $31.25 \times 20 = 625$, $\sqrt{625} = 25$ 1c. $\sqrt{20} = 2\sqrt{5}$ 1d. $s\sqrt{t}$

2. 어떤 수와 0의 기하평균은 0이다; 어떤 수 n과 1의 기하평균은 $\sqrt{n}$이다.   4a. $5g$ 4b. rg 4c. 4 5. 그렇다.

6. 삼각형과 넓이가 같은 정사각형을 얻는 한 가지 방법: 먼저 삼각형을 두 배로 만들어 직사각형을 만든다. 그런 다음 그 직사각형과 같은 넓이를 가지는 정사각형을 만들자. 마지막으로 정사각형의 각 변의 중점들을 이어서 전체 넓이의 절반인 정사각형을 얻는다. (다른 방법: 직사각형을 절반으로 나눈 뒤 이와 같은 크기를 가지는 정사각형을 얻는다.)

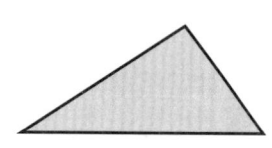
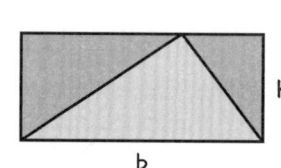
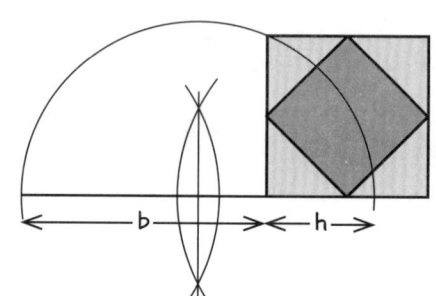

Chapter 19, 220쪽

1a. $\phi + 1 = \phi^2$, 따라서 $\dfrac{\phi+1}{\phi} = \dfrac{\phi^2}{\phi} = \phi$ 1b. $\dfrac{AE}{EF} = \phi$ 1c. $\phi - 1 = \dfrac{1}{\phi}$, 따라서 $\dfrac{1}{\phi-1} = \phi$

1d. $\phi^{15} + \phi^{14} = \phi^{14}(\phi+1) = \phi^{14}\phi^2 = \phi^{16}$ 2. $BD=1$, $CD=1/\phi$, $CE=CD=1/\phi$, $ED=1/\phi^2$

3a. 일부 각도를 채워보면 $EB \parallel DC$임을 보일 수 있다. 따라서 $\triangle AFG \sim \triangle ADC$.

3b. 삼각형의 합동에 의해서 $AG=CI$이고, 따라서 다음이 성립한다.

$\dfrac{CG}{AG} = \phi$

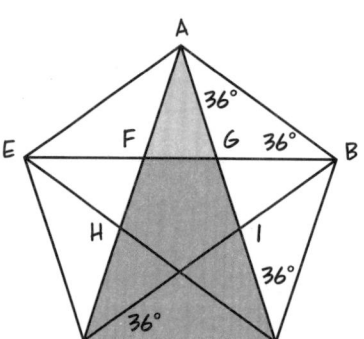

3b. (계속) 따라서

$\dfrac{AC}{AG} = \dfrac{CG+AG}{AG} = \dfrac{CG}{AG} + 1 = \phi + 1 = \phi^2$

3d. ϕ^4

4. ϕs

ϕ가 괴롭혀서 힘든가?

Chapter 20, 230쪽

2a. $x = 3\sin 20° \approx 1.026$ 2b. $t = 1{,}025 \cos 36° \approx 829.24$ 2c. $y = \dfrac{\sin 60°}{\sin 50°} \approx 1.1305$

2e. $x^2 = 5^2 + 8^2 - (2)(5)(8)\cos 60° = 89 - 40 = 49$, $x = \sqrt{49} = 7$

2f. $\dfrac{\sin \theta}{12} = \dfrac{\sin 40°}{9}$, 따라서 $\sin \theta = \dfrac{12 \sin 40°}{9} \approx 0.857$, $\theta \approx \arcsin 0.857 = 58.99°$

3a. 코사인법칙에 의해 $BC^2 = 1 + 1 - 2\cos 45° = 2 - \sqrt{2}$. 따라서 $BC = \sqrt{2-\sqrt{2}}$. 그러므로 $\sin 22\frac{1}{2}° = \frac{1}{2}BC = \frac{1}{2}\sqrt{2-\sqrt{2}}$.

4. 90° 이상부터는, 각이 커짐에 따라 사인값은 작아진다.

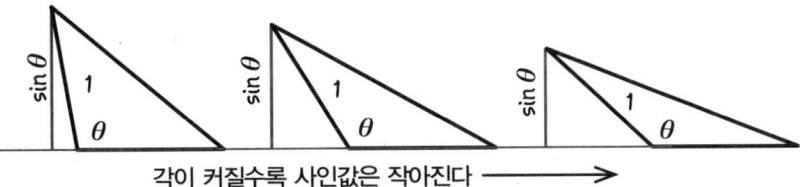

각이 커질수록 사인값은 작아진다 ⟶

Chapter 21, 250쪽

1a. **30°**   1b. $OM = MD = \frac{1}{2}$

1c. $AM = \cos 30° = \frac{1}{2}\sqrt{3}$, $AB = \sqrt{3}$

1d. $\frac{3}{2}$ 1e. $\frac{3}{4}\sqrt{3}$

1f. 정육각형은 △AOC와 합동인 삼각형 3개를 더해서 만들어지므로, 삼각형의 두 배인 $\frac{3}{2}\sqrt{3}$.

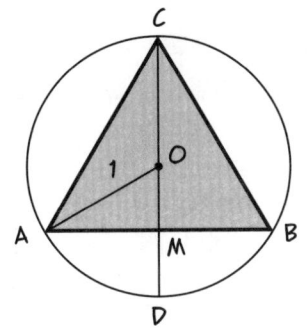
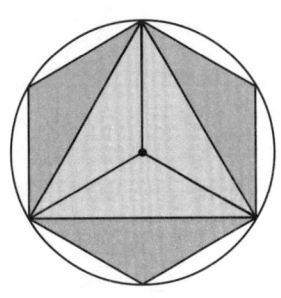

2. $A(원) = \frac{\pi}{4}(9)^2$, $A(정사각형) = 9^2$. 비율 $= 4/\pi \approx 1.27$. 조리법의 재료 양은 **27%** 늘어나야 한다.

3. 순환사각형에 대해서, 마주보는 각은 서로 보각관계에 있다. 이에 대한 역 또한 참이 된다: 만약 사각형의 마주보는 각의 합이 항상 **180°**라면, 사각형은 순환사각형이다. 세 꼭짓점을 지나는 원을 그리고 이를 통해 논리적으로 증명하기 위해 시도해보자.

4a~b. 코사인법칙에 의해

$1 = \phi^2 + \phi^2 - 2\phi^2 \cos 36°$ 따라서

$\frac{1}{\phi^2} = 1 + 1 - 2\cos 36°$

$2\cos 36° = 2 - \frac{1}{\phi^2} = 1 + (1 - \frac{1}{\phi^2})$

$= 1 + \frac{1}{\phi} = \phi$ 따라서

$\cos 36° = \frac{\phi}{2}$

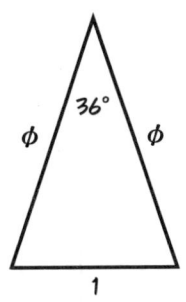
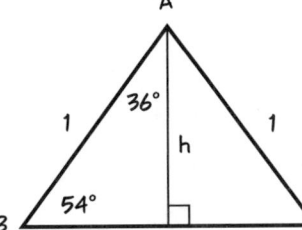

4d. $h = \cos 36°$이기 때문이다.

4e. 피타고라스 정리에 의해

$\frac{BC^2}{4} + \frac{\phi^2}{4} = 1$, $\frac{BC^2}{4} + \frac{\phi+1}{4} = 1$

$BC^2 = 3 - \phi = 2 - (\phi-1) = 2 - \frac{1}{\phi}$

$= 1 + 1 - \frac{1}{\phi} = 1 + \frac{1}{\phi^2}$

4f. 정오각형의 중심각이 **72°** (36°의 2배)이므로, 이 값은 반지름이 1인 정오각형의 한 변의 길이가 된다.

감사의 말

감사의 말은 마치 오스카 시상식 수상 인사 같습니다. 이름이 지명된 사람과 그렇지 않은 사람을 제외하고는 누가 신경이나 쓸까요? 그래도 한번 해보겠습니다.

필립스 씨는 제가 피닉스에 있을 때 고등학교 대수학을 가르쳐주신 분입니다. 하지만 저는 (수년간의 대학원 생활 끝에도!) 이 책의 집필이 본격적으로 시작되기 전까지 평행선 공리를 제대로 이해하지 못했던 사람이었죠. 이에 대해 유클리드의 『원론』에 주석을 달아 https://mathcs.clarku.edu/~djoyce/elements/bookI/bookI.html에 공개해주신, 클라크대학의 데이비드 조이스 님께 감사의 말을 전합니다. 월드 와이드 웹을 처음으로 만든 팀 버너스리 씨도 잊지 않겠습니다. 인터넷에는 위키피디아를 비롯해 수많은 양질의 수학자료들이 있습니다. 지미 웨일스(위키피디아 개발자—옮긴이), 당신 참 대단한 사람이에요!

제 아내인 리사 골드슈미드는 제가 『세상에서 가장 재미있는 생물학』 집필을 마친 뒤 은퇴 유혹이 있을 때 그 시간을 함께 견뎌내주었습니다. 이후 우리는 제가 작업할 프로젝트가 있다는 것이 모두가 더 행복한 길이라는 사실을 깨닫게 되었습니다.

저의 에이전트인 비키 비저는 거래를 성사시켜주고 항상 저에게 무조건적인 격려를 해주었습니다. 또한 제 편집자 닉 앰플렛 씨도 무한한 긍정 에너지의 또 다른 원천입니다. 덧붙여 그는 성가신 교정 작업과 함께 귀한 개입을 해주는 분입니다.

이 책 대부분의 최종 그림은 애플 컴퓨터에서 만든 아이패드를 사용해서 그렸습니다. 이렇게 작업하는 것은 제 인생에 처음이었어요. 새비지 인터랙티브(Savage Interactive)는 제가 사용한 앱인 프로크리에이트(Procreate)를 만든 회사입니다. 결국 모든 것은 어도비 일러스트레이터(Adobe Illustrator), 포토샵(Photoshop), 그리고 인디자인(InDesign)을 거쳐 마무리되었습니다. 어도비를 창설해주신 존 워노크 께도 감사의 말씀을 드립니다.

실제로 제노 존슨 선생님께서는 저희에게 용어를 정의하라고 말씀하셨습니다. 이는 아마 에세이를 쓸 때 좋은 조언일 테고, 현재 거대한 신경망을 통해 글을 써내려가고 있는 대형 언어 모델들이 지루하고 꼼꼼하게 따르고 있는 조언이기도 할 것입니다.

마지막으로, 만약 당신이 제가 언급하지 못한 70억 명 중 한 명이라면, 당신도 분명 크거나 작은 영향을 주신 분일 것이라 확신하기에, 이에 감사를 전합니다. 종이가 부족하기 때문에 제가 한 분 한 분을 지목해서 언급하지 못하는 부분은 이해해주시리라 믿습니다. 아마 전자책에선 가능하지 않을까요?

옮긴이의 말

"수학은 도대체 어디에 쓰이나요?"라는 질문은 많은 수학자와 유튜브 덕분에 어느 정도 답이 되었으리라 생각한다. 하지만 "기하학은 도대체 어디에 쓰이나요?"라는 질문에 답하는 것은 좀 더 어려운 문제인 것 같다. 교육 과정에서 우리가 배우는 기하학이 그리 많지 않기 때문이다. 도형의 닮음, 합동, 피타고라스 정리, 그리고 일부 이공계 학생들이 배우는 공간도형과 벡터 정도가 전부다.

얕게나마 기하학이라는 분야에 발을 담가본 경험을 토대로 이야기해보자면, 기하학의 가치는 소위 '예리한 직관'에 있다고 말할 수 있을 것 같다. 기하학도 수학의 한 분야이므로, 다른 수학 분야와 마찬가지로 모든 내용이 엄밀하게 전개된 논리로 구성되어야 한다. 증명 방식이 얼마나 아름다운지, 유명한 사람이 제시했는지와는 상관없이, 수학에서는 오직 각각의 과정이 논리적으로 연결되는지가 중요하다. 이처럼 엄밀한 검증 과정을 거치고 남은 명제들은 시간이 지나도, 교육과정이 바뀌어도 진리로 남게 된다. 이러한 경험은 점점 복잡해지는 세상을 분명히 이해하고, 듣기 그럴싸한 말에 속아 무엇이 진실인지 가늠할 수 없게 되는 상황으로부터 벗어날 수 있게 해주는 등불이 되어준다.

하지만 세상에는 수많은 지식들이 존재하고, 유한한 수명과 한계를 지닌 인간으로서 우리가 이 모든 지식들을 검증해나갈 수는 없다. 그렇기에 많은 경우 우리는 새로운 사실을 접했을 때 이에 대한 (대략적인) 진위 여부를 판단할 수 있는, 소위 '직관'이 중요한 순간을 마주하게 된다. 기하학에서는 이러한 '직관'의 자리를 기하학적 상상력이 채워준다.

기원전에 쓰였다고는 믿을 수 없을 정도로 잘 쓰인 유클리드의 기하학 저서 『원론』은 이러한 '예리한 직관'들이 어떻게 상호작용하는지를 볼 수 있는 훌륭한 책이다. 하지만 수학을 더 공부해보고 싶은 일반인이 입문서로 도전해보기에는 쉽지 않은 것도 사실이다. 적절한 배경 설명 없이 "점은 부분이 없는 것이다"와 같은 『원론』의 첫 구절을 읽고 있으면 '도대체 이게 왜 좋은 책인 거야?'와 같은 생각을 하며 책을 덮어버릴 것이기 때문이다.

래리 고닉의 『세상에서 가장 재미있는 기하학』은 이러한 점에서 볼 때 '유클리드 기하학의 현실적인 해설서'라고 생각한다. 이 책에서는 왜 『원론』의 첫 구절이 "점은 부분이 없는 것이다"와 같은 공리들로 시작할 수밖에 없는지를 분명하면서도 다양한 그림을 통해 지루하지 않게 설명해나간다. 이후에는 이와 같이 당연한 공리들을 이용해서 평행선 공리에 대한 의미를 설명하고, 피타고라스 정리를 다양한 방식으로 증명해나가며, 말미에는 π의 정의까지 언급한다. 단순히 공식을 언급하고 넘어가는 것이 아니라, 어떻게 그 공식이 그렇게 유도될 수밖에 없는지를 유클리드처럼 생각의 단계를 밟아 제시한다는 점은 입시 준비를 위한 수학 참고서와 이 책을 구별해주는 특징이라고 생각한다.

  내가 살아오며 느낀 점이 한 가지 있다면, 어떤 사실이 참이라는 것을 외워서 알고 있는 것과, 그것이 왜 사실인지 알고 있는 것은 이후 지식을 습득해나가며 이를 자신의 것으로 만들어가는 과정에서 확실한 차이를 낳는다는 것이다. 무려 15년 전 이야기이긴 하지만, 내가 KAIST 면접관께 받았던 질문은 아직도 머릿속을 맴돈다. "로피탈의 정리가 왜 맞다고 생각해요? 본인의 논리를 이용해서 저희를 한번 설득해보세요." 내가 이 질문을 받았을 때 '번쩍'했던 느낌을, 독자들도 이 책을 통해 느껴볼 수 있었으면 좋겠다.

찾아보기

| ㄱ |

가로세로비, 168, 170, 190
가정, 29
각 옮기기, 92
각, 53~64
    각 옮기기, 92
    각도, 12, 58~59
    각도기, 59~62
    각의 꼭짓점, 57, 60~61, 63, 68
    공리 7 (각도기 공리), 61~62
    동위각, 101~103, 107, 109~111, 114
    둔각, 60, 66, 228
    맞꼭지각, 63~64, 90, 102, 114
    보각, 65, 114
    삼각형, 31
    수직, 64, 77~79
    여각, 65, 118
    연습문제, 64, 253
    외각. 해당 항목 참조
    용어와 표기법, 65
    우각, 248
    원, 57~58, 194~196
    원주각, 195~197
    이등분, 780, 93
    정리 5-1, 62~63
    정리 5-2, 63
    정리 5-3, 64
    정리 15-2, 175~176
    정의, 57
    직각, 64, 87, 118, 120~121
    합동, 69~74

각도, 12, 58~59
각도기 공리 (공리 7), 61~62, 74, 216
각도기, 59~62
각-변-각 합동 (ASA 합동; 공리 9), 73~74, 81
각의 꼭짓점, 57, 60~61, 63, 68, 71, 126~128, 170
각의 이등분, 78, 93
각의 이등분선, 78, 93~94, 152, 214
    연습문제, 98, 202
간접증명, 33, 80
같은 거리만큼 떨어져 있음, 79, 95, 235
거울상, 75~76, 122~123
건축 산업, 기하학의 용도, 10
결론, 29
고대 그리스, 7~11, 219
고대 이집트인, 10~11, 99, 139
고전적 작도, 91~98
    각 옮기기, 92
    각의 이등분, 93
    선분의 수직이등분선, 93
    연습문제, 98, 254
    일직선 위에 있지 않은 세 점을 지나는 원, 95~97, 113
    정리 8-1, 96~97
    한 점을 지나는 수직선, 94
공간, 24
    공리, 26~27
    정의의 부재, 22, 23
공리, 18~19, 34
    연습문제, 36, 252
공리 1, 26
공리 2, 26
공리 3, 26
공리 4, 26

공리 5 (줄자 공리), 38
공리 6, 51~52
공리 7 (각도기 공리), 61~62, 74, 216
공리 8 (SAS 합동), 73~74, 81, 179
공리 9 (ASA 합동), 73~74, 81
공리 10, 107~110
공리 11, 142
공리 12, 232
공약수, 210
교차 문제, 99~106
    연습문제, 106, 255
    정리 9-1, 102~103
    횡단선, 101~103
근의 공식, 214~215
기울어진 정사각형, 11, 20
기울어진 직선, 101, 103, 105
기하평균, 203~212, 214
    연습문제, 212, 258
기하학
    기본 요소들, 21~35
    기하학에 대한 대략적인 역사, 9~19
    정의, 9
기하학적 명제, 27
꼭지각, 76~78, 213

| ㄴ |

내접원, 202
넓이, 139~154
    공리, 19, 142
    비례 축소 및 확대. 해당 항목 참조
    사각형, 149~150
    사다리꼴과 평행사변형, 150~152
    삼각형, 143~148
    연습문제, 154, 256
    정리 13-1, 143
    정리 13-2, 144~145
    정리 13-3, 147~148

    정리 13-4, 150
    정리 14-1, 156
    정의, 141
    직사각형, 140~142
    피타고라스 정리, 157~159
농부의 관점에서 넓이 결정, 139~142
높이, 144, 153
    사다리꼴과 평행사변형, 150~151
    삼각형, 144~148, 161, 177, 184~185, 226
니콜라이 로바쳅스키, 104

| ㄷ |

다각형, 231~250
    공리 12, 232
    다각형을 둘러싼 원, 236~237
    연습문제, 250, 259
    원 안에 끼워 넣은 다각형, 238~239
    원에 가까워지는 다각형, 244~248
    정리 21-1, 233~234
    정리 21-2, 237
    정리 21-3, 238
    정의, 234
닮음, 165~182
    비례, 167~172
    연습문제, 182, 257
    작도, 173~177
    정리 15-1, 171
    정리 15-2, 175~176
    정리 15-3, 177, 178
    정리 15-4, 179
    정리 15-5 (SSS 닮음), 180~181
    정의, 174
대각선, 13
    볼록다각형, 233
    사각형, 127, 132~136
    사다리꼴, 150
    정사각형, 13~14, 16, 20

대우 명제, 33, 36, 103, 112
동위각, 101~103, 107, 109~111, 114
동치, 31~32, 33, 102
두 각 판정법, 177
둔각, 60, 66, 228
둘레, 246, 248
등변, 76, 143, 152, 158~159, 162
따름정리 3-1, 41~42
따름정리 6-4.1, 79
따름정리 11-1.1, 118
따름정리 12-6.1, 135
따름정리 14-1.1, 161~162
따름정리 15-1.1, 172
따름정리 15-2.1, 177
따름정리 17-2.1, 197
따름정리 17-2.3, 197, 207
따름정리 17-2.4 (탈레스 정리), 197, 212

| ㄹ |

루이스 캐럴, 125

| ㅁ |

마름모, 135, 136
만능 줄자, 37~38, 43
말하지 않은 가정, 34
맞꼭지각, 63~64, 90, 102, 114
명제
    기하학적 명제, 27
    대우, 33, 36, 103, 112
    역, 30~31, 36
    연습문제, 36
명제의 역, 30~31, 36
무한대의 두 배, 50

| ㅂ |

바빌로니아 인, 12~13, 58
반지름, 47~49, 51~52, 192, 246
    연습문제, 54
반직선, 39~40, 56, 57, 60~62
반평면, 61~62
베른하르트 리만, 104
변-각-변 합동 (SAS 합동; 공리 8), 73~74, 81, 179
변-변-변 합동 (SSS 합동; 정리 6-5), 80~81, 135
병정개미, 55~56
보각, 65, 114
보조정리, 170~171
볼록다각형, 232~233
볼록한 도형, 126
부정, 33
분배법칙, 142
비례식, 167~172
비례 축소 및 확대, 183~190
    삼각형, 183~185
    연습문제, 190, 257
    정리 16-1, 184
    정리 16-2, 185~188
    직사각형, 166, 168, 183
    축소 모형 예시, 189
비유클리드 기하학, 104
비율, 167~172, 222~223
    가로세로비, 168, 170, 190
    황금비, 207, 240
빗변, 87, 121, 152
    피타고라스 정리, 155~156, 158~159, 161~162

| ㅅ |

사각형, 120~128
    넓이, 149~150
    사각형 갤러리, 136
    연습문제, 138, 256

정리 12-3, 129
정리 12-4, 130~131
정리 12-6, 134~135
정의, 126
사다리꼴, 128, 136
    넓이, 149~152
    연습문제, 164, 256
사인, 223~228, 246
사진의 확대, 165~166
삼각자, 137
삼각함수, 229
삼각형, 67~82, 117~124, 202
    각, 31
    꼭지각, 76~78, 213
    넓이, 143~148
    높이, 144~148, 161, 177, 184~185, 226
    밑변, 76~78
    비례식, 170~172
    비례 축소 및 확대, 183~185, 190
    삼각형과 부등식. 해당 항목 참조
    삼각형의 비교, 68~69
    연습문제, 82, 124, 253, 255
    예각삼각형, 87, 222, 226~227
    원 안에 끼워 넣기, 239
    이등변삼각형. 해당 항목 참조
    정리 6-1, 74~75
    정리 6-2, 75
    정리 6-3, 77
    정리 6-4, 79
    정리 6-5, 80~81
    정리 11-1, 118
    정리 11-2, 118
    정리 11-3, 119
    정리 11-4, 120~121
    정리 11-5, 121
    정리 13-2, 144~145
    정리 13-3, 147~148
    정삼각형. 해당 항목 참조

    정의, 32, 68, 78~79
    직각삼각형. 해당 항목 참조
    평면거울에서의 예시, 122~123
    피타고라스 정리, 160~161
    합동, 69~74
    황금 삼각형. 해당 항목 참조
삼각형과 부등식, 44, 83~90
    연습문제, 90, 254
    외각, 84~85, 90
    점에서 직선까지의 거리, 87~88
    정리 7-1, 85
    정리 7-2, 86
    정리 7-3, 87
    정리 7-4, 88
    정의, 84
선분, 40, 52, 127, 173
    연습문제, 98
    정의, 32, 40, 47, 126
    선분의 수직이등분선, 93
『세상에서 가장 재미있는 대수학』, 37
소정리, 170~171
수직이등분선, 78~79, 81, 96~97, 192
    선분의 수직이등분선, 93
    연습문제, 98
    정의, 78
수직, 64, 77~79
수직선, 37~39
수직선과 평행선, 112~113
순서, 39
순환정의, 22
순환다각형, 236~237, 250
쌍곡표면, 104~105

| ㅇ |

엇각, 114
여각, 65, 118
여집합, 33

연습문제
    각, 66, 253
    교차 문제, 106, 253
    기본 요소들, 36, 252
    기하평균, 212, 258
    넓이, 154, 256
    넓이의 확대, 190, 257
    다각형, 250, 259
    닮음, 182, 257
    답안, 251~259
    사각형, 138, 256
    삼각형, 82, 124, 253, 255
    삼각형과 부등식, 90, 254
    수직선, 44, 252
    원, 54, 202, 253, 257
    작도, 98, 254
    직각삼각형, 230, 258~259
    평행, 116, 255
    피타고라스 정리, 164, 256
    황금 삼각형, 220, 258
예각, 60
    삼각형, 87, 222, 226~227
    연습문제, 66
외각, 84~85, 87, 118
    연습문제, 90
    정리 7-1, 85
    정리 9-1, 102~103
    정리 21-1, 233
    정의, 84
"용어를 정의하자", 21~22
우각, 248
원, 45~54, 191~202
    공리 6, 51~52
    기하평균, 203~208
    다각형을 둘러싼 원, 236~237
    반지름, 47~49, 51~52, 192, 246
    연습문제, 54, 202, 253, 257
    외접원, 236~238
    원 그리기, 45~46
    원 안에 정다각형 끼워 넣기, 238~239
    원 안의 각, 57~58, 194~196
    원에 가까워지는 다각형, 244~248
    일직선 위에 있지 않은 세 점을 지나는 원, 95~97, 113
    접선, 198~101
    정리 4-1, 48~49
    정리 4-2, 50
    정리 17-1, 193
    정리 17-2, 196
    정리 17-3, 198~199, 201
    정리 17-4, 199
    정의, 47
    지름, 47, 51
    컴퍼스, 17, 45~47
    파이 조각, 12
    현, 193, 195~197
『원론』(유클리드), 18
원시 피타고라스 세 쌍, 210
원주각, 195~197
유클리드 (유클리드 기하학), 18~19, 34, 35, 53, 85, 89, 104, 156
이등변삼각형, 76~79, 192, 195
    연습문제, 90, 154, 220
    이등변삼각형의 빗변, 121, 152, 161
    정리 6-3, 77
    정리 6-4, 79
    정리 7-2, 86
    정의, 76, 78
    황금 이등변삼각형, 213~220
이등분선. 각의 이등분선, 수직이등분선 항목 참조
인접각, 63, 65, 58, 84, 114
일직선상에 있는 점들, 28, 39~40
일직선상에 있지 않은 점들, 28, 29, 32, 68, 100
    일직선 위에 있지 않은 세 점을 지나는 원, 95~97, 113
입증될 수 있는 명제, 27

| ㅈ |

자, 91, 243
    연습문제, 98
자연과 기하학, 9~19
작도, 52, 173~177
점, 25
    공리, 26~27
    교점, 48, 107
    원, 50
    일직선상에 있는 점들, 28, 39~40
    일직선상에 있지 않은 점들. 해당 항목 참조
    점에서 직선까지의 거리, 87~88
    정리, 28~31
    정의, 23
    정의의 부재, 22, 23
    중점. 해당 항목 참조
    한 점을 지나는 수직선, 94
점에서 직선까지의 거리, 87~88
접선, 198~201
    연습문제, 202, 257
정리, 28~31
정리 2-1, 28~29
정리 3-1, 41
정리 3-2, 42
정리 4-1, 48~49
정리 4-2, 50
정리 5-1, 62~63
정리 5-2, 63
정리 5-3, 64
정리 6-1, 74~75
정리 6-2, 75
정리 6-3, 77
정리 6-4, 79
정리 6-5 (SSS 합동), 80~81, 135
정리 7-1, 85
정리 7-2, 86, 90
정리 7-3, 87
정리 7-4 (삼각 부등식), 88, 90
정리 8-0, 113
정리 8-1, 96~97
정리 9-1, 102~103, 108
정리 10-1, 111
정리 10-2, 112~113
정리 10-3, 112~113
정리 10-4, 115, 119
정리 11-1, 118
정리 11-2, 118
정리 11-3 (AAS 합동), 119
정리 11-4, 120~121
정리 11-5, 121
정리 12-1, 118
정리 12-2, 129
정리 12-3, 129
정리 12-4, 130~131
정리 12-5, 132
정리 12-6, 134~135
정리 13-1, 143
정리 13-2, 144~145
정리 13-3, 147~148
정리 13-4, 150
정리 14-1, 156
정리 15-1, 171
정리 15-2, 175~176
정리 15-3, 177, 178
정리 15-4 (SAS 닮음), 179, 181
정리 15-5 (SSS 닮음), 180~181
정리 16-1, 184
정리 16-2, 185~188
정리 17-1, 193
정리 17-2, 196
정리 17-3, 198~199, 201
정리 17-4, 199
정리 19-1, 216
정리 19-2, 217
정리 19-3, 218

정리 20-1 (사인 정리), 226
정리 20-2 (코사인 정리), 227
정리 21-1, 233~234
정리 21-2, 237
정리 21-3, 238
정사각형, 135~137
    기울어진 정사각형, 11, 20
    대각선, 13~14, 16, 20
    비례 축소 및 확대, 183, 190
    원 안에 끼워 넣기, 239
정삼각형, 120, 161, 239
    연습문제, 98
    정의, 120
정수, 15
정오각형, 231, 240~241
정육각형, 231, 242
정의, 32
정의되지 않은 용어, 22
정칠각형 242~243
정팔각형, 231
조건명제 (만약 …이면 …이다 명제), 29~30, 32, 36
조지 버코프, 35
종점, 40~41, 79
좌표, 38~40, 48
    연습문제, 44, 54, 252, 253
주방기구와 기하학, 10
중선, 78
중심각, 135, 194~197
중점, 77~78, 85, 193
    연습문제, 190
지름, 47, 59
직각, 64, 87, 118, 120~121
직각삼각형, 120~121, 221~230
    넓이, 143~146
    사인과 코사인, 223~228
    삼각함수, 229
    연습문제, 230, 258~259
    정리 11-4, 120~121

정리 11-5, 121
정리 15-3, 177
정의, 120
합동 판정법, 121
$30°-60°$, 120~121, 161~162
$45°-45°$, 152, 161
직사각형, 11, 20, 135
    넓이, 140~142, 154
    비례식, 168~170
    평행사변형, 128
    확대, 166, 168, 183, 190
    황금 직사각형, 219~220, 221
직선, 25
    수직선, 37~39
    연습문제, 44, 252
    점에서 직선까지의 거리, 87~88
    정리, 28~31
    정의의 부재, 23

| ㅊ |

측도, 1~7, 43

| ㅋ |

카를 프리드리히 가우스, 104, 243
컴퍼스, 17, 45~47
    정리 4-1, 48~49
코사인, 223~228

| ㅌ |

탈레스 정리, 197, 212

| ㅍ |

파이 조각, 12
파이 (Pi, π), 246

평균
    기하평균. 해당 항목 참조
    밑변의 평균, 150
평면, 24, 25
    공리, 26~27
    반평면, 61~62
    정리, 28~31
    정의의 부재, 23
평면 거울, 122~123
평행, 107~116, 127
    공리 10, 107~110
    연습문제, 116, 255
    정리 10-1, 111
    정리 10-2, 112~113
    정리 10-3, 112~113
    정리 10-4, 115
    정의, 109
평행사변형, 128~136
    넓이, 149~152, 154, 256
    연습문제, 138, 256
    정리 12-2, 129
    정리 12-4, 130~131
    정리 12-5, 132
    정리 12-6, 134~135
평행선 공리, 110~114, 117, 119, 129, 216
피 (Phi, φ), 215
피보나치 수열, 220
피타고라스, 15~16, 35
피타고라스 세 쌍, 159, 209~211
피타고라스 정리, 155~164
    실생활에서의 응용, 160
    연습문제, 164, 256
    증명 #1, 157~159
    증명 #2, 178~179
    증명 #3, 187~188
    증명 #4, 208

| ㅎ |

한 점을 지나는 수직선, 94
합동, 69~77, 163
    연습문제, 82, 90, 138
합동 판정법, 72~74
    사각형, 133, 135
    직각삼각형, 121
    ASA, 73~74, 81
    SAS, 73~74, 81
    SSS, 80~81
현, 193, 195~197
    기하평균, 203~206
    연습문제, 202, 257
호, 65, 93~94, 97, 194
    연습문제, 98
황금 비율, 215, 240
황금 삼각형, 213~220
    연습문제, 220, 258
    정리 19-1, 216
    정리 19-2, 217
    정리 19-3, 218
황금 직사각형, 219~220, 221
횡단선, 101~103, 107~110, 114

| 기타 |

2의 제곱근, 14~16
AAS 합동 (정리 11-3), 119
ASA 합동 (공리 9), 73~74, 81
SAS 닮음 (정리 15-4), 179, 181
SSS 닮음 (정리 15-5), 180~181
SAS 합동 (공리 8), 73~74, 81, 179
SSS 합동 (정리 6-5), 80~81, 135
T자, 137

사진 출처

133쪽	Wikipedia "Truss" 항목.
165, 169, 219쪽	사진 작가 제공.
200쪽	Wikipedia "Ferris Wheel"(1893) 항목.
229쪽	photo by Brian Ruppert, Wikimedia Commons (https://commons.wikimedia.org/wiki/File:Middleton_Community_Orchestra_10338954426.jpg), reproduced under the Creative Commons License (https://creativecommons.org/licenses/by/4.0/).

세상에서 가장 재미있는 기하학

1판 1쇄 펴냄 2024년 8월 26일
1판 3쇄 펴냄 2025년 7월 1일

글·그림 래리 고닉
옮긴이 조재호

편집 김현숙 | **디자인** 이현정
마케팅 백국현(제작), 문윤기 | **관리** 오유나

펴낸곳 궁리출판 | **펴낸이** 이갑수

등록 1999년 3월 29일 제300-2004-162호
주소 10881 경기도 파주시 회동길 325-12
전화 031-955-9818 | **팩스** 031-955-9848
홈페이지 www.kungree.com
전자우편 kungree@kungree.com
페이스북 /kungreepress | **트위터** @kungreepress
인스타그램 /kungree_press

ⓒ 궁리출판, 2024.

ISBN 978-89-5820-893-8 07410
ISBN 978-89-5820-690-3   (세트)

책값은 뒤표지에 있습니다.
파본은 구입하신 서점에서 바꾸어 드립니다.